U0318127

图 形 目 录

一、我国水资源现状与特点

图 1.1 我国大陆地形、水势示意

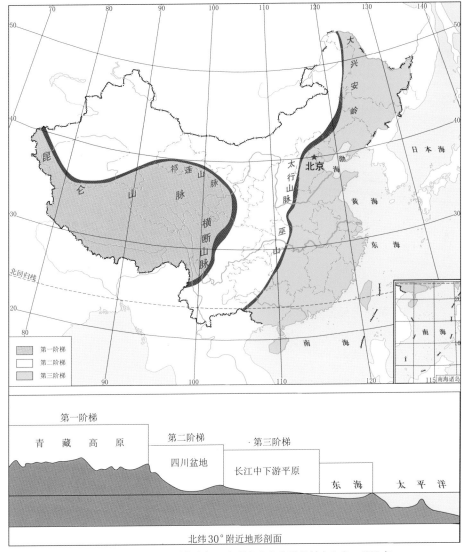

注 图形引自《中国南水北调工程规划简介》，水利部南水北调规划办公室，1995 年。

我国大陆西北高，东南低，由三大阶梯构成。江河多源于高阶梯上，平均海拔 4000m 以上，居高临下，横贯东西南北；供水、发电、通航、养殖、旅游功能齐全，数量之大，质量之高，全球罕见。但因种种原因，开发利用不均衡，部分江河潜力可观，应充分合理开发利用，为我国人民乃至东南亚人民服务。

图 1.2 我国水资源特点、分布及开发利用程度示意图

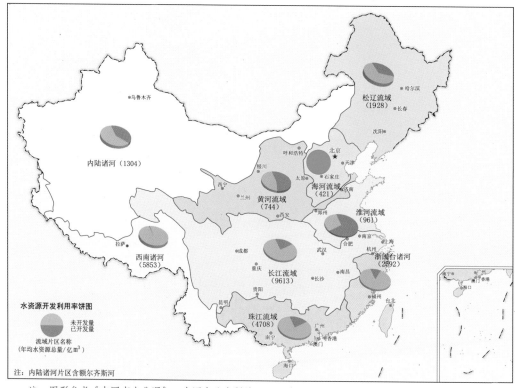

注 图形参考《中国南水北调》，中国农业出版社，2000 年。

我国水资源总量 2.8 万亿 m^3，地区分布极不均匀：西南 6 省（自治区、直辖市）占全国的 45%；华北 7 省（自治区、直辖市）仅占全国的 6% 左右；长江流域来水占全国的 35%，黄河、淮河、海河三大流域仅占全国的 7%，已到了非调剂不可的程度。我国水资源开发利用极不平衡：西北、华北地区（除内陆区特殊外）都超出开发利用极限，其中北京、天津所在海河流域超过当地年来水量。如不适当开源，定将影响可持续发展。

图 1.3　我国人均水资源量及其分布

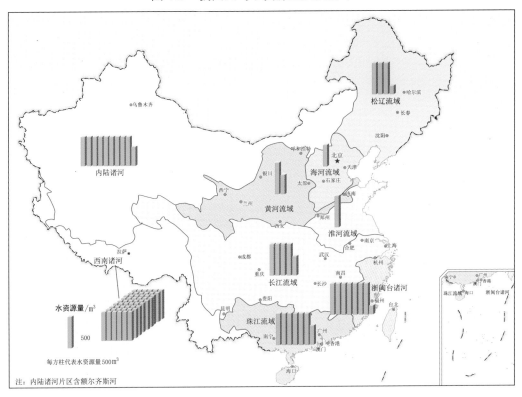

注　图形引自《中国南水北调》，中国农业出版社，2000 年。

我国人均水资源量很少，略大于全球人均值的 1/4。地区分布相差悬殊：西南特别集中，人均约 2.7 万 m³，是世界人均值的 3 倍多，比全国人均值大 13 倍，具备外援的物质条件。

图 1.4　2013 年我国用水量构成示意图

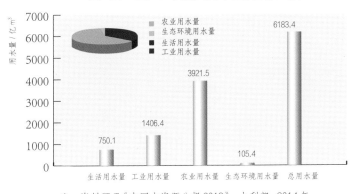

注　资料源于《中国水资源公报 2013》，水利部，2014 年。

我国用水大户还是农业，节水潜力比较大。用水多的省（自治区、直辖市）往往为农业主产区，或农业、工业发达区，或情况特殊的内陆区，都是我国快速发展区域。今后还将持续增加发展用水，因此除靠节水技术外，还要适当开拓新水源。

二、困扰我国水问题的主要自然灾害

我国是干旱、洪涝灾害频繁发生的国家，尤以长江、黄河为最。三峡水库建成后，长江将得到极大的缓解，但开发利用与保护尚待深化；黄河至今还处在研究徘徊中，但增加水源、增水减沙已成为人们的共识。

图 2.1　1970—2006 年我国洪涝、干旱灾情统计

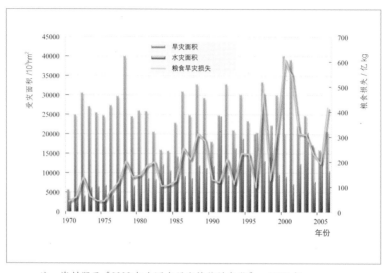

注　资料源于《2006 年全国水旱灾情统计年鉴》，2007 年。

1970—2006 年，我国每年都有干旱、洪灾发生，其中三年每年受旱面积超过全国耕地面积的 1/3，最小年也接近 1 亿亩，每年平均减产粮食 200 亿 kg。

图 2.2　1950—1990 年黄河流域农业干旱灾情柱状分布

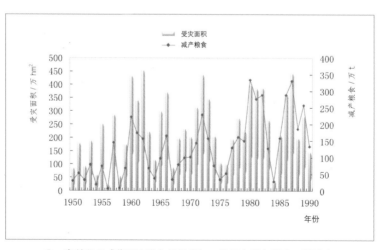

注　资料源于《黄河流域水旱灾害》，黄河水利出版社，1996 年。

近 41 年每年有干旱。全流域累计减产粮食 5296 万 t，年均减产 129 万 t，相当于全流域每年每人损失一个月的标准口粮，而且减产粮食的总数呈明显上升趋势，必须引起高度重视。

图 2.3　1950—1990 年黄河流域农业区重级以上干旱笼罩面积统计

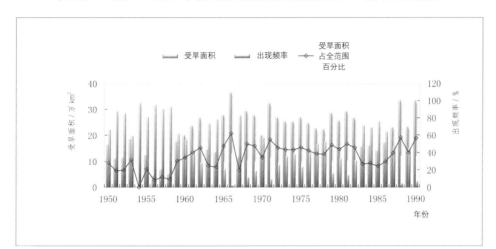

注　资料源于《黄河流域水旱灾害》，黄河水利出版社，1996 年。

黄河流域普遍有多年连旱记载，范围广，时间长，灾情重。这种多年连续干旱，不但引起农业减产，还会造成黄河干支流断流，进而可引发社会动荡。

图 2.4　1950—1990 年黄河流域洪灾统计柱状示意

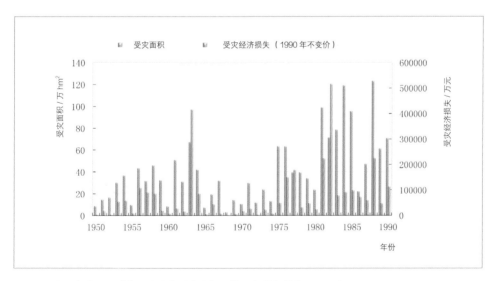

注　资料源于《黄河流域水旱灾害》，黄河水利出版社，1996 年。

近 41 年来黄河流域洪灾面积 2.5 亿多亩，人口 8000 多万，折合 1990 年不变价，直接经济损失 315 亿元，出现过 5 次特大灾情，即 1958 年、1963 年、1981 年、1982 年、1988 年，平均大约 8 年一次。

三、近几十年我国采取的部分重大对策

主要包括：导流挡水、闸坝分洪、囤蓄供水、跨流域调水、利用人工运河等。

图 3.1　黄河上部分水利工程

　　20 世纪中叶以来，我国在黄河流域完成了一系列水利工程，主要有黄河上游龙羊峡工程、三门峡工程、三盛公水利枢纽、下游河道和河防工程等。

龙羊峡水利枢纽　　　　　三盛公水利枢纽

　　注　资料引自《黄河流域水旱灾害》，黄河水利出版社，1996 年。

三门峡水库鸟瞰　　　　　黄河下游河道和河防工程

图 3.2　长江上的荆江分洪闸

图 3.3　荆江大堤

　　注　图形引自《1999 年长江年鉴》，长江年鉴编撰委员会。

图 3.4　三峡工程全貌

三峡工程是当今世界上最宏大的水利枢纽工程，集水面积约 100 万 km²，总库容 393 亿 m³，总装机 2250 万 kW（含地下厂房和电站自身装机）。工程竣工后如遇 100 年一遇，或 1000 年一遇洪水，只要合理使用一切防洪措施均可安全度汛。

注　图形引自《长江·中国》，长江年鉴编纂委员会，2002 年。

图 3.5　南水北调中线工程

中线工程 2014 年（一期）完成，并通水到北京，年调水 90 亿 m³，是世界上最大跨流域调水工程，并为我国江河连通奠定基础。

图 3.6　丹江口水利枢纽

图 3.7　人工运河

中运河

里运河

韩庄运河

梁济运河

注　照片源于《中国南水北调工程规划简介》，水利部南水北调规划办公室，1995 年。

　　京杭大运河与万里长城齐名，堪称中华民族两大瑰宝。在历史上它沟通中国南北经济、文化发展。全面恢复京杭大运河，成为当代人的历史责任，也是中国社会经济发展的需要。

四、逐梦之路

圆梦必须有逐梦过程，为此我们几乎踏遍有关山川河流，拍摄了大量影像资料。限于篇幅仅就有关四个地区、一个重点问题的少量考察调研写实，选登如下。

1.西南地区：主要指我国西部地区的南部，即云南、贵州、四川、西藏的大部分地区。由于近代喜马拉雅山脉的强烈隆起，形成这一地区山多地少，冰、雪、河流、湖泊、地表水、地下水丰富多样。水资源、水环境独特。

研究人员踏勘金沙江虎跳峡情景

研究人员设观测站定点观测水文

怒江大峡谷

考察队首次公开揭示长江流域最大瀑布——大标水岩

雅砻江上漂木（右边为鲜水河）

澜沧江流出国境前的水势壮观

眺望长江第一湾

在泸沽湖测量水温日变化

当地用溜索强渡大渡河

2.西北地区：主要指我国西部的北部地区，即新疆、甘肃、宁夏、陕西、内蒙古部分地区。由于喜马拉雅山脉的强烈隆起，使印度洋水汽北上受阻，在我国形成了360多万 km² 地多、水少、寒冷干燥、社会经济发展缓慢的区域，水资源成为人类生存和一切事业发展的瓶颈。

准噶尔盆地旱生梭梭植被

沙漠上的垦荒者

有水浇灌的棉花地，生机盎然

有水的沙漠边缘旱生植物生长良好

缺水的准噶尔盆地

天山南坡一望无际的荒原

羌塘高原上的冰川、热气田奇观

北疆巴音布鲁克草原的雪景

研究人员参加探讨西北地区水问题

中科院科考队翻越大雪山

3. 华北地区：主要指华北平原地区，即北京、天津、河北、河南、山东、山西、内蒙古部分地域。属干旱、半干旱或半湿润气候，先天水资源不足。为发展生产，人们想尽一切办法蓄水、节水、开发利用地下水、处理污水，但仍然存在可利用水资源不足的发展瓶颈。

北京最大水库之一 —— 怀柔水库

潮白河上的橡胶坝蓄水

北京输水动脉——京密引水工程

华北大型喷灌园

华北明珠——白洋淀干旱缺水，通过调水显生机

我国最大污水处理厂之一——高碑店

4. 三峡库区：主要指围绕三峡水库工作的地区，也是此次调配的重点。

小江调水研讨会重庆现场

研究人员查勘三峡水库支流大宁河

三峡水库建设淡水资源和清洁能源基
地座谈会

小江调水结合抽水蓄能电站取水口及
站址

大宁河调水研讨会重庆现场

研究人员查勘小江调水线路

作者查勘三峡水库调水高山调蓄水库

作者再次考察丹江口水库

五、展望

作者通过室内外综合分析，在前人研究成果和国内外大量实践的基础上，从理论与实践结合的高度提出一套较全面地解决北方地区缺水的新思路——"七横六纵"调配新格局。

图 5.1 "七横六纵"平面位置示意图

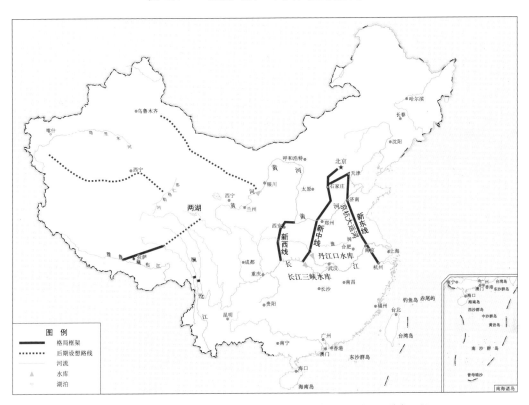

注 到新疆的两条虚线：北线——中国西线南水北调工程北干渠；南线——通天河引水工程。

总体调配格局的主要特点是江河连通，即通过原中线为调水链，向南北延伸，根据需要分期分批将七大江河（或更多）串联起来联合调度，以丰补枯，充分发挥西南水资源的功能，满足我国和国际社会的需求。图中虚线为后期设想部分。

图 5.2 "七横六纵"总体调配格局平面框架示意图

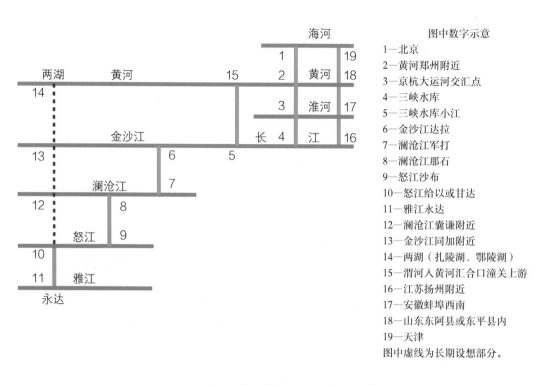

图中数字示意

1—北京
2—黄河郑州附近
3—京杭大运河交汇点
4—三峡水库
5—三峡水库小江
6—金沙江达拉
7—澜沧江军打
8—澜沧江那石
9—怒江沙布
10—怒江给以或甘达
11—雅江永达
12—澜沧江囊谦附近
13—金沙江同加附近
14—两湖（扎陵湖、鄂陵湖）
15—渭河入黄河汇合口潼关上游
16—江苏扬州附近
17—安徽蚌埠西南
18—山东东阿县或东平县内
19—天津
图中虚线为长期设想部分。

图 5.3 "七横六纵"总体调配格局构成单元示意图

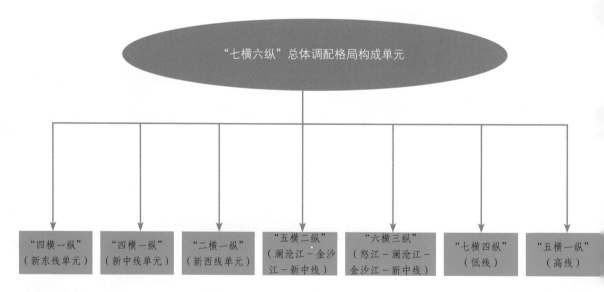

总体调配格局由七个单元组成，它们各自独立，各有各的任务，可分可合，灵活机动，科学性强，不受约束。格局既是联合，又有重叠。如"六横三纵"中的"一纵"就是指新中线；"七横四纵"中的"一纵"也是指新中线，所以它在总体格局中出现多次。

图 5.4 "七横六纵"总体调配格局单元叠加组合示意图

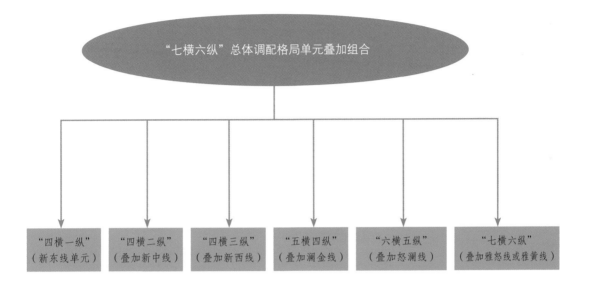

新中线是把丹江口水库与长江三峡水库连通,年调水 338 亿 m³(含丹江口 130 亿 m³),其中 38 亿 m³ 替代原东线调水,170 亿 m³ 替代原西线调水,主要供应黄河下游用水,一旦调水成功,东线水资源可改为中线补给,西线可暂时不建,节省大量人力、物力和财力,并赢得了时间。

图 5.5 "七横六纵"总体调配格局实施时序设想安排示意图

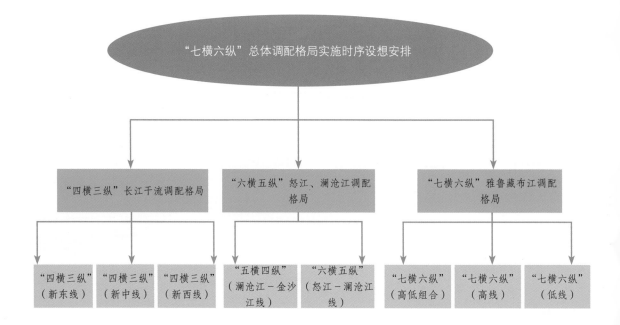

依据当前国情水情，建议按三步走，分期逐步实现三个组合：前期实现新"四横三纵"，全面完成现行南水北调任务，并经新西线调水 40 亿 m³ 济渭入黄，实现原西线调水为渭、黄干流河道冲沙任务；中期实现"六横五纵"（含"四横三纵"），全面提高新"四横三纵"的调水安全、减少负面影响、增加调水量；后期实现"七横六纵"调水 900 亿～1000 亿 m³ 的调水指标，彻底改变黄河多沙、少水状况和大西北的严重缺水局面。

中科院地理科学与资源研究所
科学传播基金资助项目（项目编号：2014-01） **资助**
重庆江河工程咨询中心有限公司

书中论述属作者观点，不代表单位意见

江河连通

——构建我国水资源调配新格局

陈传友　陈根富　著

工作人员：李世顺　陈贵龙　邱景

中国水利水电出版社
www.waterpub.com.cn

内 容 提 要

本书应用地球科学的理论，试图解决我国建设中重大基础设施问题。其核心是如何现实可行又安全可靠地解决我国西北、华北地区可持续发展用水，拓展人口生存与活动空间，改善调水区生态环境，同时促进我国水电、水运事业大发展，为振兴中华及时提供水利保障。为此，作者在南水北调与一系列大西线调水方案的启迪下，提出我国"七横六纵"水资源调配新格局。

本书可供水利部门工作、学习人员与单位参考、研究，也可供关心国家水利事业的读者思考与讨论。

图书在版编目（ＣＩＰ）数据

江河连通：构建我国水资源调配新格局 / 陈传友，陈根富著. -- 北京：中国水利水电出版社，2016.2
ISBN 978-7-5170-4199-3

Ⅰ.①江… Ⅱ.①陈… ②陈… Ⅲ.①水资源管理—研究—中国 Ⅳ.①TV213.4

中国版本图书馆CIP数据核字(2016)第058028号

审图号：GS（2015）2853 号

书　　名	**江河连通**——构建我国水资源调配新格局
作　　者	陈传友　陈根富　著
出版发行	中国水利水电出版社
	（北京市海淀区玉渊潭南路 1 号 D 座　100038）
	网址：www.waterpub.com.cn
	E - mail：sales@waterpub.com.cn
	电话：（010）68367658（发行部）
经　　售	北京科水图书销售中心（零售）
	电话：（010）88383994、63202643、68545874
	全国各地新华书店和相关出版物销售网点
排　　版	中国水利水电出版社微机排版中心
印　　刷	北京纪元彩艺印刷有限公司
规　　格	184mm×260mm　16 开本　13.75 印张　326 千字　8 插页
版　　次	2016 年 2 月第 1 版　2016 年 2 月第 1 次印刷
印　　数	0001—3500 册
定　　价	**80.00 元**

凡购买我社图书，如有缺页、倒页、脱页的，本社发行部负责调换
版权所有·侵权必究

序

正确处理水资源调控、水环境保护与社会经济发展之间的关系是构建人与自然和谐共处和可持续发展的战略举措。

我国是季风国家，降水量年际和年内变化大，水资源时空分布不均。长江流域以北，包括西北内陆河流在内的广大地区总面积占全国国土总面积的63.5%，人口占全国总人口的43.6%，而水资源仅占全国的19%。特别是华北、西北（含西北内陆区）的资源型缺水，制约了国民经济的发展，造成了生态环境的严重恶化。

"南水北调"早于20世纪50年代国家已着手研究并制定实施方案。针对北方干旱加剧、黄河出现断流、渭河淤积等缺水形势，对从长江干支流引水初步拟定了东、中、西三线方案。20世纪实施的"南水北调"中线、东线工程，今虽已基本建成，但中线工程水源地汉江丹江口水库水源可能不足；东线工程治污难度大，未如预期；西线工程存在工程安全、施工运行艰巨、三江源地区生态脆弱、民族宗教等一系列复杂问题，难以决策。

作者在理论与实践结合的基础上，提出：调剂水资源时空分布不均，力促江河连通，把我国主要江河串联起来，合理解决北方缺水问题是我国社会主义建设中的重大课题，期盼早日决策，努力实现，造福广大人民。此书值得一读。

魏廷铮

2015 年 10 月

魏廷铮同志 20 世纪 40 年代在北平清华大学读书，1948 年加入中国共产党；1949 年随军南下至武汉，任中南军政委员会水利部秘书，随林一山同志接受国民政府水利系统筹建长江水利委员会；1955 年起任长江水利委员会规划室主任、汉江规划设计室主任、枢纽设计室主任、施工设计处处长；1971 年起任长江流域规划办公室副总工程师、副主任、主任，负责汉江流域规划、丹江口工程设计、葛洲坝工程设计、三峡工程设计领导小组组长；1992 年调任国务院三峡工程建设委员会办公室任副主任；2000 年离休。

前 言

一、背景

翻开中国地图集，不难发现：我国华北、西北（含西北内陆区，以下简称"两北"）地区基本属于干旱半干旱气候，年降水量一般少于400mm，水资源先天不足。近几十年来，由于人口持续增加，工农业生产突飞猛进，加上城市化速度不断提升，气候向干暖缓慢演化，水资源不足已成为社会经济发展的制约性瓶颈。缓解或消除这类矛盾的途径，可归纳为以下三个方面：

（1）节约使用水资源。即在不影响生产、生活、生态环境的条件下，通过提高水资源的利用率，促进社会经济发展。它的主要特点是在不增加现有水资源数量的基础上，通过改变人们思想认识、用水方式、用水对象、用水制度等，达到少用水多干事的目的，充分发挥水资源的作用，从而保证社会进步，经济发展。

（2）改变水体的质量，把原来不能使用的水体变成可利用的水资源。它的主要特点是人为增加水资源的数量，达到满足人类生产发展、生活提高和改善生态环境的目的。例如：海水淡化、污水处理、适度开发深层地下水、营造人工降雨等。

（3）改变现有水资源的属性，把原来无法利用的水资源，通过蓄、引、提等措施，转变成可利用的水资源。它的主要特点是扩大现有水资源的可利用量。

对我国缺水的"两北"地区，以上都已被选择或采纳。

在节水方面当地做了很多工作。工业方面，千方百计降低万元增加值耗水量、提高水循环利用率；农业方面，改变作物结构，采用滴灌、喷灌等先进灌水技术，减少用水；生活方面，提高节水意识，严防跑、冒、滴、漏，推行阶梯水价等，都取得了良好的效果。但应该看到，"两北"地区属于资源型缺水，仅靠节水终难满足社会经济持续增长对需水总量不断增加的要求。更何况社会经济的持续发展还需要该地区新增灌溉面积，改造大面积中低产田和盐碱地，新垦荒地，防止沙漠东侵南移，还需要大量用水。因此，在大力提倡节水的前提下，千方百计开源仍是解决缺水的重要手段。

在开辟新水源方面，海水淡化是最有前途的一种。此项技术在全球发展较快。20世纪70年代以前，主要在中东国家；90年代以后，该技术和淡化厂已遍布全世界。到20世纪末，全世界日淡化海水量达到3000万m³，全年超过100亿m³，所以称为"造水技术"。华北临近渤海，淡化海水条件较好。但同时必须看到，海水淡化需要大量能源。我国北方电源主要来自燃煤，不但运行成本高，对环境污染严重。20世纪末淡化1t海水，运行成本5～7元，这对城市和工业用水尚可接受，但对农业和农村则是无法承受之重。华北平原是我国重要的粮、棉、油生产基地，面积辽阔、用水量大、时间集中，如果单靠海水淡化解决，必将带来一系列的能源、占地、生态环境等诸多问题。

在改善现有水资源属性方面，虽然"两北"地区自身几无可能，但在邻近西南地区，水资源丰富，北援条件良好。这里从东到西、从北至南，分布有金沙江、澜沧江、怒江、雅鲁藏布江（以下简称"四江"）。"四江"年平均径流高达4510亿m³，占全国的16%，已开发量却不到2%（指河外用水），开发潜力十分可观。受自然条件约束，这里地旷人稀，今后的开发利用也不会太多。同时降水分配不均，流域内常因水量过多频现洪灾，危及下游人民生命财产安全。开发水利、减轻水害，已成为"四江"中下游地区人类生存与环境改善的迫切需要，而且上游地区河谷宽窄相间又为改造当地水环境提供了先天条件。

分析上述三类途径后，作者认为解决我国西北、华北地区社会经济发展用水的最佳水资源调配格局是通过改善西南水资源时空分布，利用江河连通，首先把我国主要的七大江河串联起来，形成"七横六纵"的总体战略格局。该格局可以按照两北地区水量增长的需要，根据国家财力和战略要求，分期完成"四横三纵""六横三纵""七横四纵"叠加组合的"七横六纵"调配格局，最终较全面解决我国缺水问题。

二、主要研究内容

上述总体调配格局是由水源、调出区出水点、输水区连接点、调入区入水点以及它们的连线所组成的框架。因此，框架中的各个要素、框架构成的类型、框架输水方式和框架输水规模就成为此次研究的重点。

（1）框架各要素研究。水源数量通过实测资料分析计算确定；三类点和连接线位置主要根据入水区高程、用水量，再考虑调出区、输水区和调入区各种影响因素后，综合平衡制定。因而研究工作除掌握有关文字资料外，还要具备各种有关图件、航片、卫片，并经必要的实地综合考察。

（2）框架构成类型研究。框架中横线指河流，纵线指人工水道（渠道、隧洞、管线）或称调水链。根据来水特性、用水要求，考虑投入、产出、风险度、安全度等各项因素后合理选定。框架可以是一个单一图形；也可以是一组由单一图形串联或并联而成的复合图形；也可以是串联、并联结合的混合式图形。采用什么样的图形，要根据受水区社会经济的发展要求，调出区及其沿途的自然环境和社会条件，分析比较后选定。只有这样，调配才能因时、因地制宜、与时俱进，从而达到既能不断满足当代人的需求，又不会危及到后代人的开发利用能力。

（3）输水方式研究。从输水所处位置划分，有地面输水、地下输水、两者结合输水三种方式；从水流形态分，有明渠、管道、隧洞以及上述组合四种形式。通过输水保证程度、工程风险度、施工难度以及投入与效益分析比较，本书采用两种不同的输水形式。东部地区，自然条件较好，主要采用地面明渠输水。西部高原地区，自然条件恶劣，除利用河道输水外，基本上采用隧洞输水。这种形式投资可能较大，但工程难度减少，安全度提高。

（4）调水规模研究。传统的办法是选用规划水平年预测需水量；采用频率法确定水资源，然后通过综合水量平衡决定调水量。因"两北"地区发展潜力大，用水量将随着社会经济的持续增长而不断增加。同时，需水的增长预测也存在一定的不确定性和随机性。为了能够适应"两北"地区的用水需求，便于国家根据财力条件以及开发"两北"地区的意愿，分期建设、灵活调整。本文建议在不影响"四江"流域自身用水和生态环境安全的前提下，把可调水量作为调水规模的控制条件。这样一来，既避免了先期规模过大，积压资金；也克服初期过小，日后不适应又改造重建，造成浪费，尽可能做到规划与建设"一劳永逸"。

本书共分8章，约35万字。其中，第1章、第2章重点阐述我国水资源及其开发利用的现状、特点、问题，目的在于衬托我国为什么要实施大范围、大跨度的水资源时空重新调配；第3章、第4章重点探讨"江河连通——构建我国水资源调配新格局"的实质、现状与内涵；第5章、第6章、第7章分别论证在不同地区、不同时间如何因时、因地制宜，完成江河连通的调水任务；第8章为近20年来发生的与此项研究关系密切的重大事件的"备忘记事"，作为对全书内容的重要补充和社会评价。

三、专著编写

解决"两北"地区资源型缺水问题，早于20世纪50年代已进入人们视野，并历经几十年的研究论证。目前，缓解华北地区城市缺水急需的南水北调东、中线一期工程已建成通水。这是水利战线上的一件大事、喜事！但由于"两北"地区面积大，土地、能矿资源丰富，社会经济发展迅速，用水需求还将不断增加。因而消除这一地区水资源不足的矛盾绝非短期之功，恐还需几代人的不懈努力。作者亲历"藏水北调""大西线调水""引江济丹""三峡水库调水""引江济渭入黄"等研究论证和调水区及其沿线考察调研工作，感到有必要将工作过程中的认识、体会、感受以及在此过程中自身领悟到的点滴思路和有关各方研究论证的重要成果记录总结出来，或将对后来的续研者会有启示，对国家的宏观决策尚存参考，以不辜负社会对我们的厚望，党和人民对我们的培养。这里特别值得提出的是：开始于20世纪五六十年代中国科学院与水利部联合组织和领导的"大西线调水"考察和随后水利部持续研究的"南水北调"工程；90年代中国科学院地理科学与资源研究所主持领导的"藏水北调"和20世纪初开展的中线后补水源"引江济丹"研究；以及此后陆续开展的由国家科学技术部、国家开发银行资助的"中国西部水资源合理配置"研究；中国国际工程咨询公司牵头，国家电网公司中南勘测设计研究院、三峡总公司等参与的"南水北调中线三峡水库（大宁河方案）补水工程研究"；国务院三峡办部分同志主持三峡调水研究组从事的"三峡水库引水济渭济黄工程"研究；重庆江河工程咨询中心与华东勘测设计研究院进行的"三峡水库引江济渭入黄结合开发抽水蓄能电站"研究；重庆江河工程咨询中心开展的"南水北调中线三峡水库大宁河补水方案优化研究"和"三峡水库引江济渭入黄重庆段研究"等多方面的工作，都为本书的编制提供了可靠的基础和充足的第一手资料。

本书由陈传友研究员、陈根富总工程师，在前人工作的基础上，构建思路、拟订框架、组织编撰，陈贵龙高级工程师参与编辑制图、联系协调和部分完善工作；张小侠博士曾参加撰写《从怒江、澜沧江向三峡水库调水》报告，该报告成为本书第6章核心内容；武汉大学王长德教授、夏福洲教授于2009年提出《新西线引水线路研究》报告，该报告成为本书第7章核心内容；此外先后参加过本研究工作的主要人员还有姚治君、关志华、李世奎、陈万勇、高迎春、马文珍、李征、马明、沈大军、占车生、李小飞、吴小莉、吴旭辉、邱景、杨珍、王红等专家和工程技术人员；同时，中国科学院原综合考察委员会水资源室、青藏队水资源调查组、地理科学与资源研究所资源研究中心、重庆江河中心的领导与同行，长期以来给予关怀与帮助。作者在此向他（她）们表示诚挚敬意和衷心感谢！

由于作者能力条件所限，加上都已进入耄耋之年，精力不佳、记忆消退，文中错误与不足难免，敬请读者批评指正！

陈传友　陈根富

2014 年于北京

目 录

摘　　要

20世纪以来，随着科学技术的进步和社会生产力的迅猛发展，人类创造了前所未有的物质财富，强有力地推动了社会文明发展的进程。同时伴随着人口的剧增和人们物质文化生活水平的提高，资源过度消耗加之不合理地开发利用，导致了局部资源短缺、生态环境恶化等不良后果。这些直接威胁着人类的生存与发展。在十分严峻的形势面前，大家不得不开始寻求一条人口-资源-环境与发展之间的相互协调，既能满足当代人的需求，又不对满足后代人需求构成危害的可持续发展的道路。水资源则是这条道路上的重要物质基础。

中国是个人均水资源偏少的国家。长期以来，我国人民不屈不挠地与水旱灾害抗争。历史上大禹治水、李冰父子修筑都江堰、史禄建造灵渠，历代劳动人民前赴后继兴建京杭大运河，为中华民族的繁荣富强建立了不朽的功勋。近几十年来，在党的领导下，我国水利建设突飞猛进。在这段时间内，全国用水增加了4.4倍；人均综合用水量翻了一番，用占世界7%的水资源，养活了占全球23%的人口，成为世界上又一奇迹。但是由于我国人口基数庞大，上升速度较快，再加上物质文化生活水平的极大提高，我国北方不少地区出现水资源短缺，而且有的已经影响到当地生态环境安全。2011年中央一号文件明确指出："水是生命之源，生产之要，生态之基。兴水利，除水害，事关人类生存、经济发展、社会进步，历来是治国安邦的大事。"大力号召全国人民，"必须下决心加快水利建设，切实增强水利支撑保障能力，实现水资源可持续利用。"

作为长期拼搏在一线的水利战士，通过多年的努力研究，历经艰辛，几乎踏遍了我国调水相关的山川河流，收集了众多仁人志士的材料和见解。在科学发展观的指导下，在现有南水北调工程的启迪下，认真学习与总结，基本上摸清了调水区水源的来龙去脉、动力潜在与发掘，地形起伏与变化、地质变迁与演绎。在理论与实践结合的基础上，在保护长江、治理黄河的原则下，把开发、利用、保护有机结合起来，提出了解决我国北方水资源短缺的水资源调配新格局：以长江三峡水库为水资源调配中心，以南水北调中线及其延长至三峡水库的输水道为调水链，根据我国对水资源的实际需要，可不断使之向南、北延伸，相机把海河、黄河、淮河、长江、澜沧江、怒江、雅鲁藏布江（以下简称"雅江"）七大江河串联起来，逐步形成分三步实施的新"四横三纵""六横三纵"（指怒江、澜沧江通过三峡水库向中线补水）、"七横四纵"（指雅江、怒江、澜沧江都通过三峡水库向中线补水）叠加而成的"七横六纵"总体调配格局的战略思路（见彩图）。

第一步实现新的"四横三纵"调配格局，全面完成《南水北调工程总体规划》确定的调水任务。"四横"指海河、黄河、淮河、长江（含金沙江、通天河在内，下同）四大水系；"三纵"指沟通江河的人工水道。该调配格局是在现行南水北调"四横三纵"的基础上发展、深化而来的，主要工作体现在以下几个方面。

改善原中线❶：众所周知，原中线从长江支流汉江丹江口水库引水，经湖北省唐白河流域西部，过长江流域与淮河流域的分水岭方城垭口，再沿黄淮海平原西部北上，在郑州以西孤柏嘴穿过黄河，然后沿京广铁路西侧引进，自流入北京。输水干渠全长 1263km。同时干渠在河北省徐水县向东分水至天津外环河长 154km。丹江口水库多年平均来水量 387 亿 m³，拟定北调 130 亿 m³，加上汉江中下游年用水约 170 亿 m³，合计年引用水 310 亿 m³，引用比例较高。同时，汉江来水极不均匀，在调节计算的 35 年系列中，最大年来水（1983 年）是最小年（1966 年）来水的 3.7 倍。在各年调水量中，小于 100 亿 m³ 的有 9 年，占系列长的 26%。换句话说，每 4 年中就有一年调水不足。总之，原中线调水尽管优点不少，但还是给华北平原留下用水不安全的隐患。为此文中提出把丹江口水库（正常水位 170m）与南部长江三峡水库（正常水位 175m）连通。连通的新中线除了从丹江口水库调水 130 亿 m³ 不变外，还可根据不同时期需要从三峡水库调水。其中 38 亿 m³，用于替代原东线过黄水量；其余水量主要保证目前黄河下游供水区用水，即主要负担国务院关于"黄河可供水水量分配方案中"河南、山东的配水量。这与将要建设的南水北调西线提供黄河中下游工农业用水的调水量基本相当。这样原计划的东线近期可缩减规模，原规划的西线就可以不建。从而节省大量人力、物力的投入，并为黄河中下游提前供水赢得时间；充分发挥三峡工程在我国的战略作用，减少从长江上游通天河、雅砻江、大渡河调水对下游带来的一系列的社会经济与环境问题。据黄河水利委员会（以下简称"黄委会"）在 2000 年《调查不利影响及补偿措施》一文中分析，从长江上游三条河调水 160 亿 m³，影响中下游已建和拟建梯级水电站 69 座，保证出力减少 822.3 万 kW，多年平均发电量减少 986.2 亿 kW·h，分别约占调水前的 12% 和 14%，其影响发电量相当于三峡水电站枯水期出力的两倍多。该调水量约占调水河流引水枢纽处多年平均天然来水量的 48%～71%，过大的调水还可能对青藏高原生态环境造成影响。为此文中提出克服上述弊端的途径是将中线水源地从长江支流汉江的丹江口水库，延伸到水源充沛、调节能力更强的长江干流三峡水库。延伸的路径有三条：一是从三峡水库左岸香溪河提水北送，扬程 75m，双洞年输水约 198 亿 m³，水流经 10 节隧洞进入丹江口水库，输水路线长 161.4km，其中隧洞长 150.25km，最大单洞长 25.5km；二是从三峡水库左岸大宁河抽水❷，扬程 142m，双洞年抽水约 200 亿 m³，水流在大昌镇白沙坡进洞，经 12 节隧洞注入堵河，自流入丹江口水库。整个输水线路长 115.37km，最长单洞 20.4km；三是从三峡水库左岸大宁河分二级抽水，一级在大昌镇提水 229.7m，另一级在剪刀峡水库提水 222.9m，入堵河龙背湾水库，然后再沿堵河梯级龙背湾、松树岭、潘口、黄龙滩发电后入丹江口水库。输水线路全长 63km，其中隧洞长 51km，最大单洞长 15km。

以上是在 14 个路径中比选出的 3 个，它们各有特点：路径一提水耗电量最少、工程难度最小、工程量最大；路径三工程量最小（不计新修水电站），耗电量最大；路径二工程量、耗电量居中。国家可根据国情，在规划中进一步研究选定。

改进原东线：原东线供水的黄河以北广大地区，本来就在原中线控制范围以内。由于

---

❶ 原中线指现行南水北调中线（下同）。
❷ 引用"重庆市巫山研究组"成果，2001 年 5 月。

当时丹江口水源有限，满足不了整个控制区的需求，不得不另辟蹊径，将天津等部分地区改由原东线供水。原东线从长江下游扬州附近抽取江水，利用京杭大运河及其平行河道，逐级（共13级）提水北送，经过骆马湖、洪泽湖、南四湖到达全线至高点黄河南岸东平湖（海拔40余m）。水流出东平湖后分两支外送：一支向北，在黄河位山附近通过隧洞穿越黄河进入南运河，自流到天津。干线总长1156km，其中黄河以南646km，穿黄段17km，黄河以北长493km。另一支向东过胶东地区，经济南到烟台、威海，全长701km。

扬州距入海口较近，目前下游干流沿岸已经引、提长江水3000多m³/s。扬州附近大通水文站虽然年来水量较大，但枯水期流量有限，每年12月至次年3月，实测最小月平均流量都在10000m³/s以下。换句话说，长江干流下游现有引水流量，已占到大通站枯水期最小月平均流量的30％～35％。如果长江入海口水量再减少，就可能提高长江口盐水入侵的程度。据试验资料介绍，当大通站流量小于9000m³/s时，南水北调东线600m³/s的调水量就应受到适当的约束，以避免海水入侵的威胁。同时东部沿海地区缺乏再生能源，当地主要靠燃煤发电，或千里迢迢地从三峡水电站调电。如果大量发展扬水工程，不但对大气环境不利，也有碍地方节能减排活动。此外，京杭大运河既是排水、排污河道，又是供水、调水河道，水质实难维护。管理层面也强调东线必须先治污，后调水，因为好水一旦变成污水，治理还原是很难的。所以本文提出近期尽量发挥中线调水作用，减少东线调水；后期可以实现新中线供水新东线，即新中线在郑州附近穿黄前预留口门，把从三峡调来的水自流放入东平湖。然后分三路外送：一路向东供水胶东地区；一路向北供水京杭大运河；一路向南供水南四湖地区。这样一来新东线除了保证黄河以南用水外，主要用作恢复京杭大运河用水，为发展我国内河航运、减轻南北交通压力、促进全国节能减排、发展运河两岸旅游并为远期实施全国江河连通做出新贡献。

改变原西线：原西线从长江上游通天河、雅砻江和雅砻江支流与大渡河支流调水的达-贾线、阿-贾线、侧-雅-贾线共同组成。三条线路总长1072km，其中，隧洞长1031km，年输水160亿m³。

由于新中线替代了原西线的调水量，从而解决了河南、山东、北京、天津等引黄灌区用水。这部分被置换的水量，完全可用于黄河中、上游地区，因而原西线可以不建。从全国看西北地区（不包括北方内陆区），目前缺水最严重和水环境问题最突出的还是黄河中下游及其最大支流渭河（含泾河、北洛河）所形成素有"八百里秦川"之称的关中平原，它是我国著名的小麦生产基地，大致包括西安市、铜川市、宝鸡市、咸阳市、渭南市，总面积约5.5万km²，人口约2100万。无论是从国民生产总值、工农业总产值，还是人均产值、人均消耗水平、粮食占有量来衡量，关中地区的经济实力在陕西省乃至西北地区，都居于领先水平。它又是连接我国东西部地区和南北方的交通要道；铁路、公路、航空四通八达，且还具有得天独厚的人文与自然旅游资源。历史上先后有周、秦、汉、隋、唐等13个朝代在这里建都，留下许多著名文物古迹，数量之大，价值之高，在全国首屈一指。但是随着国民经济的不断发展，关中地区水环境每况愈下，20世纪末人均水资源仅有380m³，只相当于全国平均值的1/6，成为全国主要缺水地区。1994—1995年，西安市日缺水量高达40万t，被列为全国资源型缺水城市。21世纪以来，水问题更加严峻。进入关中地区的水量不断减少，地下水普遍超采，超采面积达到2590km²，形成10多处地下水下降漏斗。西安市已出现地面下沉现象，用水高峰期渭河下游断流。河道输沙用水、生态用水被挤占，当年三门峡水库投入运行后，受泥沙淤积上延影响，临潼以下、渭河下游，河道发生严重淤积，致使历史上冲淤基本平衡的渭河下游变成强烈堆积地段，又在干旱的基础上加重洪涝灾害。总之，关中地区自然生态系统正在加快萎缩，生态环境功能减弱，干旱不断强化，如不及时治理与转化，这块历史悠久的西北大地将厝火积薪。黄河流经我国干旱缺水的西北与华北地区，以其占全国河流2％的有限水源，承担占全国国土面积9％和总人口12％的地区供水任务，还要向青岛、河北、天津等50余座大中城市远距离供水，其供水范围和供水规模远远超过黄河水资源的承载能力。黄河也是世界上最复杂、最难治理的一条多泥沙河流，其特点是水少沙多，河道淤积严重，使之在中下游成为横贯于华北平原的地上悬河，一直是中华民族的心腹之患。过大的供水量致使黄河河道生态环境需水量几乎全部被挤占，输沙功能衰竭，河床淤积不断加重，河道主河槽淤积萎靡，"二级悬河"日趋发展，河流健康生命岌岌可危，向内陆河演进的趋势越来越明显，已危及黄河生命。多年的治黄经验告诉我们，"增水减沙"是治理黄河的根本方略。为此文中建议新西线应该移至重庆市小江至陕西的渭河：它依托三峡水库为水源地，扬水400余m，经隧洞穿越大巴山，进入汉江支流任河，再由任河穿隧洞跨过汉江翻越秦岭入渭河，顺江冲沙后在潼关附近注入黄河，起到解决关中地区缺水、渭河冲沙和为黄河干流下游冲沙提供充足水源的重要作用。输水线路全长约400km，其中小江至任河段长114.2km，隧洞长100.5km；任河至渭河段长247km，隧洞长204km。为了减少投入，降低运行成本，保证新西线的可操作性，"长江技术经济学会三峡引水工程研究组"还建议引水分三期实施：前期在不影响三峡、葛洲坝电站发电效益的前提下，每年汛期6—9月，从三峡水库调水40亿m³（含高山水库8.5亿m³）；待长江中上游大型水库投入运行后，调水时间从4个月延长到6个月，在不新增调水设施的前提下，增加引水量16亿m³；等怒江、澜沧江调水实施后，再进一步扩大新西线调水，满足渭河及黄河下游生态环境用水。同时还强调在开发过程中，要很好利用三峡地区地形、地势特点，充分合理开发当地水电资源，特别是调峰电站、抽水蓄能电站以及高山水库的蓄水发电电站，把抽水耗电降低到最小。

总之，南水北调"三改"是与时俱进的产物，设想一旦实现，原计划修建的东线，近期可较多地缩减规模，原规划的西线用新西线替代后可以不建，可节省大量的人力、物力与投入，并能提前向原西线缺水区供水。届时长江与黄河的水资源进入联合调度使用的新时代，遇干旱年或干旱季节，黄河水资源主要保证上中游用水；下游及沿海地区主要由三峡水库来水解决。它既完成了南水北调的总体任务，又为长江的开发与保护、黄河的利用与治理奠定了坚实的基础，并及时提出了西北八百里秦川稳定持续发展的对策，又为西北内陆区供水、供电创造了条件。从而极大地节省了工程投资，排除最困难的西线困扰，为全面完成"南水北调总体规划"赢得了宝贵的时间。远期则根据需要和国家财力条件，通过加大三峡水库调水水量后，可基本替代原规划的东线方案，还为从怒江、澜沧江经三峡水库向北方调水创造条件，从而使北方地区国民经济后续发展对供水需求的不断增长，为进一步增加这一地区缺水水量的供给，提供了充分的保障前景。

第二步实现"六横五纵"的调水格局，从怒江、澜沧江向三峡水库补水。

"六横"是指在上述"四横"基础上再加进西南部澜沧江、怒江;"五纵"是指上述三纵中再加进把新中线"一纵"延伸,将长江(含上游金沙江)与澜沧江和怒江沟通的两节人工水道。现行南水北调是根据当时的城市缺水状况和一定的水平年的要求而制定的,与目前的发展和远景预测水平相比,还有一定差距。这是因为"两北"是我国主要缺水地区,不但农牧业发展(包括改良盐碱地、沙地、低产地)需要大量水资源,原材料,能矿资源的加工、冶炼,生态环境的恢复与重建也都需要水资源。即使目前东、中、西三线顺利实现调水 328 亿 m³,也满足不了三地区稳定持续发展用水。以中线为例,年调水 130 亿 m³,2030 年(远期供水水平)也只能在黄淮海平原和胶东地区,进一步提高城市供水保证率,生态环境的明显改善,基本建立节水防污型社会,更高的要求还难于达到。更何况,丹江口水库自 20 世纪 90 年代以来入库水量呈明显减少趋势。实测资料表明,1990—2000 年丹江口水库实际平均年来水量为 266.7 亿 m³,比长系列平均数也有所减少,这有力地说明丹江口水库对保证中线年调水 130 亿 m³ 也存在不确定性。还有资料表明,中线供水期 2002 年水平年,中等干旱年缺水数量大于目前调水量。最近我国从事华北平原农业用水研究的专家提出新成果,认为华北平原仅农业生产发展一项,缺水包括小麦、玉米、棉花、大豆、蔬菜等主要作物,缺水总量超过目前城市用水,因此想用城市退水解决农村用水是不可靠的。虽然随着科学技术水平的提高,社会节水力度的加大与普及,各行各业用水会有所降低,但是也要看到,随着人类社会经济实力的提高,人民生活水平不断改善,用水的趋势是波动上升的,只是上升速度不同罢了!

为避免过多调水给三峡工程效益产生的负面影响和持续满足北方地区不断增长的用水要求,如确有必要,建议国家相机实施第二步,即实现"六横五纵"的调水格局,沟通长江与澜沧江、澜沧江与怒江的人工通道。可行的路线暂时选用三条,其中一条以输水隧洞为主,大致在怒江的沙布附近(海拔 1830m)建库,水位抬高到 2110~2120m,穿过一条总长约 35.8km 的隧洞,引水到澜沧江的那石(海拔约 2080m)然后顺江而下约 30km,至海拔 2030m 的军达建坝,抬高水位至 2060m,再穿一条 2 节总长 30.1km 的隧洞,引水至金沙江上的达拉(海拔 2050m),接着顺金沙江而下,沿途扩容发电后到长江三峡水库,年引水量暂定 200 亿 m³。此外还有一条以河道输水为主的线路;一条以明渠输水为主的线路,作为备用。与替补方案相比较,三者各有特点,可比性强。

由于引水段位于横断山区,山脉高耸,山体单薄,隧洞短,工程量少,有施工条件,而且主要以河道为输水廊道,工程难度小,又可避开我国主要活动地震带——南北大地震带,保证了输水安全。

新格局的主要任务是全面提高南水北调的调水层次,包括增加调水量,提高调水保证率,降低南水北调可能带来的不利影响,特别是对三峡发电和航运的不利影响,同时沿途可获得巨大电力,保证调水双赢的局面。

第三步实现"七横六纵"的调水格局,为北方内陆河流域提供水源保障。

"七横"是指前述"六横",再加南部的雅江;"六纵"是在上述五纵基础上,再加沟通怒江与雅江一处人工水道。我国南水北调受水区主要是指我国西北、华北,包括海河流域、黄河流域、淮河流域以及东部沿海地区和我国北方内陆河流域,总面积约 418 万 km²,占我国国土面积 960 万 km² 的 44%。前面各部分通过"四横三纵""六横五纵",

水源都不同程度地得到解决。只有最后一部分，即我国北方内陆区没有安排水源配置出路。从长远分析，也是我国解决水源问题最困难的地区，如果今天再不想到，由于多方面原因，以后安排就更困难了！

我国北方内陆区是指内蒙古西部内陆河流域、河西走廊内陆河流域、准噶尔盆地内陆河流域、中亚细亚内陆河流域、塔里木盆地内陆河流域、青海内陆河流域以及羌塘高原内陆河流域等 7 片，计算面积约 274.7 万 km²（实际面积为 312 万 km²），占我国南水北调控制面积的 65.7%，占我国土地面积的 28.6%。山地少、平原多、光热条件比较好，可利用面积广阔，是我国农牧业进一步拓展的后备基地。北方内陆区人口稀少，1997 年总人口达到 2670 万，占全国 13.7 亿人口的 1.9%，占中国北方调水区人口的 5.9%，平均每平方公里不到 10 人，地广人稀，有可能成为扩大我国人口生存活动空间的有效和理想的区域。此外，我国北方内陆区稀有与贵金属资源、原材料资源、能矿资源比较丰富，不少品种居全国榜首，开发利用前景广阔，是中华民族全面复兴的重要支撑之一。

但是，内陆区属于干旱气候，年平均降水量一般小于 200mm，一年的降水量不足一月的水面蒸发量，所以水资源成为一切事业兴旺发达的瓶颈。为此文中提出解决内陆区用水的"七横六纵"调水格局设想，把解决内陆区的水源主要放在西南"四江"上。"四江"流域气候相对较好，降水较多，水资源丰富，土地资源匮乏。不仅当前用水量少，而且今后也不会太多，大量的淡水白白流入大海，且往往与下游邻国径流遭遇形成洪灾，危及下游人民生命财产安全。为了让水资源更好地为人类造福，根据国际社会开发利用水资源的原则，拟从雅江永达峡谷提水北上，经过拉萨河上旁多、易贡藏布上的嘉黎、直抵怒江给以（3580m）。通过多方比较，水流在此有两种走向。一是水流在给以沿怒江顺水而下至怒江沙布，然后沿"六横五纵""四横三纵"新中线方向入黄河，构建"七横六纵"调水格局，年调水约 400 亿 m³。由于走线海拔低，称低线调水。二是水流在给以北上，穿过澜沧江、金沙江直抵黄河上两湖（鄂陵湖、扎陵湖，海拔 4260m），构建新的"七横六纵"调水格局（图上虚线部分）。水流经两湖调节后，通过人工水道，过托索湖，绕苦海，大约在楠木塘北侧附近跌入海拔 3100m 的曲什安河发电（水头约 1000m），尾水再经过发电后入海拔 2660m 的龙羊峡、拉西瓦—刘家峡—大柳树水利枢纽，然后沿《中国西部南水北调工程》（林一山著）的北干渠，输水至内蒙古、新疆。也可以在兴海南侧附近跌入海拔 3400m 的大河坝河上的兴海水电站（拟建）发电（水头约 800m），发电尾水北上，绕青海湖，过湟水，穿越大通河进入古浪境内（西南山麓），再向西注入新疆，也称"东水西调"。此外还可以考虑经两湖调节后，从托索湖西进至格尔木过当金山入新疆，以上统称高线调水。此外还比较了高低两者结合的调水方案：怒江、澜沧江、金沙江的水走高线，从怒江北上进两湖入内陆区和黄河上中游；另一部分雅江的水走低线入三峡水库进黄河，然后与黄河下游用水置换（通过上游水库调蓄），并把置换出来的水调往内陆地区。三种方案各具特色，建议进一步研究后再择优采用。目前文中暂选用第三方案，即雅江的水走低线入黄河下游；怒江（含怒江）以北的水走高线入黄河两湖，然后通过引水或置换调往内陆地区。

综上所述，可以看出水资源调配新格局的主要优势与特点：

（1）整体性：此处也指全局性，即指工程单元之间，在建设或使用过程中关联紧密的程度。大家知道，建设区各单元所处位置自然条件千差万别，方案很难取得共识。通过分析和"三改"后，提出"七横六纵"一整套统筹兼顾又能分步实施的调配格局，能较好地消除或缓解上述出现的矛盾。

例如，根据国情要求先启动"四横三纵"工程，解决现行南水北调工程规划的任务。工程如期完成后，不仅可保证华北以及新东、西线地区用水，也为兴建"六横三纵""七横四纵"和新西线用水创造了兴建和使用条件；如果国家要进一步加快西部大开发，提前启动"七横四纵"调水格局（暂用低线入黄）。工程竣工后，不仅保证内陆区用水，同时也完成了"六横三纵"的任务，也为新西线、"五横一纵"工程创造了条件。

总之，七个单元内甲中有乙、乙中有甲，相互支撑，相互利用，灵活机动，全局性强。

（2）长远性：水资源调配新格局，绝不是权宜之计。以水资源为例，文中没有水平年的概念，研究的重点放在对调入区缺水认识上，对调出区水资源丰富程度和可调水量的分析上。只有认识全面、深刻，分析客观、合理，提出的调水规模才可信、可用。文中对国际河流，既看到当前开发利用状况，又照顾今后社会经济发展，使邻国在开发水利中同样得到实惠。通过多方研究对比，参考国内外开发利用实例，文中从当前的科技水平和社会经济发展条件出发，提出在 21 世纪中叶前后，调水 900 亿～1000 亿 m³（考虑了现行南水北调调水 328 亿 m³ 和三峡水库的调节作用），基本满足相当长一段时间"两北"地区用水之需。

以研究的线路为例，此次重点放在三峡水库上，几乎所有线路都通过三峡水库。水资源是循环再生的资源，只是年与年之间有差距而已。如果水资源很丰富，尽管当前各种原因限制，可调水量不多，但万一出现大旱❶，仍然可调水应急，确保人民生命财产安全。三峡水库完全可起到这样的作用。此外，此次调水格局也考虑了将来我国水网的需要（如有要求的话），即董文虎等专家在《京杭大运河的历史与未来》中提出的，"京杭大运河向两端延伸。向北沟通永定新河、蓟运河、滦河直至秦皇岛入渤海。如还有可能再北上沟通大凌河、辽河直达沈阳；向南从杭州沿富春江南下，到达浙江南部，进入福建连通闽江、九龙江，可分别通过福州、厦门入东江、珠江流域，直抵广州。届时，便形成一条北起东北沈阳，南至珠江三角洲核心城市广州，跨越辽、冀、京、津、鲁、苏、浙、闽、粤九大区域，沟通辽河、海河、黄河、淮河、长江、钱塘江、闽江、珠江八大水系，并通入我国渤海、黄海、东海、南海四大海洋，全长 3000 多 km 的大运河。"当然上述还是一种设想，线路怎么走，还需要我们去深入工作和勘察。

（3）可操作性：实施水资源调配新格局，是我国一项最宏伟、难度最大、投资最多的土木工程。如果不用现代眼光处理问题，不利用现代科学技术，恐怕很难付诸实施。通过反复研究，最后把原来纯跨流域调水改变为江河连通工程，即把人工渠道（加部分隧洞）输水工程，改成主要利用原河道输水的江河连通工程。这样一来，线路就避开了穿过我国最活跃的南北大地震带，增加了线路的稳定度，解除了广大群众的担心。同时把以明渠输

---

❶ 这里的大旱是指历史上所谓"四级"标准中的大旱（见《黄河流域水旱灾害》，1996 年，黄河水利出版社）。

水的方式，全部改成隧洞输水。随着科学技术水平的提高，掘进技术的进步，利用隧洞成为人们喜闻乐见的新事物。为了降低打洞的难度，文中提出了贯彻长洞短打，把斜井、竖井、提水结合起来的举措，终于在高原上找出多条可比较的线路。隧洞单洞长一般不超过30km，多数在10～20km，增加了施工的可操作性。

（4）灵活性：灵活性的基础是输水线路的多样性。"七横六纵"总体调水格局由三大部分、十几条线路、几十个可选方案组成。实际上每种方案就是一条线路，甚至考虑了多条线路，因此选择起来十分灵活机动。如"七横六纵"中沟通怒江与雅江的"一纵"，既可走低线从怒江顺江而下直抵三峡水库而进入黄河，又可从怒江北上，走高线直抵黄河上的两湖。走高线调水工程量大，到达目的地的线路选择有多种，又能更好地保证黄河冲沙，对防洪也有极大好处；走低线，投资少，难度更小，而且能赢得更多的时间。但是由于水量通过黄河置换，稳定度降低。同时对黄河河床是否会产生不利影响，尚待进一步研究。通过研究初步认为采取双向输水更可靠，即雅江水流（约200亿 m³）走低线；怒江、澜沧江、金沙江的水走高线。按此计划，不仅投资省，而且出现上面任何的负面问题都可迎刃而解。

在时间安排上也很灵活，第一步实施的内容不一定要在第一时间完成，也可根据需要放在第二、第三时间完成，不影响其他部分工作。随着时间的推移，科学技术水平的提高，某一部分也有可能暂时不需要，通过决策部门研究后，可停止不建，也不会影响其他部分。所以"七横六纵"不是一成不变的教条，符合与时俱进的原则。

（5）科学性：水资源本身存在两重性，而且全国各地的来水、消水也不是完全一致的。因此江河连通比跨流域调水更符合国情，即多水时放水，少水时进水。只进不出不是很完善的调水方式。文中调水格局的核心是原中线与三峡水库连通。连通的方式虽然多种多样，但都需要抽水。如果没有三峡地区的自然条件，抽水动力是很难解决的。因为，能源特别是水电，在我国现阶段非常紧缺。首先三峡水电站已经建成，而且容量很大，昼夜负荷差也不小。因此，晚上低荷抽水，利用适当的电量不一定对三峡电站造成影响，甚至还有利。此外，丹江口水库是我国已建成的大型水库，由于调水，水电站水位波动较大，发电受到很大影响（包括调水影响）。如果从三峡水库向丹江口水库补水，丹江口水库水位波动减少，且长期处于高水位，就可以增加发电量。以上几项加起来，如果抽水扬程不超过100m，抽水耗电电量不大，估计损失在2％左右。如果要提高抽水扬程，耗电量自然加大。但丹江口水库与三峡水库正常高差只有5m，所需提水的实际扬程不高，要加大提水扬程，是为了降低工程建设难度和工程投资，而这种方式又可利用大巴山地形，兴修一系列的调峰电站、抽水蓄能电站和高山水库蓄能电站等多种形式来补偿提耗电力。更重要的是，我国西南水资源来自高原山区，具备发电、供水、航运、旅游、养殖等多种功能，目前由于受到开发方式的限制，功能不能充分发挥。如果通过三峡水库补水至北方，除利用巨大落差沿江发电外，其他功能均可充分体现，一水多用，效益成倍增长。可见，格局科学性比较强。

由此可见，利用三峡水库调配我国水资源，不仅充分发挥了我国水资源的功能，而且还激活了相当一部分水电站，有力地改变了我国的电力结构，提高了我国电力质量，这一点也十分难能可贵。

第1章

我国水资源及其评价

1.1 水资源

1.1.1 "水资源"概念与内涵

把水、水体、水资源混在一起讨论，水问题是说不清楚的。水体是水在自然界存在的一种形式。在海洋中的水称为海水，在湖泊里的水称为湖水，在地下的水称为地下水，……。水资源是水体中的特殊部分，而且有严格的涵义。本书只论水资源。"水资源"名词在历史上并不多见，但与现代的内涵大相径庭。过去一般理解"水资源"，就是指水利资源。更确切地说，即指水体（即水大量聚集的场所，如海洋、河流、湖泊）中水的数量。我国20世纪80年代以前，基本属于此种认识；80年代以后，由于我国人口不断增加，工农业日新月异，用水量（指水资源，下同）急剧上升。有的地区如我国的华北、西北，出现了水资源短缺，供水量成为人类社会重要的稀缺资源。于是人们开始大谈水资源问题。国际上有关组织也向人们不断发出警示："水资源正在取代石油而成为全世界引起危机的主要来源之一"［世界环境与发展委员会（WCED），1988年］，"在干旱半干旱地区，国际河流和其他水源地的使用权可能成为两国战争的导火线"［国际水资源协会（IWRA），1991年］。于是人们感到如今谈论的"水资源"，既不是泛指水（H_2O），也不完全是指水体，而是指可被人类利用或可能被人类直接利用的那部分。

对任何事物，只有从本质上认识其内在规律，才能更好地掌控和充分合理地开发利用它。如果大家的看法仅停留在仁者见仁，智者见智的纷争上，解决问题的办法很难取得一致，问题更难满意地解决。那么什么是水资源呢？衡量的尺度是什么呢？还需要研究者深化，在定义上更加明确。

早期《不列颠百科全书》中水资源的定义为"自然界一切形态（液态、固态和气态）的水"，都称为水资源。直到1963年英国国会通过的《水资源法》中，改写为"具有足够数量的可用水源"即自然界中水的特定部分。1988年联合国教科文组织（UNESCO）和世界气象组织（WMO）定义水资源是"作为资源的水应当是可供利用或可能被利用，具有足够数量和可用质量，并可适合对某地为对水的需求而能长期供应的水源"。我国对水资源的理解也不尽相同。《中国大百科全书·大气科学·海洋科学·水文科学》卷中，把水资源定义为"地球表层可供人类利用的水"；而在《中国大百科全书·水利》卷中则定义为"自然界各种形态（气态、液态、固态）的天然水"，并把可供人类利用的水作为"供评价的水资源"。《中国资源科学百科全书》中，水资源被定义为"可供人类直接利用、能不断更新的天然淡水，主要指陆地上的地表水和地下水"。1991年《水科学进展》编辑部组织了一次笔谈，就水资源和内涵进行讨论。陈家琦教授在《水问题论坛》上，把讨论的观点做了扼要的阐述。由此可见，提法与看法还存在差异。本文通过分析后，深深感到大家的共识点很多，且越来越趋向一致，如果再结合可持续发展想问题，水资源应同时具备下列三点要求：

（1）大气补给的淡水，根据我国最早的有关条文规定：凡矿化度小于或等于1000mg/L的水称为淡水；1980年全国水资源普查中，把小于或等于2000mg/L的水都认为是淡水。

（2）自然形成的参与大气水循环且具有一定数量的水。

（3）循环周期适应人类活动需要的地表、地下径流（表1-1）。

表1-1 各种水体的更替周期

水体种类	更替周期	水体种类	更替周期
永冻带底冰	7000年	沼泽	5年
极地冰川和雪盖	9700年	土壤水	1年
海洋	2500年	河川水	16
高山冰川	1600年	大气水	8天
深层地下水	1400年	生物水	几小时
湖泊	17年		

注 资料源于《中国水利百科全书 水文与水资源》分册。

概括地说，水资源是水体中的特殊部分，由大气降水补给，矿化度等于或小于1000mg/L，参与水循环再生，其周期适应人类活动需要且具有一定数量，可被人类直接利用的淡水。其总量等于区域内地表、地下径流（指潜水）的总和，多年平均约为一个可被计算的常数。

由此可见，水资源包含在水体之中，水体中的其他部分，在特定条件下，可转化为水资源；水资源如果利用、保护不好，又可能转化为不可利用的水体而危及人类社会安全。因此水资源在一定时间尺度内，多年平均值趋近一个常数；但在历史的长河中，水资源的数量又是可变的，海水淡化、人工降雨、污水处理等，都是人为地在增加水资源。

1.1.2 我国水资源

简而言之，我们指的水资源就是能够被人们生产、生活和生态环境利用的地表以及地下一定范围内的淡水。本书研究的水资源就是指存在于河、湖的地表径流和可以为人们利用的地下径流（一般指潜水）。

1980年全国开展了水资源普查，并完成了《水资源评价》专著。该书采用1956—1979年24年系列资料，统计、计算了全国江河水资源（表1-2）：全国水资源总量为28124.4亿 m^3，其中地表径流为27115.2亿 m^3，地下径流（一般指潜水）为8287.7亿 m^3，两者计算重复量为7278.5亿 m^3。

表 1－2   全国各流域水资源总量

流域名称		评价面积/km²	年均降水量/亿 m³	地表水年均水资源量/亿 m³	地下水年均水资源量/亿 m³	重复计算量/亿 m³	年均水资源总量/亿 m³	平均产水模数/（万 m³/km²）
Ⅰ级	Ⅱ级							
黑龙江流域片	额尔古纳河	157692	547	120.0	40.4	26.6	133.8	8.48
	嫩江	268717	1205	251.0	113.3	48.8	315.5	11.78
	第二松花江	78723	524	165.0	46.3	32.2	179.1	22.75
	松花江三岔河以下	210640	1206	346.0	144.5	83.5	407.0	19.32
	黑龙江干流区间	119644	614	193.0	47.6	38.8	201.8	16.87
	乌苏里江（含绥芬河）	68902	380	90.9	38.6	14.9	114.6	16.63
	全片合计	904318	4476	1165.9	430.7	244.8	1851.8	14.96
辽河流域片	辽河（含浑河、太子河）	228960	1082	148.0	128.5	43.7	232.8	10.17
	鸭绿江	32466	301	162.0	25.6	25.5	162.1	49.93
	图们江	22861	130	51.0	8.7	8.7	51.0	22.31
	辽宁沿海诸河	60740	388	126.0	31.4	26.6	130.8	21.53
	全片合计	345027	1901	487.0	194.2	104.5	576.7	16.71
海滦河流域片	滦河（含冀东沿海诸河）	54530	308	59.7	31.0	22.9	67.8	12.43
	海河北系	83119	421	66.6	64.0	32.0	98.6	11.86
	海河南系	148669	862	145.0	139.6	71.7	212.9	14.32
	徒骇、马颊河	31843	190	16.5	30.5	5.2	41.8	13.13
	全片合计	318161	1781	287.8	265.1	131.8	421.1	13.24
黄河流域片	湟水	32863	165	50.2	22.7	22.7	50.2	15.28
	洮河	25527	154	53.1	21	21	53.1	20.81
	兰州以上干流区间	164161	777	244.0	108.5	108.5	244.0	14.86
	闭门—河口镇	163415	443	14.2	48.7	26.7	36.2	2.22
	河口镇—龙门	111595	513	59.7	40.3	29.6	70.4	6.31
	汾河	39471	209	26.6	25.2	17.1	34.7	8.79
	泾河	45421	245	20.7	10.0	8.9	21.8	4.80
	洛河	26905	148	9.9	6.1	5.1	10.9	4.05
	渭河	62440	393	73.1	46.1	33.6	85.6	13.71
	龙门—三门峡干流区间	16623	95.3	12.1	10.2	5.9	16.4	9.87
	伊洛河	18881	131	34.7	15.3	13.6	36.4	19.28
	泌河	13532	86.9	18.4	13.1	10.5	21.0	15.52
	三门峡—花园口干流区间	9202	59.6	12.2	6.8	5.1	13.9	15.11
	黄河下游区	22407	151	29.2	25.3	15.0	39.5	17.63
	鄂尔多斯内流区	42269	120	3.3	60.5	0.3	9.5	2.25
	全片合计	794712	3690.8	661.4	405.8	323.6	743.6	9.36

续表

流域名称		评价面积 /km²	年均降水量 /亿 m³	地表水年均水资源量 /亿 m³	地下水年均水资源量 /亿 m³	重复计算量 /亿 m³	年均水资源总量 /亿 m³	平均产水模数/(万 m³/km²)
Ⅰ级	Ⅱ级							
淮河流域片	淮河上中游	160837	1430	376.0	213.6	84.2	505.4	31.42
	淮河下游	30337	308	78.3	22.3	5.9	94.7	31.22
	沂沭泗河	78109	353	168.0	104.6	45.4	227.2	29.09
	山东沿海诸河	59928	439	119.0	52.6	37.9	133.7	22.31
	全片合计	329211	2830	741.3	393.1	173.4	961	29.19
长江流域片	金沙江	490650	3466	1535.0	477.3	477.3	1535.8	31.29
	岷沱江	164766	1785	1033.0	307.0	304.2	1035.8	62.86
	嘉陵江	158776	1532	704.0	143.5	143.5	704.0	44.34
	乌江	86976	1012	539.0	132.8	132.8	539.0	61.97
	长江上游干流间	100504	1175	656.0	130.2	130.2	656.0	65.27
	洞庭湖水体系	262344	3709	2012.0	474.8	464.8	2022.0	77.07
	汉江	155204	1396	560.0	188.8	172.0	576.8	37.16
	鄱阳湖水系	162274	2593	1384.0	313.6	307.2	1390.4	85.68
	长江中游干流区间	97069	1207	534.0	151.1	131.4	553.7	57.04
	太湖水系	37464	414	137.0	51.3	26.0	162.3	43.32
	长江下游干流区间	92473	1071	419.0	93.8	74.4	438.4	47.41
	全片合计	1808500	19360	9513.0	2464.2	2363.8	9613.4	53.16
珠江流域片	南北盘江	82480	925	385.0	100	100	385.0	46.68
	红水河与柳黔江	115525	1710	903.0	184.5	184.5	903.0	78.16
	左右郁江	78997	1040	416.0	92.3	92.3	416.0	52.66
	西江下游	62943	1000	551.0	130.4	130.4	551.0	87.54
	北江	44725	786	490.0	121.4	121.1	490.0	109.56
	东江	28191	504	280.0	77.4	77.4	280.0	99.32
	珠江三角洲	31443	563	313.0	79.0	73.4	318.6	101.33
	韩江	32457	529	286.0	74.2	71.3	288.9	89.01
	粤东沿海诸河	13653	281	172.0	43.3	41.1	174.2	127.59
	桂南粤西沿海诸河	56093	1030	579.0	134.1	128.1	585.0	104.29
	海南岛及南海诸岛	34134	599	310.0	79.2	72.8	316.4	92.69
	全片合计	580641	8967	4685.0	1115.5	1092.4	4708.1	81.08
浙闽台诸河片	钱塘江（含浦阳河）	42156	669	369.0	80.7	80.7	369	87.53
	浙东诸河	18592	268	133.0	35.1	30.7	137.4	73.9
	浙南诸河	32775	563	348.0	79.8	77.3	350.5	106.94
	闽江	60992	1043	586.0	165.5	165.3	586.2	96.11
	闽东沿海诸河	15394	269	178.0	36.4	36.4	178	115.63

续表

流域 名 称		评价面积 /km²	年均降水量 /亿 m³	地表水年均水资源量 /亿 m³	地下水年均水资源量 /亿 m³	重复计算量 /亿 m³	年均水资源总量 /亿 m³	平均产水模数/（万 m³/km²）
Ⅰ级	Ⅱ级							
浙闽台诸河片	闽南诸河	33913	530.0	306.0	76.9	76.4	306.5	90.38
	台湾诸河	35981	874.0	637.0	138.7	111.6	664.1	184.57
	全片合计	239803	4216.0	2557.0	613.1	578.4	2591.7	108.08
西南诸河片	雅鲁藏布江	240480	2283.0	1654.0	342.5	342	1654.0	68.78
	藏南诸河	155778	2631.0	1952.0	459.4	459.4	1952.0	125.31
	藏西诸河	57340	74.0	20.1	10.0	10	20.1	3.51
	怒江	135984	1254.0	689.0	206.7	206.7	689.0	50.67
	澜沧江	164376	1619.0	740.0	282.7	282.7	740.0	45.02
	元江（含李仙江）	76276	1027.0	484.0	149.4	149.4	484.0	63.45
	滇西诸河	21172	458.0	314.0	93.1	93.1	314.0	148.31
	全片合计	851406	5113.0	5853.1	1543.8	1543.8	5853.1	68.75
内陆诸河片	全片合计	3321713	9346.0	1063.7	819.7	682.7	1200.7	3.61
附区	额尔齐斯河	52730	208.0	100.0	42.5	39.3	103.2	19.57
北方六片（含额尔齐斯河）合计		6064972	19999.8	4507.0	2551.1	1700.1	5358.1	8.83
南方四片合计		3480350	41889.0	22608.1	5736.6	5578.4	22866.3	65.41
全国总计		9545322	61888.8	27115.2	8287.7	7278.5	28124.4	29.46

注 资料源于《中国水资源评价》。

上述水资源普查成果时间距今已有 33 年，加上人类活动和自然环境的变迁，其总量众说纷纭。为了进一步分析 21 世纪以来水资源的变化趋势，根据水利部公布《中国水资源公报（1997—2012）》统计分析（表 1-3）可知，近 16 年系列的平均值为地表径流 25484.6 亿 m³，地下径流 7840.3 亿 m³，不重复计算量 1068.7 亿 m³，水资源总量 26553.3 亿 m³，平均年产水模数 28.1 万 m³/km²。对比两系列的统计分析成果可见，虽然近 16 年系列均值小于 24 年系列，其中大于 24 年均值有 5 年，接近 24 年均值有 5 年，应该说我国的水资源总量大约在 28000 亿 m³ 左右，应该是一个比较可信的成果。

表 1-3　　　　　　　**1997—2012 年水资源变化情况统计**

年份	降水量 /mm	地表水资源量 /亿 m³	地下水资源量 /亿 m³	地表地下不重复量/亿 m³	水资源总量 /亿 m³	产水模数 /（万 m³/km²）
1997	613.0	26835.4	6942.4	1019.4	27854.8	29.4
1998	713.0	32725.6	9400.0	1291.5	34017.1	35.8
1999	629.0	27203.8	8386.7	992.0	28195.7	29.7
2000	633.0	26561.9	8501.9	1139.0	27700.8	29.2
2001	612.4	25933.4	8390.1	935.0	26868.4	28.3

续表

年份	降水量 /mm	地表水资源量 /亿 m³	地下水资源量 /亿 m³	地表地下不重复量/亿 m³	水资源总量 /亿 m³	产水模数 /（万 m³/km²）
2002	660.0	27243.3	8697.2	1012.0	28255.3	29.8
2003	638.0	26250.7	8299.3	1209.5	27460.2	29.0
2004	600.6	23126.4	7436.3	1003.2	24129.6	25.5
2005	644.3	26982.4	8091.1	1071.8	28053.1	29.6
2006	610.8	24358.0	7642.9	972.0	25330.1	26.8
2007	610.0	24242.5	7617.2	1012.9	25255.2	26.7
2008	654.8	26377.0	8122.0	1057.0	27434.3	29.0
2009	591.1	23125.2	7267.0	1055.0	24180.2	25.5
2010	695.4	29797.6	8417.0	1108.8	30906.4	32.6
2011	582.3	22213.6	7214.5	1043.1	23256.7	24.6
2012	688.0	28373.3	8296.4	1155.5	29528.8	31.2
均值	631.6	25484.6	7840.3	1068.7	26553.3	28.1

注　资料源于中华人民共和国水利部《中国水资源公报》。

1.2　水资源评价

1.2.1　人均水资源不足、可利用量偏低

为了说明《水资源评价》采用 1956—1979 年 24 年系列分析成果的代表性，作者采用水文分析常用的代表性评价法，根据我国水文周期一般为 11 年的统计规律，从近 20 年系列中取出 1998—2008 年 11 年系列水资源资料，经过统计分析可知（表 1－4），系列平均年来水量 27434 亿 m³，最大年为 34017 亿 m³，最小年为 24129 亿 m³。系列中各年来水量与 1956—1979 年 24 年平均年来水量之比都非常接近，而且绝大多数都出现减少的趋势。由此可见 11 年系列来水与 24 年系列来水存在一定的相似性。两系列的平均值减少量为605.72 亿 m³，平均每年大约减少 18 亿 m³。这与大家经常谈论的气候变化与水资源减少，似乎巧合一致！同时也可知 1980 年的《水资源评价》成果，代表性强，当前完全可以利用。《水资源评价》中我国多年平均地表径流量约占全球水资源的 6%，次于巴西（51912亿 m³）、俄罗斯（47700 亿 m³）、加拿大（31220 亿 m³）、美国（29702 亿 m³）、印度尼西亚（28113 亿 m³），位居第 6 位（27115 亿 m³）。但是我国人口众多，人均量偏少（表 1－5）。由表 1－5 可见，河川径流是我国最主要的水源，占水资源量的 96%，保护好它的数量、质量尤为重要；同时还可看出，我国径流只占全国降水量 44%，56% 的降水都消耗在蒸散发上，减少蒸散发量也是增加我国径流的有效途径；按人口进行分配，我国人均地表径流量只有 2000m³/人，仅相当美国的 1/5、日本的 1/2.5，略高于印度，只有世界人均值的 1/3.5。而且上述水资源并不是都可以利用的。这是因为水是组成人类生态环境的重要因子，如果过量开采利用，势必破坏人类生态系统的水平衡，导致水环境恶化。为了保证社会经济稳定持续发展，无论是河流水，还是地下水，都存在一定的取用上限。

至于限量多少，国外一般认为不要超过河流来水量的40%。我国属于季风气候，干湿季节明显，每年干季（11月至次年4月）来水量少，大约占全年的30%左右；每年湿季（5—10月）大约占全年的70%。如果一年内河流始终保持干季的30%的水量，40%的水量被引走他用，应该说不会出现不可逆转的生态环境问题。当然这是不考虑下游已有的发电、航运用水，否则引用水量另有别论。按此标准计算，我国地表径流可取用量大致为11000亿～12000亿m³。上述水量包括了部分洪水，而洪水在今天还不可能都被利用。如果减去不能被利用的部分，再加上可利用的地下水，我国当前可能被利用的地表、地下径流大约为10000亿m³。这与我国人口众多，地域辽阔相比，存在人均水资源不足、可利用量偏低的问题。

表1-4　　　　　　　　我国近11年水资源系列与前24年系列均值比较表

项目\年份	水资源数量				11年系列降水	
	总量/亿m³	与本系列和前24年系列均值比	地表水资源/亿m³	地下水资源/亿m³	降水量/亿m³	降水深/mm
1998	34017.1	1.21/1.24	32725.6	8400.0	67631.0	713.0
1999	28195.7	1.002/1.024	27203.8	8386.7	59702.4	629.0
2000	27700.8	0.985/1.007	26561.9	8501.9	60092.3	633.0
2001	26868.4	0.955/0.976	25933.4	8390.1	58122.2	612.0
2002	28255.3	1.005/1.026	27243.3	8697.2	62610.3	660.0
2003	27460.2	0.976/0.997	26250.7	8299.3	60415.5	638.0
2004	24129.6	0.857/0.876	23126.4	7436.3	56876.4	601.0
2005	28053.1	0.995/1.019	26982.4	8091.1	61009.6	644.0
2006	25330.1	0.900/0.920	24358.0	7642.9	57869.6	611.0
2007	25255.2	0.897/0.917	24242.5	7617.2	57763.0	610.0
2008	27434.3	0.975/0.996	26377.0	8122.0	62000.3	655.0
11年平均	27518.7	0.978/1.000	24245.7	8144.7	60372.9	632.0
1956—1979	28124.4	0.978	27115.2	8386.7	61889.0	648.0

注　资料源于《中国水资源公报》。

表1-5　　　　　　　　世界主要国家人均、亩均地表水资源对比

国家\项目	地表径流资源/亿m³	人口/亿人	人均值/(亿m³/人)	土地总量/万km²	单位土地值/(m³/km²)
巴西	51912	1.93（2010年）	26897	851.5	609654
俄罗斯	47700	1.45（2009年）	32896	1707.5	279356
加拿大	31220	0.311（2010年）	94320	998.0	312826
美国	29702	3.13（2011年）	9489	916.2	324187
印度尼西亚	28113	2.1（2001年）	13387	190.4	1476523
中国	27115	13.14（2010年）	2063	960.0	282448
印度	17800	11.66（2008年）	1526	297.3	598722
日本	5470	1.28（2010年）	4273	37.8	1447090
全世界	470000	60.00	7833	15000	313333

注　地表径流资料源于《中国水资源利用》，其他源于统计资料。

1.2.2 水资源时间分布极不均匀

我国人均可利用水量虽然偏少，但就其量而言，还是可以维持全国工农业生产和人民生活用水的。问题是在时间和地区上分布不均，这是造成我国干旱成灾的根本原因之一。

首先年与年之间差别很大，在 24 年系列中，1973 年径流量 3.2 万亿 m^3，为多年平均值的 1.2 倍；最小是 1978 年，年径流为 2.4 万亿 m^3，为年平均值的 0.88 倍；最大与最小年之比为 1.37。全国不同地区河流不同频率的年径流见表 1-6。本书利用 K_s 值表示年际间的变异程度，即系列中的最大值与最小值之比。K_s 值越大，径流年际分配越不均匀。现有资料表明，中国 K_s 值多在 2~8 之间，且有由东南向西北增加的总趋势。秦岭以南广大地区 K_s 多为 2~4；东北地区 K_s 为 3~5；华北地区 K_s 为 4~6；西北大部分地区 K_s 达到 5~8（表 1-7）。以中国西南为例，干流 K_s 值一般在 2 左右，支流一般越小 K_s 值越大（指同一个地区）。历史上全国最大的 K_s 值出现在淮河蚌埠站为 19.5，潮白河的苏庄站为 19.3。K_s 值越大，调节径流的难度越大，可利用的资源量就越小。

表 1-6　　　　　　　　　　　中国不同频率河川径流分布

分区名称	平均年径流深 /mm	平均年径流量 /亿 m^3	占全国百分比 /%	不同频率年径流量/亿 m^3			
				20%	50%	75%	95%
东北诸河	132.4	1653	6.1	2056	1617	1303	906
海河	90.5	288	1.1	380	268	199	130
淮河和山东半岛诸河	225.1	741	2.7	1000	689	496	296
黄河	83.2	661	2.4	768	649	569	470
长江	526	9513	35.1	10559	9417	8656	7610
华南诸河	806.9	4685	17.3	5390	4640	4310	3380
东南诸河	1066.3	2557	9.4	3069	2507	2097	1611
西南诸河	687.5	5853	21.6	6439	5853	5380	4741
内陆诸河	34.5	1164	4.3	1250	1159	1091	1000
全国	284.1	27115	100	29101	27110	25490	23590

注　资料源于《中国水资源利用》。

其次是年内分配又相差悬殊。每年 5—8 月（或 6—9 月）为汛期。

表 1-7　　　　　　　　　　　中国河川径流年际与年内分配

分　区	K_s 值	C_v 值	雨季/月	雨季 4 个月占全年/%
长江流域	2~5	0.15~0.45	4—7，6—9	50~60
黄河流域	3~6	0.25~0.50	5—8，6—9	60~70
珠江流域	2~3	0.13~0.40	3—6，4—7	50~60
海滦河流域	5~7	0.50~0.70	6—9	80~90
淮河流域	4~6	0.50~0.60	5—8	80~90
东北诸河	3~5	0.20~0.30	6—9	60~70

续表

分 区	K_s 值	C_v 值	雨季/月	雨季 4 个月占全年/%
东南沿海诸河	2~3	0.27~0.30	3—6	50~60
西南国际诸河	2~4	0.15~0.30	3—6	60~80
内陆及新疆诸河	1~2	0.40~0.60	7—10	70~80

注 资料源于 21 世纪教育网。

汛期径流一般占到全年的 70% 左右，特别是 7—8 月的径流，往往占全年的 40%~50%。换句话说，近一半的径流是在一年中的两个月流走的。众所周知，中国径流基本上与降水同步，与主要灌溉高峰期反向。因此径流在时间上集中的程度反映了水资源的优劣。为此一般可用最大月径流率（k_N）和连续最大 4 个月径流率 k_L（连续最大 4 个月径流量与年径流量之比）表示中国径流集中的程度。通过大量统计发现，全国大致有三类地区：①最集中型地区，k_L 一般在 70% 以上，k_N 一般大于 25%，最大超过 30%。②次最集中型地区，k_L 一般在 65% 以上，k_N 一般小于 20%。③k_L 有从东至西、k_N 有从近海向内陆增大的趋势。

从径流在时间上的分布来看，上述三类地区都要进行径流调节，但其深度有差异。第一类地区汛期水量特别集中，发生时间较晚，因而集中的洪水往往造成山洪泥石流，威胁人类的安全，且冬春缺水严重，不仅导致农业上的干旱，而且对发电、航运都极为不利。同时这类地区往往处于人类活动的中心地带，多集中在平原，用水用电负荷很大。目前矛盾已十分突出，存在旱洪灾害，城市用水也没完全解决。发展我国的经济必须首先解决这类地区的用水问题。

第二类地区，水量集中的程度有所减轻，而且多处于高原和半山区，包括部分山间盆地。这里人口密度较小，用水量偏少，解决水资源问题不像第一类地区那样迫切，但在局部盆地和河谷地区，解决用水问题也应该提到议事日程。

第三类地区的情况最好，多处于山区和半山区，就地需要重新分配径流的程度并不迫切，只要搞好水土保持，合理进行耕作，配以适当的小型水利工程，便可解决供水矛盾。

此外，我国暴雨强度大，1975 年 8 月 5—7 日，淮河上游发生特大暴雨，河南省西南部 3 天降雨量超过 600mm（相当北京地区一年的降水量），其中 1 天降下 400mm 的面积为 16890km²。位于暴雨中心 3 天雨量高达 1605.3mm，其中最大日雨量为 1005.4mm。海河流域 1963 年 8 月上旬，7 天的雨量超过 2050mm，最大 3 天的雨量为 1457mm，最大日雨量为 865mm，均超过当地年雨量。这种突发性暴雨是我国产生峰特别高、量特别大的洪水，也往往造成破坏或毁灭性的灾害。为此如何提前准时预报与加大蓄水，已成为今后资源工作的重大研究课题。

1.2.3 水资源空间分布极不平衡

中国水资源地区分布极不平衡，北方特别是"两北"地区地多水少，南方水多地少，人、水、地分配极不协调。黑龙江、辽河、海滦河、黄河、淮河五大流域区，区域面积 270 万 km²，占全国陆地面积的 28.2%，耕地面积 8.8 亿亩，占全国耕地 15 亿亩的 57.3%（按统计亩），人口 4.48 亿，占全国的 43.8%，而 2008 年径流资源却只有 3343

亿 m³，仅占全国的 12.3%，分别比耕地和人口少 45 和 31.5 个百分点。相反，西南诸河区域，耕地面积占全国的 1.8%，人口占全国的 1.5%，而径流占全国的 21.6%。

不仅如此，全国不同省（自治区、直辖市）水资源分布差异亦很大，我国水资源最多的省（自治区）是西藏，年来水量约 4560 亿 m³，相当我国长江年来水量的一半，比土地面积大 1.34 倍的新疆年来水量大 4.6 倍。同时还可看出，我国有 15 个省（自治区、直辖市），单位面积产水量小于 25 万 m³，如果没有外援，这些地区生产、生活均会受到水源限制，制约社会经济可持续发展。它们位于西北、华北、东北地区。不仅如此，我国在同一个省（自治区、直辖市）的不同部位，径流的分布也完全不同，如长江上游四川盆地，盆西鹿头山、青衣江一带年平均径流深均在 1000mm 以上，最高的达到 1966mm，为全省高值区之一；而盆地腹部的涪江—沱江中下游地区，年径流深不到 300mm。此外，除了有水平地带性规律外，在大多数山区还存在垂直变化的规律，即在迎风坡径流随高度的增加而增加，如金沙江东川市拱王山一带，河谷径流深约 60mm，两侧山地径流深高达 800mm，平均每升高 100m，径流深约增大 25mm。中国最突出的要数云南高黎贡山东坡的怒江河段，从潞江坝到高黎贡山顶，高差 3000m，水平距离仅 10 多 km，年径流深从 300 多 mm 增加到近 2000mm。华北平原周围的燕山、太行山和鲁中山地的迎风坡，年径流深达 200~300mm。平原本身径流深，除淮北平原年径流深变化在 50~150mm 外，海河平原一般在 50mm 左右。东北山地的年径流深明显高于平原。从长白山起向北到吉林哈达岭、张广才岭、小兴安岭，顺西到大兴安岭，径流深一般在 300mm 以上，高的达 700mm；而三江平原的年径流深在 150mm 以下，大兴安岭以西的呼伦贝尔草原局部地区尚不足 10mm。西北情况更为明显，高原和盆地底部远离海洋，降水稀少，不少地区为不产流区。但在四周的高山上，终年白雪皑皑，甚至有的高山上还发育现代冰川，成为西北重要的产流区。山区产水量大，增加了山区河流的水势潜能，为山区兴修水利工程提供了丰富的水源和良好的地形条件。同时山洪加剧，泥石流、滑坡等自然灾害频繁发生，进一步突显了治水的重要意义。

1.2.4 水资源质量受人为和环境干扰

水资源本身包含质和量两方面的内容。质量不好的水，非但失去经济价值，还会酿成后患。水的质量不是一成不变的。如果防护与利用不当，或人类活动和自然环境变迁，水资源都可能随时随地变成有害人类的水体，失去其利用价值。

中国科学院西南资源开发考察队水资源组在横断山区金沙江上游定位观测[1]表明：有林沟基本上无泥沙可言，水清如镜，年平均含沙量很少，即使遇到日降水量在 30mm 以上的大雨，河水也仅稍加浑浊，其含沙量约为 0.06kg/m³，且延续时间极短，基本上雨停不久则水清。森林被采伐后，同一地区每年旱季或雨季的晴天河水碧清，进入雨期则沙随雨来。1984 年定点观测，仅 5—9 月出现泥沙过程 130 次左右，平均 5 天 4 次，其流失悬移质泥沙 353t，平均侵蚀模数为 441t/(km² · a)。如果把这些泥沙平均铺在流域面积内，

───────────

[1] 该站建在金沙江三级支流上，海拔 3500m。从 1981—1984 年，受丽江水文站直接领导，科考队与中甸林业局负责组织协调，参加观测人员主要有杨俊峰（纳西族）、任德钦、李庭启、林生、杨志同（纳西族）、唐海清、李幼平、小叶等。工作条件十分艰苦。观测成果在国内外发表。在此向参与单位工作人员表示衷心感谢。

其厚度大约为 0.3mm。这些泥沙无疑使水流浑浊，质量发生变化。不仅如此，有林或无林植被，对水的化学成分也发生改变。大气降水通过森林后的穿透水，其氢离子浓度明显下降，林外降水的 pH 值在 6.8～7.5，绝大部分在 7 左右属于中性水；而大气降水穿过林冠后，pH 值绝大多数在 6～6.5，最低可到 5.62（穿透杉林），同时穿透水增含五氧化二磷，且钠离子、钾离子、氯离子、碳酸根等离子也不一样。

随着工业化和农业现代化的发展，每天要排放大量的废污水。由于水的流动性特点，最后必然进入河流、水库（含天然湖泊）或地下，结果把原来的淡水变成咸水，把原来的水资源变成污水。在经济合作与发展组织的 24 个国家里，自 1970 年以来，生物耗氧量（BOD）都有变化。从 1970—1983 年，法国塞纳河从 10mg/L 下降到 4mg/L；日本的淀川和美国的特拉华河都呈缓慢性的增加；莱茵河的德国贝曼段，铅的含量从 1975 年的 24mg/L 下降到 1983 年的 8mg/L，而氮却从 1970 年的 1.8mg/L 上升到 1983 年的 3.9mg/L（资料源于《世界资源》）。

我国是一个后工业化的国家，随着国民经济的发展，工农业排污不断增加。20 世纪 80 年代我国化肥施用量仅为 884 万 t。到 1998 年，我国化肥施用量达到 3980.7 万 t，近 20 年的时间内增加了 3.5 倍；农作物对化肥的吸收率一般在 30% 左右，还有 30% 左右在短期内分解，余下的 30% 左右溶解在水体中或残留在土壤中成为污染源。我国城市废污水排放量也增加很快，其排放总量从 20 世纪 80 年代的 300 亿 m^3，到 20 世纪 90 年代中期达到 400 亿 m^3，平均每天大约排放污水约 1 亿 m^3。这些污废水过去多数未经处理就直接进入江河或地下，结果污染水体和土壤。1996 年我国七大水系按污染轻重排序依次为长江、珠江、松花江、淮河、黄河、海滦河、辽河，其主要污染指标为 COD、BOD、氨氮、挥发酚、亚硝酸盐、油类、高锰酸钾等。

总之，人类活动规模之大已经达到足以影响全球生物地球化学循环的程度。人为造成的土壤侵蚀和砍伐森林，改变了水资源流向海洋的质和量。它们所具有的共同特点是，人类干预所造成的后果在很大程度上还是未知数。

除了人类活动以外，自然变迁也会极大地改变水的质量。近几十年有关部门对地球的研究表明，它不是处于完全形成的和稳定的状态。地球活动如地震、火山活动、造山运动以及大陆漂移，现在还在不断进行，其活动都会引起活动区的水质变化。例如气候变暖，很可能通过水循环对淡水资源产生重大影响。有资料证实，全球大气表面温度平均增加 0.5℃，大气年降水量将增加 10%，且表现在北半球大陆地区的高纬度和低纬度地带，而中纬度农业生产高度发达地区将减少，增加或减少均会导致水质的变化。

为了发挥水资源的作用，进一步为人类造福，人类必须加强水质保护，制定保护法和防止污染法，把保护水质变成人人的行动，否则后患无穷。

1.3 水能资源及其评价

水能资源是水资源派生出来的，也是一种与人类关系极为密切的自然资源。随着社会生产力的提高，生态环境问题的突现，开发新能源，特别是开发能够周而复始循环利用，又没有炭排放的水能资源，受到人类的青睐。

1.3.1　我国能源状况

能源是社会发展的物质基础，没有能源就没有现代化的生产。我国是个能源资源，特别是常规能源比较缺乏的国家。到 20 世纪末，我国探明可采煤炭、石油、天然气储量，分别占世界储量的 11.6%、2.2%、0.4%，与我国人口占世界 22% 的水平相比较，非常不匹配。同时又因我国人口基数大，人均占有资源与世界人均平均水平相比较，煤炭只有 55%；石油只有 11%；天然气只有 4%（20 世纪 90 年代值）。相反我国开采量则与日俱增。到 2005 年我国原煤产量高达 29 亿 t，居世界首位，占世界原煤产量的 30% 以上；2003 年我国年发电量达到 19080 亿 kW·h，仅次于美国，居世界第二位；原油产量 1.6 亿 t，居世界第 5 位（1997 年）；天然气产量 227 亿 m^3（1997 年），居世界第 18 位。即使这样，全国人均消费量却很低，人均值不到 1t，仅相当美国同年人均消耗量的 8.5%。由此可见，我国目前还处在可采储量小、开采量大、消耗水平低的状态。这种状态极不利于我国环境保护和节能减排的要求。为此我国政府三令五申，要求开发新能源，特别要重视水能资源的开发利用，减少二氧化碳的排放量。

我国水能资源十分丰富。据《中国水战略》（杨永江等）记载，全国水能蕴藏量约 69441 万 kW，折合年发电量 60829 亿 kW·h，经济可开发装机 40180 万 kW，折合年发电量 17533 亿 kW·h（表 1-8、图 1-1），比美国和俄罗斯两国之总和还多，是加拿大的近 4 倍。

表 1-8　　　　　　　　　　　　全国水力资源复查成果汇总表（2003 年）

序号	流　域	理论蕴藏量		技术可开发量		经济可开发量	
		年发电量 /（亿 kW·h）	平均功率 /万 kW	年发电量 /（亿 kW·h）	装机容量 /万 kW	年发电量 /（亿 kW·h）	装机容量 /万 kW
1	长江流域	34335	27781	11879	25627	10498	22832
2	黄河流域	3794	4331	1361	3734	1111	3165
3	珠江流域	2824	3224	1354	3129	1298	3002
4	海河流域	248	283	48	203	35	151
5	淮河流域	98	112	19	66	16	56
6	东北诸河	1455	1661	465	1682	434	1573
7	东南沿海诸河	1776	2028	593	1907	581	1865
8	西南国际诸河	8630	9852	3732	7501	2684	5559
9	雅鲁藏布江及西藏其他河流	14035	16021	4483	8466	120	260
10	北方内陆及新疆诸河	3634	4148	806	1847	756	1717
	合计	60829	69441	24740	54162	17533	40180

注　资料源于《中国水战略》。

由于种种原因，长期以来我国水能资源开发利用较少，到 1955 年我国实际开发水电装机才 5128.4 万 kW，年发电量 1867.7 亿 kW·h，仅占全国储量的 7.5%。到 2009 年底，即新中国成立 60 周年，中国水电装机达到 1.97 亿 kW，跃居世界第一，但其开发量也只占蕴藏量的 28%。截至 2003 年，全世界水电装机 7.4 亿 kW，年发电量约 2.8 万亿

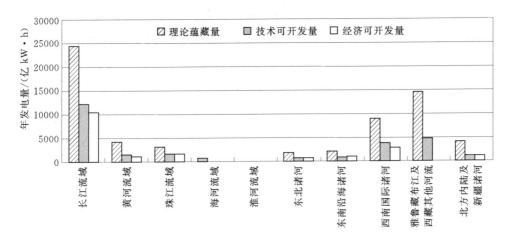

图 1-1　全国水力资源分布（年发电量）

注　图形资料源于《中国水战略》。

kW·h，开发利用程度约为 60% 以上。可见我国水电开发潜力还是比较可观的。还需指出，中国河流具备许多特点，并且随着水资源配置的调整，还可能因调水较多地增加经济可开发能量。比如从通天河中下游治家，把水调到黄河上游两湖（扎陵湖与鄂陵湖），然后引水至黄河支流上发电（曲什安河），尾水进龙羊峡水库。在整个调水过程中，提水扬程约 400m，而调水后的发电落差约 1500m，相比之下，增加较多的技术、经济可开发量（还不算龙羊峡及其以下扩容发电量）。

1.3.2　水能资源地区分布集中

由于青藏高原的强烈隆起，我国形成了以高原北部内陆区为脊的、向东倾斜的太平洋斜面，面积占全国 56.7%、径流占全国 75%；向南倾斜的印度洋斜面，面积占全国 6.5%、径流占全国 16.4%；向北倾斜的北冰洋斜面，面积占全国 0.53%，径流占全国 3%。中国乃至亚洲的主要江河，均从高原出发然后急剧地向海平面侵蚀注入海洋。因此，河流的坡降很大，其中长江的天然落差约为 5406m；黄河的天然落差约为 4860m；雅江的天然落差约为 5456m；澜沧江的天然落差约为 4583m；怒江的天然落差约为 4340m……即使是长江的支流雅砻江、大渡河的天然落差也在 3000m 以上，形成了一系列世界上落差很大的河流。落差与水流是水力发电的两大要素。因此中国的水能资源一方面分布面广，另一方面河流之间或河段之间，水能分布的差异大，如长江（含支流）理论出力高达 26801.8 万 kW，年发电量约为 23478.4 亿 kW·h，占全国水电年发电量的 39.6%，居全国之首。又如雅江（含支流）理论出力 15974 万 kW，年发电量达 13993.5 亿 kW·h，居全国第二位。不仅如此，一个流域或一条江上的水能资源又往往集中分布在一个比较小的范围或一个局部河段上。金沙江集中分布了长江干流一半以上的水能资源；雅江从派镇到墨脱的背崩 240km 的河段上，集中分布大约 6000 万 kW 的水能资源，占整个干流的 80%。如果从派镇至背崩斜穿一条长 16km 的隧洞，然后可获得一处（可分级）装机约为 4000 万 kW 的水力发电站，成为世界上无与伦比的第一大水电站。正因为如此，我国大中型电站所占比重大。据有关资料介绍：全国单机装机 1 万 kW 以上的可开发水电站近

2000座；25万kW以上的大型水电站近200座。它们的装机容量和年发电量占全国总数的80％左右；200万kW以上的特大型水电站约30多座，其装机和年发电量占全国总数的50％左右（表1-9）。

表1-9 我国可能开发的水电站规模统计

单站装机规模 /万kW	单站座数	装 机 容 量		年 发 电 量	
		万kW	占总数百分比/%	亿kW·h	占总数百分比/%
1~25	1726＋(17/2)[①]	7532.18	21.1	3652.34	20.1
25~75	110＋(5/2)	4666.97	13.1	2235.041	12.3
75~200	51＋(4/2)	6526.67	18.3	3172.36	17.4
200以上	33	16981.50	47.5	9123.90	50.2
合计	1920＋(26/2)	35707.32	100	18184.01	100

① 国际河流共管段的电站以1/2表示座数。资料源于1983年《中国水力发电年鉴》。

1.3.3 水能资源时空分布不均

受我国河川径流、地形的影响，水能资源时空分布极不平衡。从地区上看，我国70％的水能资源集中分布在大西南，理论出力为47331万kW，年发电量约为41462亿kW·h；其次为西北地区，理论出力约为8417万kW，年发电量约为7374亿kW·h；华北、东北地区都很少。大西南的水电资源又主要分布在6条大江大河上，即金沙江、雅砻江、大渡河、澜沧江、怒江、雅江。据不完全统计，"六江"上可开发量大约占全国技术可开发量的40％以上，且至今开发利用很少，是今后国家开发利用的重点，也是我国西电东送的核心地区。从时间上看，我国大约70％的发电量在汛期。枯水期由于径流小，电站普遍出力不足，造成水电站装机很大，保证出力很小的现象，极大地影响电站的发电质量。解决上述两个不均的有效措施是兴修调蓄工程。它可把汛期多余的洪水拦蓄起来，既减轻了下游的洪水压力，又可供干旱季节发电用水，而且还可就地调节小气候，改善环境、扩大旅游，为当地增加经济效益。水能具有廉价、清洁、可再生三大特点，一次性投资后，发电成本低，积累多、收益大，又无"三废"与污染问题，是节约煤炭资源、减排二氧化碳的极好对策。我国有关部门规划的即将完成的十大水电基地（表1-10），将在我国西部地区放出耀眼的光芒，更好地全面促进西部大开发。

表1-10 我国十大水电基地开发前景

基地名称	总装机容量/万kW	规 划 电 站 状 况
黄河上中游	1800	青海龙羊峡—河南花园口，可建几十座电站
红水河	1160	11座梯级电站
长江上中游	3000	宜宾—宜昌，建4座梯级电站
金沙江	5000	云南石鼓—四川宜宾，建8座电站
雅砻江	1900	两河口以下建12座水电站
大渡河	1900	金川—乐山
乌江	500以上	贵州的清真—四川澎水

续表

基地名称	总装机容量/万 kW	规 划 电 站 状 况
澜沧江	800	中游
湘江	500	"三江"上
闽浙赣	1000 以上	大、中型水电站

注　资料源于《中国自然资源丛书·中国能源资源》。

1.3.4　西南水能资源开发问题尤为突出

据有关资料介绍，在各省（自治区、直辖市）单站装机 1 万 kW 以上的可开发水电站中，做了一定勘测设计工作，研究程度较深的一类、二类资源约占 33%；未进行勘测工作，研究程度较差的三类、四类资源约占 60% 左右。在资源最丰富的西南地区，70% 以上的资源研究程度较差，特别是雅江流域，水能资源占全国 1/3，至今问津不多。所以一旦需要建设，争议往往不少，或者忙于兴建，使工程多走弯路。西南地区长期以来经济欠发达，人民收入低下，生活水平比东、中部地区差。在能源短缺的今天，开发水电成为当地发展首选。为此，就地开发水电已被地方提上议事日程。同时也招到社会不少人士反对，特别是环保方面的专家纷纷表示质疑。西南横断山区，山高谷深，气候变化多样。谷底海拔低，两岸山体高大，气候的空间分异具有水平地带与垂直地带相结合的特点：区内一方面，从低到高出现亚热河谷带（南部还有热带）、山地暖湿带、山地寒温带、高山亚寒带、高山寒带及高山永久冰雪等不同垂直气候带，各带之间在生态环境上有明显差异，决定了各带谱特有的各环境因素形成与发展的过程；另一方面从南往北，由于水热条件不同，也有不同的生物组成，所以在较短的谷地内，生物多样性非常丰富，一旦遭到破坏恢复起来很困难，甚至于有可能出现不可逆转的生态环境问题。修建水电站应防范重大生态环境问题发生。事物总是一分为二的。这里刚进入经济大发展时期，人民群众盼望早日致富，摆脱贫困，这是历史的必然，不开发矛盾更多。为此建议水电建设走出传统的开发模式，即尽量避免逐级筑坝、渠化式的开发。因为这种开发对峡谷河流破坏性较大，不仅可能改变水流的性质，把急流变成缓流，而且淹没了部分低地，使高原进气、排水条件受到影响，还可能不利于高原物质、能量循环。此外，开发水电还出现新的矛盾，即从长远看，西南水资源是我国特别是华北、西北的水源储备，也是不可替代的资源，如果就地开发水电，就等于增加了今后供水和发电的矛盾。

以上两对矛盾是在我国特殊地区、特殊环境下，产生的特殊矛盾，因此，只有采取特殊的方式才能解决。研究后认为，把发电调水结合起来统一考虑：利用金沙江、澜沧江、怒江山体高大、山脊单薄、地形西高东低的特点，由西向东开凿越岭隧洞，把部分洪水先蓄后引，即由怒江引到澜沧江、由澜沧江引到金沙江，并利用金沙江已建梯级电站扩容发电，尾水经过多级发电后入长江三峡水库，通过三峡水库调节，再入汉江丹江口水库，并沿现有中线方向入黄河、或华北平原，然后把转换的部分黄河水，从黄河上、中游调向新疆、内蒙古西部地区，既可以较好地解决我国北方的干旱缺水问题，还可开发水力能源。同时地方可通过少调水、多发电，从中得到发电、调水双收益，充分利用水资源的功能，提高经济收入，促进调水区的南北两利。

1.4 国际河流水资源开发问题

我国水资源的开发潜力主要集中在西南几条大江大河上。这些江河多为国际河流。所谓国际河流，就是指经过两国或以上国家、或分隔两个国家的河流。到目前为止，全球大约有 200 条以上的河流被两个或以上的国家共享，其流域面积占陆地面积的 40% 左右，涉及 60% 以上的地表径流、40% 以上人口。因此国际河流在人类社会中占有重要位置。我国拥有国际河流的数量和跨境共享资源，均名列世界前茅。大小国际河流 40 多条（含湖泊），其中产水量约占全国水资源的 40%，每年出境水量多达 4000 多亿 m^3，其中西南"三江"即澜沧江、怒江、雅江最为突出（表 1-11）。由于"三江"所处的地理环境、海拔、气候条件，再加上高寒缺氧、交通闭塞，长期以来经济欠发达，资源开发程度低。直到 21 世纪初，水资源开发量还不到蕴藏量的 2%。随着我国西部大开发的普及深化，西电东送战略的实施，以及邻近地区干旱、缺水日益加剧，开发西南国际江河的水资源与水能资源，会不断被提上议事日程。

表 1-11　　　　　　　　西南"三江"国际河流基本状况

河　名	集水面积/万 km^2		河道长/km		水资源/亿 m^3		水能资源/万 kW	
	总面积	境内面积	总长度	境内长度	总量	境内	总量	境内
怒江—萨尔温江	32.5	13.60	3200	1958	2520	689	约 5000	3641（仅干流）
澜沧江—湄公河	79.7	16.44	4880	2153	4750	740	5756	2541（仅干流）
雅江—布河	62.2	24.04	3100	2057	6180	1654	11000	7911（仅干流）
总数	174.8	54.08	10980	6168	13450	3117	21750	14093

注　表中的数据统计不全，仅供参考。布河指布拉马普特拉河。

作为一个负责任的大国，我国对国际河流的开发一直非常慎重，必须考虑境内的"国内开发"对"国外的影响"，坚持以邻为善、以邻为伴的外交政策。但是，国际上有的专家和人士总害怕上游国家开发一定会对下游国家产生不良影响，其中极少数人还夸大其影响的程度。印度有舆论称，"中国将在雅鲁藏布江上兴建水坝，每年将把 2000 亿 m^3 的水引到黄河流域，一旦这项西水东调工程计划完成，印度与孟加拉国势将面临严重的水源匮乏危机，更重要的是两国从此将在水资源战略问题上受到中国的摆布。""水资源是中印两国崛起的最大障碍。如果中国开始实施长期而未决的计划，把布拉马普特拉河的水，向北调给干涸的黄河，这将等于宣布与下游的印度和孟加拉国开展一场水的战争"。作为长期研究西藏水资源的科技人员，我们可以肯定地说，这些舆论是没有根据的。

大家知道，中国青藏高原江河纵横。亚洲的主要大江大河几乎都发源或经过这里。从东到西、从北到南依次主要有黄河、长江、澜沧江、怒江、雅江，其中规模最大的为长江。长江年径流量是其余四条江的近 3 倍，且与黄河毗邻，调水条件良好。目前我国正在实施的南水北调工程，就是专门为解决黄河、淮河、海河流域用水规划设计的，2014 年长江的水已经送到北京、天津以及广大的黄淮海平原。所以目前根本没有必要另起炉灶，把雅江水调到黄河流域。不过通过我们长期研究，作者认为：从长远考虑、从有利于促进周边各国经济稳定持续发展的观念分析问题，中国有责任、有能力、也有需要本着上下游兼顾、合作互利、有益共享的原则，与邻国携手合作、公正合理开发这里的水资源，全面促进南亚各国社会经济的发展。为此以雅江—布河为例，阐述一孔之见。

1.4.1　源多、质良且有较好的开发利用条件

"三江"国际河流的基本情况，大体相同，其中雅江—布河是全球重要国际河流之一，流域面积 60 多万 km²，全长约 3100km，多年平均产水量 6180 亿 m³（以上均为 Bahadurabau 测站数），单位面积产水量是我国长江流域的 1.8 倍。中国境内巴昔卡以上的年径流约为 1654 亿 m³，是黄河流域年径流的 2.8 倍，单位面积产水量是长江流域的 1.25倍，水资源极为丰富。同时水质很好，矿化度、硬度都很低，pH 值基本上属于中性，无污染，适宜人类利用。

到目前为止，雅江干流水资源利用程度很低，没有水力发电站也无通航之利，河床调节径流能力极差。以雅江奴各沙水文站实测资料为例：历年最大与最小流量之比为 46。同一时段相比，是长江宜昌站的 2.3 倍，不仅如此，年内分配也极不均匀。年平均 8—9月来水量占全年的 52.6%，12 月至次年 5 月半年的来水量仅占全年的 16%。换句话说，全年大于一半的来水量是在 2 个月内流走的；有半年多的时间，水量很少，径流可利用率很低。正如印度上世纪有资料介绍，"布河在印度境内，限于目前技术水平，只能利用10% 的水量。"所以调节径流成为有效增加布河可利用量的唯一有效的途径。否则，中国、印度和孟加拉对雅江—布河只能望"水"兴叹，发挥不了水资源功能，当然也满足不了国际上一致强调的"资源开发整体效益最大化"的原则。

还要指出，雅江中段开发利用条件比较好。它从里孜到派村，全长 1293km，水面落差 1520m，平均坡降为 1.18‰，集水面积约 163951km²，占雅江总流域面积的 68%。中游段支流较多，且规模也比较大，西藏著名的江河—拉萨河、年楚河、尼洋河、多雄藏布、迫隆藏布等都是段内的支流，构成世界屋脊上的"江南"。干流河谷宽窄相间。宽谷一般大于 2km，最宽可达 8km 以上，水流平缓多汊流和江心洲，两岸河漫滩与阶地发育，构成宽广的河谷平原。窄谷段很窄，谷底宽仅 100m 左右，呈 V 形，山高坡陡，两岸山体多为基岩，有的地方还是坚硬的花岗岩，坚实挺拔，石材丰富。主要峡谷，由西向东有岗来、仁庆顶、托夏、永达、加查、朗县、日敏、赤白等。在这些地区建坝，工程量不大，淹没损失小，施工条件好，多数有调节库容。如在赤白段，抬高水位 120m，便可蓄水 80亿～100 亿 m³。经水库调节，在保证率为 95% 时，电站保证出力达到 1660 万 kW，几乎是我国三峡水电站枯水出力的 3 倍多。不仅如此，水库居高临下，如能开发出来，对于减少下游洪水，增加枯水，其好处是可观的。

1.4.2　中、印、孟三国均需径流调控手段

由于喜马拉雅山脉的不断隆升，阻隔了印度洋暖湿气流北上，大量雨水降落在喜马拉雅东南坡（表 1-12）。印度阿萨姆地区一般年降水量在 2000mm 以上，局部地区达到10000 多 mm，且由南向北沿河谷不断减少。我国巴昔卡（海拔 155m）年降水 4496mm，上中游地区多在 300～500mm，由南向北差别极大。

表 1 - 12　　　　　　　　　　　　喜马拉雅山东段南坡一带降水分布

站名	地形	多年平均降水量/mm	各月降水占全年降水量/%												夏半年（5—10月）		冬半年（11月至次年4月）	
			1	2	3	4	5	6	7	8	9	10	11	12	降水量/mm	占全年/%	降水量/mm	占全年/%
北拉金普尔	平原区	3199.5	1.2	1.7	2.6	5.3	16.3	20.7	18.0	15.1	12.0	5.0	1.3	0.6	2791.6	87.1	407.9	13.0
巴昔卡	河谷区	4496.0	1.2	2.2	3.1	6.1	10.4	21.5	21.7	13.8	13.0	5.0	0.7	0.5	3876.0	86.2	620.0	13.8
戴林	山丘区	5317.0	1.4	2.5	4.5	8.8	10.8	18.2	20.9	15.4	11.1	4.2	1.3	0.9	4285.0	80.6	1320	19.4

注　引用资料出处不详，有误差未校正，表中数据仅供参考。

当前位于下游的印度、孟加拉国最迫切要求解决的矛盾是洪水。为了防止洪水，印度境内在沿岸修筑了大量的堤防，44 个城市建有防洪工程。孟加拉国也建有高低不等的大小堤防。尽管如此，由于洪水量大，几乎年年出现洪水危害。据有关资料介绍，1954—1993 年，布河每年受洪水影响的面积为 166 万 hm²，受影响的人口约 300 多万人，受破坏耕地 27.8 万 hm²。1988 年大洪水，布河潘杜水文站洪峰达到 47739m³/s，比 1972 年洪水位高 0.41m，受影响的面积 382 万 hm²，受灾人口 325 万人，破坏耕地 43 万 hm²。在孟加拉国平均每年受洪水淹没土地 35.6 万 hm²，在个别严重年，淹没面积达到国土面积的一半（包括孟加拉国在恒河上的面积）。1970 年 11 月受气旋与潮汐影响，三角洲南部地区受到严重破坏。由此可见，控制布河洪水是进一步开发布河的头等大事！

还需指出，印度也是一个人均水少的国家，据《Water and the Human Environment》介绍，印度可分为 4 大水系：北部恒河与布河水系、印度河水系、印度半岛东流水系、印度半岛西流水系。其中恒河、布河、印度河水资源占全国 64%，耕地面积只占全国的 44%；西流水系，水资源占全国的 9%，而耕地却占全国的 19%（除喀拉拉邦以外）；南界至科佛里河流域的东流河水系，水资源占全国 19%，而耕地却占全国的 35%。这充分说明印度水土资源分布不相匹配。西部和南部的干旱一直困扰着这个古老的国家。只有北部恒河—布河流域，特别是布河流域，水资源最为丰富。水资源量占全国总量的 35% 以上，有较大的开发潜力。为此印度政府一直在谋求解决水资源分布不均的问题。印度有关人士，通过地理条件、水土条件、耕地分布以及城市用水，提出跨流域调水设想，要求建立一个全国性的统一水网（印度称 NWG）。该水网的水源由两部分组成[1]：

一部分是由恒河取水，分别调向南部和西部，即北水南调工程。工程从恒河取水 185 亿～247 亿 m³，通过 3 级总扬程约 700m，把水输送到科佛里河的迈索尔水库，输水总长约 3500km；另一部分为布河—恒河调水线路，即从东部的布河通过扬水 10～15m，把水提送到西部的恒河，即东水西调工程，补充恒河水源，保证恒河调水，同时减轻恒河下游因调水带来的各方面问题。

为了落实国家水网规划，印度政府曾邀请联合国有关专家对国家水网实施的可能性进行了考察。嗣后专家们提出的报告认为：印度在今后 20～30 年将面临严重缺水，国家水网建设势在必行。日本工程师经过调查与研究，曾提出过调水的补充方案，建议在阿萨姆

---

❶　资料源于《印度水资源的开发利用和北水南调方案初析》，世界地理专业学术会议论文。

峡谷修建两座大坝，蓄洪发电与调水。由于工程量太大、移民太多、淹没土地太广泛，而且可能产生一系列生态环境问题，印度政府难以接受在此处兴建大型蓄水工程，建议重新选择方案。可见印度政府对实现国家水网的决心是比较大的，而且布河作为水网的最佳水源，是可能落实水网规划的核心，但是中枯水期的水量如何平衡解决，则是问题的关键所在。

1.4.3　发电是"三江"开发的最大优势

"三江"国际河流水能资源主要分布在我国境内，其中雅江最大，仅干流水能蕴藏量达 7911 万 kW，单位河长储量为 3.85 万 kW/km，在大河中实属罕见。如果在下游大拐弯处截弯取直，便可获得 2250m 的天然落差，修建一处（拟分三级）装机容量近 4000 万 kW 的巨型水电站。无独有偶，"三江"沿线国家现有能源极度缺乏，普遍依赖于进口矿物质能源。由于燃煤量大，导致大气环境污染，严重制约社会经济发展。在节能减排的今天，开发水电令世人瞩目。

1989 年日本、美国财团界首脑在东京达成协议❶，拟计划在全球联合投资兴修 15 个世界级的公共工程，其中第三项"喜马拉雅山水力发电，即在喜马拉雅山脉构筑水库，建造一座最大发电能力达 5000 万 kW 的发电站"。我们分析，此电站应该是我国雅江下游大拐弯水电站。2000 年《国际建筑》杂志以 "Word Biggest Hydro – project for India" 为题报道了印度正积极筹建装机容量为 2100 万 kW 的水电开发项目，并在 229 亿美元的支持下启动了勘测工作。印方还声称该项目将成为世界上最大的地区性水电工程……为了有计划进行此项工作，随后印度有关方面又在网上将拟建水电工程划分成两个建设阶段。

1998 年中国科学院自然资源综合考察委员会水资源调控组陈传友等同志在《光明日报》上发表了"西藏可否建世界上最大水电站"的长篇文章，提出了一级和多级开发方案。2002 年徐大懋院士等在《中国工程科学》上发表了"雅鲁藏布江水能开发"一文。文中阐述了雅江大拐处水能开发方案。工程分三期，一期送电东南亚，逐步积累资金，二期、三期实现西电东送。雅江工程单位千瓦投资将少于三峡水利工程，且可实现 4 个世界之最：世界上容量最大的电厂、单机容量最大的水轮机组、落差最大的高山瀑布、工程兴建在最深的大峡谷内。电站建成后能向发展中国家供电，并对下游国家有调节径流和防洪作用。但至今"四江"地区，特别是雅江地区，丰富的水电资源尚未开发利用。究其原因多种多样，其中国际河流如何深层次的开发恐怕是很重要的一条。关于这方面，谈论比较多，但落实到具体河流、具体问题时，又往往各有所词，各持己见，使工作难以深入下去。为此，笔者列举国际上开发比较成功、双方都比较满意的一个典型开发例子，作为借鉴或参考。哥伦比亚河就是当前国际上公认开发成功的模式。

1.4.4　哥伦比亚河开发实例

该河是北美西部水量最大的跨国河流，源出加拿大南部落基山脉，流经美国注入太平洋。河流全长 2644km，其中 2/5 在加拿大境内，流域面积 66.8 万 km²，河口年平均流量

---

❶　1989 年《北京晚报》驻东京记者张进山报道。

7400m³/s，年径流总量约 2340 亿 m³，其中加拿大境内占 40%。该河水能资源极为丰富，可开发容量约 6380 万 kW。至 1991 年年底流域装机达 3600 万 kW，其中加拿大境内已装机 540 万 kW，美国境内已装机 3060 万 kW，开发量已占可开发量的 56%。在开发过程中，两国的矛盾也不断加剧。1944 年国际联合委员会，接受了两国的政府委托，对该河的开发计划可行性进行审查，同时两国也多次进行外交谈判。经过反复周析，1961 年签订关于合作开发的条款。在此期间争议的热点是水量的分配问题，当时的规划总目的是控制水量，防止洪水泛滥，增加水力发电。解决上述问题的关键是调节径流，即有效减少洪水期径流，增加枯水期的河道水量。对此唯一有效的方法是在上中游兴修水库，而最好的蓄水区在加拿大境内，而受益最大的则是美国。20 世纪 50 年代加拿大向美国提出补偿蓄水费用，建议从下游收益中提成的办法，遭到美国拒绝，于是加拿大准备将哥伦比亚河水引入加境内的另一条河流费雷塞河利用。美国提出反对。从理论上，合理补偿原则是国际实践所承认的。关于引水问题，加拿大取用了 1909 年两国边境水域条约第二条的规定，即缔约各方对跨国河流在其境内的河段享有排他的管辖和控制权。在这种形势下，1961 年美国才同意签订合作开发条约，其中加拿大承诺在上游 3 个关键地区建立水库，为期 9 年全部投入使用。美国承担用现金补偿加拿大兴建防洪水库的费用，并充分利用水电站的设备以增加发电量。加方有权从所增加的发电量中分约 50% 收益，同时承诺在未征得美方同意，不采取任何改变流量的分洪措施。

由此可见，美国、加拿大共同开发哥伦比亚河，较好地解决了目前在开发国际河流中最引人关注的几个热点问题：

（1）尊重主权。尊重主权是最根本的原则，否则无"共同开发"可言，哥伦比亚河在开发上以尊重主权为基础，经双方多次协调后提出了加方境内所产生的水，由加方负责开发投入，受益美方参与投资分摊。工程开发后效益双方共享的原则，为河流的顺利开发提供了较好的先决条件。

（2）公平合理。这是目前国际上强调的一个原则。哥伦比亚河的开发在这个问题上处理比较恰当。该河洪水问题一直未解决的主要原因，需要在加拿大境内兴修水库，美国亦受益。但长期以来，美国不愿投入兴修水库的费用，因此洪水问题悬而未决。通过协商调解美加终于达成协议，美国承担用现金补偿加方兴修水库的费用，并充分利用水电站的设备增加发电量，且加方有权从所增加的发电量中收取约 50% 发电收益。

（3）鼓励合作。国际河流具有很多地方只有合作开发才能充分利用水资源的特点，防洪是其中最典型的一个。因为有很多河流，上游处于山区，河流水量大、水流急，往往与下游径流遭遇，形成特大洪水。如果在出山口前把洪峰拦截在山谷中，便可以减轻下游洪水，增加下游枯期径流。因此只有上下游共同合作，才能把水库修大修好，一劳永逸。

（4）整体效益最大。水资源具备多功能的特点。功能发挥愈充分，无论是上游还是下游都能获得更多的好处。比如水上运输，上游开发对下游有好处，下游发展对上游也一定有利益。又如上游修水库可以调节径流增加下游枯水期流量，且可多利用洪水，这对下游多发电、提高水运能力、增加水产养殖都有好处，收益多！如果只考虑上游，不考虑下游，水的功能就受到限制，收益一定会减少；只顾下游，不考虑上游，水资源功能不能充分发挥。只有从整体出发，才能达到整体效益最大化。

　　以上是目前国际上比较重视的几点，但还存在不同的看法。我们认为在尊重主权的前提下，雅江开发有参考或借鉴的地方。

第2章

我国水资源开发利用

水资源是人类资源系统和生态环境系统的重要组成部分，而且具有不可或缺、不可替代和利害关系两重性的特征。因此除要认识和了解它的数量、质量、利害关系外，还必须知道维持人类资源系统生存与发展需要多少水。从我国历史发展来看，不同发展阶段对水资源的要求是不同的，差别很大。为了更好地开发利用水资源，我们有必要回顾人类开发利用（含治理）水资源的历史阶段，以便今后更合理地处理自然与水、人与水、发展与水的辩证关系。

2.1 利用阶段与其特点

根据不同的时代和经济特征，可以把水资源利用大致划分为四个阶段：原始利用阶段、初级利用阶段、综合利用阶段和持续利用阶段。原始利用阶段，整个社会处于大自然的严峻考验之中；初级利用阶段处于农牧时代，整个社会以农牧业经济为特征；综合利用阶段处于工业化和工业时代，整个社会以工业经济为特征；持续利用阶段处于信息时代，整个社会以知识经济为特征，虽然还很不均衡，但水资源的开发利用与保护已经在全球范围内应用现代思维、技术和理念来进行广泛探索与实践。

2.1.1 原始利用阶段

在原始社会发展的文明中，人们饮水止渴，逐水草而居，遇洪、旱灾害而逃生，还谈不上利用水资源为人类造福。整个社会靠天吃饭、狩猎为生，随遇而安，还基本没有剩余产品，水的社会功能停留在满足生理需要和生活享用这一原始水平。生产生活用水很少，对水质要求也不高。生态环境用水靠自然平衡。整个社会以石器为主要工具，处于原始社会发展阶段。

2.1.2 初级利用阶段

随着科学的发展，先人们对水的认识有了进一步的了解。他们利用水的流动性、溶解性，发展运输、浇灌农作物、开展农副产品加工，促进了农业生产的发展，为奴隶社会向封建社会转化起到了重要作用。这一时期，水事活动的目标单一，方式简单，一般规模不大且多顺其自然，而且不计成本，不算经济账。

在水资源初级利用阶段，社会生产力还很低，洪旱灾害成为社会经济发展的主要障碍。人们一方面治理江河，涌现出大禹治水、都江堰水利工程等一系列可歌可泣的传说和千古丰碑；另一方面求助于上苍的恩典和帮助。丰枯调蓄能力极为有限。社会生产以农牧业为主，水能利用也还仅仅局限在水力机械的初始阶段，水量利用也主要是用于农业灌溉和人畜餐饮等，整个社会处于农业时代。水利已成为农业的重要支撑与命脉，水资源对社会经济发展起到了重大的保障作用。

为了发展运输和提供交通之便，水运成为当时极为重要的用水方式，同时，也起到围护城池（护城河）的战略作用，历史上有过"水淹三军"的实证。

水环境依然停留在大自然的平衡之中。水的自净能力足以维持大自然的生态平衡。

水资源配置效率比较低，人类对水资源乃至于其他自然资源的了解还很有限。由于水资源相对于当时的人口而言不存在短缺，因此当时的水资源只要通过简单的劳动就可以获得。所以中国有"冷水要人挑，热水要人烧"的谚语。资源的生产效率、技术效率、利用效率都比较低。随着人口的增长，社会用水量却呈现出上升的趋势。

2.1.3 综合利用阶段

在水资源综合利用阶段，社会生产力有了很大的发展，人们在战胜洪旱灾害等方面取得了重大胜利。工业化和工业社会的出现，增添了人们抗御大自然的必胜信心，从江河治理发展到流域开发。社会对水资源的丰枯调蓄能力有了根本性的飞跃，但农业依然是用水大户。工业用水增长迅速，且随着人口的增加，社会生活用水也突飞猛进。局部地区社会生产和社会生活出现了水资源短缺危机。由于社会生产力的大发展，许多农牧民从对大自然山水风光的无限陶冶中游离出来，融入工业化与城市化的潮流中，清馨的空气、无污染的河流、"绿色食品"逐渐成为人们的"奢侈品"。

随着水资源的综合利用，人们逐步认识到水的多功能作用，从而多目标水资源开发的概念代替了原有的单目标开发。一切水事活动都要求算经济账，追求经济效益最大化，为人类社会尽量多创造财富。不合理地开发利用，结果又出现了一系列的生态环境问题。

茂密的原始森林遭到严重破坏，荒山秃岭随处可见；形成地表径流的边界条件恶化，加重了洪旱灾害的威胁；地下水超额开采，引起地下水位下降、地面下沉和海水入侵等严重后果；陆面变化改变了蒸发状况，影响了水循环；水土流失严重，造成河水浑浊与湖库淤积；黄河不仅成为地上悬河危及人民生命财产安全，而且其断流情势逐年加剧危及下游的兴利保障。

这样一来水环境破坏日益严重，大自然的生态平衡遭到破坏，水资源危机形势日益严峻。水资源可持续利用与经济社会可持续发展成为时代课题。同时工业化带来的水污染积重难返，进一步加重了水资源危机。水环境恶化的趋势难以遏制，生态平衡向着不利于水资源可持续利用和经济社会可持续发展的方向移动。这一切，促使全世界的有识之士共同呼吁："开展全社会的节水洁水活动，共同解决水资源问题。"

蒸汽机、水轮机、发电机的联合运用，使水能利用又上了一个新台阶，把水力机械能转化为电能，广泛地应用到社会生产与社会生活。水电的优质、可再生、清洁、廉价等特点，使其成为在社会电力结构与能源结构优化过程中，最富现实竞争力的能源。

在综合利用阶段，水资源配置效率得到很大提高，供水、灌溉、防洪、发电、航运、旅游、水土保持等综合目标得以充分体现。水经济、水文化、水文明等方面的水平逐步提高。人们对水资源既可再生、又有限及其利害两重性有了更加深入的认识，对水资源开发、治理、利用与保护的视野，从江河湖泊扩展到海洋和两极，乃至于地上地下和空中，树立了新的水资源时空观，必须向可持续利用方向探索与演化。

2.1.4　持续利用阶段

为了社会经济的持续发展，水资源必须坚持持续利用的原则。为此，一切水事活动都应满足经济、社会和环境效益的要求，一味追求单一的经济指标是不符合社会经济持续发展的。

在水资源持续利用阶段，社会生产力进一步提高，人们提出"与大自然协调发展"的可持续发展战略思想。人口增长的压力，使人口、资源、环境与发展成为人们跨世纪的共同议题；水资源危机迫使人们重新认识自己的发展道路，开始重视水资源与人口、环境、发展之间的辩证统一关系。发达国家先后实现了工业化，后工业化的发展中国家也开始重视水资源问题的理论研究与实践探索。工业化社会步入了以"知识经济"为特征的信息时代。工业用水首先在发达国家实现"零或负增长"，可持续用水机制逐步建立与健全。

由于社会生产力的根本变革，在技术、经济、社会、自然等方面，人类开始运用可持续发展的思想来统筹考虑人口、资源、生态、环境等问题，从而使水资源开发、治理、利用与保护有机地结合起来。河川开发、流域开发、疆域开发得以逐步实现。全国范围内逐步实现水资源的协调开发、治理、利用与保护。

这里仅就水资源利用的"初级利用、综合利用、持续利用"三阶段进行列表分析，旨在说明水资源和可持续发展所涉及的一系列问题，以及水问题的历史渊源和未来情势（表2-1）。人类利用水的过程是不断深化和不断升华的过程，即由简单到复杂、由低级到高级、由原始到现代，有力地促进了文明社会的发展和物质文化生活水平的提高。

表 2-1　　　　　　　　　　　　水资源利用各阶段特点

项目 ＼ 阶段	初级利用	综合利用	持续利用
水资源配置	粗放用水	集约用水	高效用水
时代特征	农牧业时代	工业时代	信息时代
经济特征	农业经济	工业经济	知识经济
人与自然关系	崇拜时代	向自然索取	协调发展
开发利用方式	手工与半机械	机械化	自动化
利用程度要求	基本单一利用与发展	综合利用	可持续利用
地位与作用	维持生物生存与发展	发展社会生产力	创造人类文明
开发类型	河川工程	流域开发	区域开发
供水结局	余	亏	"协调平衡"
水环境	"自然"净化	污染与治理	"人工与自然"净化

2.2　历史沿革及其现状

2.2.1　历史沿革❶

中国人民长期以来重视水资源的开发利用，并在各个历史时期为国家的发展和民族的

---

❶　资料源于《中国治水史鉴》。

繁荣作出重大贡献。早在公元前 2000 多年，大禹率众几乎踏遍了大江南北，东治黄河下游，南治汉、汝、江、淮，西治黄河中游，北治汾河、滹沱河，缓解了当时的旱涝灾害。春秋战国时期，孙叔敖热爱水利事业，主张"宣导川谷，陂障源泉，灌溉沃泽，堤防湖浦以为池沼，钟天地之爱，收九泽之利，以殷润国家，家富人喜"。他带领大家建成我国最早的大型灌溉工程期思雩娄灌区，后世又称"百里不求天灌区"。嗣后他又主持兴办了我国最早的蓄水灌溉工程芍陂。经过后代人的整治，该工程在历史上一直发挥作用，如今已成为全国有名的淠史杭灌区的重要组成部分。1988 年国务院确定安丰塘（芍陂）为全国重点文物保护单位。

秦始皇统一中国后，为了进一步发展生产，秦昭王任命著名水利专家李冰父子兴修都江堰无坝引水工程，其规模为世界之最，至今灌溉面积已发展到 2000 多万亩，仍为世界之首，使旱涝灾害频繁的成都平原一跃而为"水旱从人，旱涝保收"的天府之国。

秦始皇统一六国、平定中原以后，又命史禄从零陵至桂林开凿沟通长江与珠江水系的灵渠，为运兵、运粮、巩固国防、推进南北物质文化交流，起到了重大作用。

汉武帝时期是中国水利事业得到快速发展的时期。他接受有关方面的建议，开辟了长300 余里的漕运，成为京师长安给养运输的生命线，还建成了 300 余里、灌溉 4500 余顷良田的白渠。由于郑国渠在前、白渠在后，两渠相近，人们习惯上合称郑白渠，成为我国著名的水利工程。公元前 1109 年，汉武帝亲临黄河，见洪水泛滥，老百姓流离失所，惨不忍睹，决定派汲仁、郭昌征带兵同群众一道堵口。汉武帝亲临现场指挥，并"沉白马玉璧于河"，表示治河的决心。经过艰苦奋战，终于堵口成功。为此汉武帝率众人在新修的黄河大坝上修建一座宣防宫，并亲自创作了著名的"瓠子歌"两首，记述这次堵口的经过。汉代著名历史学家司马迁曾亲身经历过瓠子堵口，"悲《瓠子》之诗而作《河渠书》"，且把水利纳入他的不朽巨著《史记》之中，成为我国第一部水利通史。

明洪武二十七年（1394 年），特向工部发出指示，全国凡是陂塘湖堰能够蓄水、泄水以防洪涝旱灾的，都要根据地势，一一修治。于是分别派遣国子监生和专门人才到各地督修水利。为此全国各地水利发展都取得较好成绩。有资料介绍：到第二年冬天，全国共修塘堰 40987 处，整治河道 4162 处，装修陂渠堤岸 5048 处，兴修水利促进了明初经济的恢复与发展。

清康熙帝在水利上也颇下工夫，他将河务、漕运、平叛三潘并列为国家三项头等大事，其中第一、第二项都是水利方面的工作。为了解决水问题，他亲自钻研水利方面的理论，并赴现场调查，提出工程方案，其治水立论汇编成《康熙帝治国方略》。晚年他亲自勘测出浑河河床高出坝外地面，率众开掘了长 100 多 km 的外河堤，使洪水分流下泄，让河水从此安流，并将浑河更名为永定河。乾隆继位之初，南北水旱一度频繁发生。他要求大臣们树立忧患意识，做到居安思危，并提出"直隶河道水利，关系重大"。据《清史稿·河渠志》统计，乾隆年间对永定河进行较大规模的治理活动达 17 次之多。乾隆八年直隶大旱，他下令直隶总督打井灌溉，到乾隆九年二月，仅保定府已凿成大井 2200 余口，天津、河间两府"都以次办理"。顺天府打井 2000 余口。乾隆对水事方面的奏折予以高度重视，曾说道："畿辅水利乃地方第一要务，必简用得人，始能有益无弊."他根据史部会同直隶总督的建议，修复了宛平、良乡、涿州、新城、雄县、大城等地的旧有渠淀，开挖了许多新河道。其他堤埝、隧洞、桥、闸等工程，"也都次第开工"，使灌溉面积有了很大的增长。

孙中山先生也非常关心水利事业的发展，特别强调水利的重要性。他说："水利不修，遂致劳多而获少，民食日艰。水道河渠，昔之所得利田者，今转而为农田之害矣。"他主张学习西方国家设立专管农业和水利的机构，"凡有利于农田者无不兴，有害于农田者无不除。"他把江河治理与民生吃饭问题联系起来，认为"要完全解决吃饭问题，防灾便是一个很重大的问题"。长江、黄河、淮河、珠江的治理规划，在他的《建国方略二》中占了很重要的位置。他亦关心江河的开发与利用，率先提出兴建三峡水电站的计划，具有超人的远见卓识。他也支持开发长江上中游的水力资源的设想，而且认为"凡改良河道以利航行，必由其河口发端""吾人欲治扬子江，当先察扬子江口"，把长江入海口治理作为首要任务。

2.2.2　开发利用现状

中华人民共和国成立以后，党和国家十分重视水资源的开发利用，动员亿万人民大规模兴修水利，我国水利事业蓬勃发展。截至改革开放初期的1984年，我国已建成大中小水库8.6万座，总库容4400亿 m^3，排灌动力5700多万 kW，其中包括241万眼机电井2200万 kW；修建各种水闸2.5万座，其中大中型水闸2175处；兴建和加固江河堤防17万 km，历史上"三年两决口"的黄河下游，出现了30多年的安澜局面；全国累计初步治理水土流失面积达到44万 km^2，占全国水土流失面积的29%，建成水电站装机达到2543万 kW，年发电量870多亿 kW·h。水电装机在电力工业中的比重达到23.8%。

据1980年水利普查分析，全国现有水利设施实际供水量4437亿 m^3（其中农业占88.2%、工业占10.30%、城市生活占1.5%），约占全国多年平均水资源总量的16%。全国有效灌溉面积7.3亿亩（统计亩），灌溉用水量3580亿 m^3，占全国总用水量80.7%。灌溉面积内的粮食产量2.15亿 t，占当年全国总产量的72%。可见灌溉在我国农业生产中占有十分重要的作用。全国人均综合用水452 m^3，在世界大国中偏低（表2-2）。

表2-2　　　　　　　　　　各国用水量统计对比

国家	统计年份	总用水量/亿 m^3	用水量占径流/%	人均用水量/m^3	占总用水量/%			
					农业用水	工业用水	生活用水	其他用水
美　国	1975	4676	27.4	2184	48.7	43.4	7.9	14.4
苏　联	1975	3316	7.6	1304	48.9	32	4.8	
日　本	1981	882	16.0	792	65.8	18.2	16.0	
印　度	1974	4240	23.8	691	92.7	4.0	3.3	
法　国	1975	420	25	796	33.3	57.2	9.5	
墨西哥	1970	468	11.4	920	88.1	5.2	4.4	2.3
意大利	1970	430	23.2	860	69	19.0	12.0	
英　国	1969	221	14.5	400	0.3	76.0	22.4	1.3
加拿大	1968	229	0.7	1070	13.5	81.5	5.0	
中　国	1980	4437	16.3	452	88.2	10.3	1.5	
全世界	1975	30000	6.4	744	70	21	5.0	4.0

注　资料源于《中国水资源利用》，1989年，水利电力出版社。

近几十年来，党和国家更进一步拓展水利事业，集中力量系统整治大江大河，突出重点优先解决民生水利问题，取得了举世瞩目的巨大成就。改革开放以来，巨型水利工程长江三峡水利枢纽建成投入运行，发挥了防洪、发电、航运的巨大作用；世界最大的跨流域调水——南水北调一期工程 2014 年建成通水，将为我国经济社会发展、人民安居乐业做出贡献。截至 2012 年，我国水利事业的各项指标又有新的突破。全国已建成大型、中型、小型水库 97453 座，总库容达到 8255 亿 m^3；全国有效灌溉面积为 62491 千公顷；水电装机达到 24881 万 kW；水土保持治理面积 102.95 万 km^2；供用水量总计为 6131.2 亿 m^3（表 2-3）。2012 年各水资源一级区供用水量见表 2-4。

表 2-3　　　　　　　全国水利发展主要指标（2007—2012 年）

参　数	2007	2008	2009	2010	2011	2012
江河堤防长度/万 km	28.38	28.69	29.14	29.41	30.00	37.73
已成水库/座	85412	86353	87151	87873	88605	97543
总库容/亿 m^3	6345	6924	7064	7162	7201	8255
有效灌溉面积/千公顷	57782	58472	59261	60348	61682	62491
水电装机/万 kW	14523	17090	19686	21157	23007	24881
水土保持治理面积/万 km^2	99.9	101.6	104.5	106.8	110.0	102.95
总供用水量/亿 m^3	5789	5828	5933	5998	6107	6131.2
作物受灾面积/千公顷	12548.92	8867	8748.16	17866	7191	11218

注　2012 年堤防仅统计五级以上堤防长度，2012 年水土保持治理面积为修正后面积。

表 2-4　　　　　　　2012 年各水资源一级区供用水量　　　　　　　单位：亿 m^3

水资源一级区	供水量				用水量					
	地表水	地下水	其他	总供水量	生活	工业		农业	生态环境	总用水量
						总用水量	直流火（核）电			
全国	4952.8	1133.8	44.6	6131.2	739.7	1380.7	451.1	3902.5	108.3	6131.2
北方 6 区	1783.2	1004.6	30.9	2818.7	250.2	345.6	31.0	2148.1	74.8	2818.7
南方 4 区	3169.6	129.2	13.7	3312.5	489.5	1035.1	420.0	1754.4	33.5	3312.5
松花江区	289.2	213.6	0.7	503.5	27.5	68.9	17.1	391.4	15.9	503.5
辽河区	97.5	104.7	3.5	205.8	29.0	33.6	0.0	137.5	5.8	205.8
海河区	126.5	231.7	13.7	371.8	56.7	55.2	0.4	245.7	14.2	371.8
黄河区	251.1	130.5	7.0	388.6	42.4	61.4	0.0	272.9	11.8	388.6
淮河区	461.7	181.5	4.4	647.7	79.1	104.3	13.1	449.4	14.9	647.7
长江区	1913.1	80.8	8.9	2002.8	271.8	707.1	346.4	1007.5	16.4	2002.8
其中：太湖流域	349.1	0.3	0.1	349.5	51.0	207.9	162.5	87.7	2.8	349.5
东南诸河区	326.0	9.6	1.4	337.0	60.2	119.9	19.8	150.3	6.5	337.0
珠江区	826.7	34.7	3.2	864.7	148.4	197.0	53.8	509.1	10.1	864.7
西南诸河区	103.8	4.2	0.1	108.0	9.0	11.1	0.0	87.5	0.4	108.0
西北诸河区	557.2	142.5	1.6	701.3	15.5	22.2	0.4	651.4	12.2	701.3

注　资料源于《中国水资源公报 2012》。生态环境用水不包括太湖的引江济太调水 6.9 亿 m^3，浙江的环境配水 24.2 亿 m^3 和新疆的塔里木河向大西海子以下河道输送生态水、向塔里木河干流沿线胡杨林生态供水、阿勒泰地区向乌伦古湖及科克苏湿地补水共 22.1 亿 m^3。

2.3　面临的形势和开发利用中存在的重大问题

人多水少、地理气候条件复杂、水资源时空分布不均是我国的基本国情水情。洪涝灾害频繁仍然是中华民族的心腹大患，农田水利建设滞后仍然是影响农业稳定发展和国家粮食安全的最大硬伤，水资源供需矛盾突出仍然是制约可持续发展的主要瓶颈。这是因为：

（1）水利是人民生命财产的安全屏障，防洪保安历来是治国安邦之要。经济越发展，财富越丰裕，社会越进步，就越需要把人民生命财产安全放在第一位，就更应该绷紧防洪保安这根弦。面对气候变化带来极端天气事件增多的趋势，防汛抗洪压力越来越大，任务越来越艰巨，务必夯实打牢防洪保安的大堤。

（2）水利是经济发展的基础支撑。水是支撑经济活动的基础性资源。我国经济持续较快发展，对水资源的需求迅猛增长，水资源短缺日益加剧，成为许多地方发展的瓶颈。不把水利的文章做好，经济建设就难以为继；不把节水的文章做好，转变经济发展方式就失去了重要依托。讲发展、搞建设，务必水利先行，量水而动。

（3）水利是农业的命脉。水利兴，五谷丰。我国农业基础薄弱，关键是农田水利设施薄弱；改变靠天吃饭局面，根本是兴修水利。保障国家粮食安全，解决中国人的吃饭问题，决不能单靠风调雨顺，根本出路在于大兴水利强基础，提高抵御自然风险、旱涝保收的能力。

（4）水利是生态安全的源头保障。水是生命之源，水秀才能山青。生态问题很大程度上就是水的问题。有的是少雨缺水带来的；有的是水土流失造成的；有的是水质污染引发的。保护和改善生态，治水改水是基础和关键。

（5）水利是民生改善的紧迫要务。保障人民群众有水喝、喝上干净水，是维系生命健康的头等大事，是与群众利益最直接、最紧密的民生工程，是为百姓办实事、办好事的当务之急。有的地方随着水源变化、水质污染，不仅农村存在大量饮水不安全人口，而且有的城市居民的饮水保障也出现隐患。饮水安全的社会关注度空前提高，保障百姓吃水用水的压力加大，提高饮水安全保障能力十分紧迫。

正因为水资源的开发利用如此重要，2011 年中央一号文件立足国情水情变化，从战略和全局高度出发，将水资源的开发利用提升到关系经济安全、生态安全、国家安全的战略高度，这是社会进步的必然结果。

随着工业化、城镇化不断发展，全球气候变化影响加大，我国水资源开发利用面临的形势更趋严峻。兴水利、除水害，开发、利用、保护好水资源，在相当长一段历史时期内，将仍然是我国经济社会建设的重中之重。

2.3.1　我国北方特别是西北、华北干旱缺水严重

我国地域辽阔，南北横跨 50 个纬度，东西相距 62 个经度，陆地面积 960 万 km^2。在这块巨大的土地上，地形地质构造复杂多变，季风气候显著剧烈，因而自然灾害种类繁多，其中又以干旱灾害最为突出。干旱灾害是指一段时间内连续少雨，使当地植物生长困难或危及其生命的一种特殊天气灾害（内蒙古气候中心宫德吉等），因此它可以发生在各

种气候类型和几乎所有地区。我国西北、华北降水先天不足，基本上属于干旱半干旱气候类型，因此发生干旱灾害的机会更多。历史上的重大干旱、特别是重大干旱灾害，都基本上从这些地区发生发展起来。

公元前 1809 年《国语·周语》中有"伊洛竭而夏亡，河竭而商亡，三川竭而周亡"的记述；明洪武元年（1368 年）至 1949 年的 582 年中，有大旱或大饥记述的 107 年，平均每 5.4 年一遇。《中国水旱灾害系列专著》一书中，总结分析了这一时期最典型的 3 次重大干旱灾害。

（1）明崇祯年间的持续大旱灾害。1632—1642 年，从西北晋陕北部开始，连续 11 年大旱，波及华北、中南几乎大半个中国。灾害造成"野绝青草，雁粪充饥，骨肉相食，死者相续，十室九空"。其范围之广，灾情之重，对社会震动之大，实属历史上少有，也是自秦以来极为罕见的纯因多年持续大旱造成的黄河干涸的现象。

（2）清光绪年间的持续大旱。1875—1878 年，从西北晋陕一带开始，4 年波及我国华北、河北、山东、河南、内蒙古等地，清政府在各地虽然采取一些赈济措施，但由于灾区广、民众多、运粮难，加之贪官污吏敷衍塞责，从中渔利，收效甚微。后据清代户籍统计，这次大旱灾，仅黄河流域饥饿、瘟、疾，死亡人数达 1300 万人，绝收良田无计其数。

（3）民国年间持续大旱。从 1922—1932 年，从黄河上中游开始 11 年大旱。1928 年夏，泾渭河断流，车马可由河道通行。中华民国南京赈济委员会关于陕西灾情总报告称：全省 92 个县，无处不灾，流亡灾民 781347 人，至 4 月饿毙 207537 人；1930 年，宁夏一份代电称："天久不雨，死者枕藉，全省死亡人数 1/3。"

《黄河流域水旱灾害》编辑委员会通过对黄河流域农业区中等以上干旱调查，结果表明：1950—1990 年 41 年中几乎每年都发生干旱灾害，平均受旱面积 3500 万亩，平均每年减产粮食 127 万 t，41 年减少粮食 5296 万 t，受灾面积 14.5 亿亩（习惯亩）相当过去一年的耕作面积与收成。大部分灾害地区仍然在西北、华北。

1949 年以后，我国的干旱，特别是西北、华北的干旱，变得更加复杂，仍然严重威胁着这些地区的社会经济建设和人民群众的正常生活。根据《中国水旱灾害公报》，干旱灾害的频度、力度都呈现有发展的趋势。

进入 21 世纪以来，作为一种气候现象，干旱并没有向有利于人类活动的方向转化。相反，干旱天气自 20 世纪 80 年代以后，有进一步加剧的趋势。只是由于新中国成立以后，国家高度重视水利事业，兴利除害投入不断加大，群众防灾减灾意识加强，总的灾情却不断走低。大家知道，干旱灾害包括频度、力度、损失三方面。一般来说，频度是气候现象很难控制，基本上还是自然力在操纵；力度指发生的强度、历经的时间，这也是人们比较难操作的内容，但有参与操作的空间；灾害损失程度，在一定范围上是可以调节的，甚至于可以改变。比如在干旱半干旱地区建库蓄水、远距离引水、跨流域调水，增加地下水开采等；又如改变种植结构，增加作物的抗旱能力；节约用水，把水用到急需的时候。新中国成立后在黄河流域，军民团结，多次引黄抗旱，保证了黄河下游河南、山东、天津、青岛、烟台等地的抗旱用水，把本来是灾难性的灾害，转变成了一般性的灾害，使无数人免遭伤害，就是很好的例证。同时也由于我国生产力发展很快，抗灾能力加强，更重要的是单位面积产量大幅度提高，因而对国民收入、社会经济发展、人民的生活水平都无大碍。

只是粮食产量损失比较大，9 年共减少粮食 3143 亿 kg，相当于每年损失 1 亿人口一年的口粮。

　　然而我们还必须看到，为了抵御干旱缺水，导致这些地区水资源的过度利用，产生新的环境问题。横贯于我国西北、华北地区的黄河、淮河、海河三大流域，特别是华北地区，包括北京、天津及河北省的大部分、豫北地区和山东北部。作为我国政治、经济、文化中心的北京；华北地区最大商贸中心和港口工业城市的天津；还有石家庄、保定、新乡、邯郸、邢台、安阳、焦作、聊城、济南、沧州、泰安、莱芜、淄博、德州等一批重要城市，它们占有我国经济活动和工农业生产的很大比例，在全国政治、经济和文化领域占有十分重要的地位。该地区土地、矿产资源丰富，工业、农业和运输业发达，发展潜力很大，但降雨量少，水资源严重短缺，人均水资源占有量仅 340m³，不足全国人均的 1/6，按国际标准衡量属重度缺水地区。随着社会、经济和城市的快速发展，用水量持续增加。黄河干支流多年平均河川径流量仅 580 亿 m³。20 世纪 50 年代，国民经济用水年均耗用河川径流量 122 亿 m³；90 年代，年均耗用河川径流量已达 350 亿 m³（其中流域外耗用 110 亿 m³）。其他江河也大同小异，致使三大流域的用水量高达年均水资源量的 60％以上，枯水年达到 80％～90％，远远超过全国年用水量约为年均水资源量 20％的水平。水资源开发利用程度已经大大超出生态环境的可承受能力，不仅生态环境用水被挤占，而且 1972 年以来不少年份黄河下游发生断流。据统计，自 1972—1999 年的 28 年中，下游出现断流天数累计达 1092 天。1997 年最为严重，距河口最近的利津站全年断流达 226 天，330 天无水入海，断流河段曾上延至河南开封附近。黄河下游的频繁断流和入海水量减少，造成生态环境严重恶化，水质污染加重，对河口地区的湿地和生物多样性构成严重威胁。

　　需要指出，黄河水资源紧缺，不仅出现在黄河下游，黄河上中游缺水也很严重，1997 年黄河上游干流头道拐站（呼和浩特市南）最小流量为 6.9m³/s，黄河中游壶口断流。2001 年中游万家寨水量也不大。

　　在黄河水资源开发利用过程中，汛期大量引水以及调蓄洪水，使黄河造床流量大幅度变小，输沙水量被挤占，排洪输沙功能衰竭。据初步研究，维系黄河生命所必需的水量是：黄河上游宁蒙河段每年大于 4000m³/s 的流量应不少于 10d，黄河中下游每年应不少于 15d。有关资料表明在 1990—2001 年间，黄河上游及中、下游河段很难满足上述要求。这表明造床输沙功能有不断衰竭的趋势。黄河干支流河道主河槽淤积增加，河道淤积泥沙出现了"悬河"中的"悬河"即"二级悬河"，平滩过流能力变小，防洪负担加重，已经危及黄河的健康生命。

　　同时，由于缺水和城市工业大量挤占农业用水，农业得不到正常灌溉，灌溉面积大幅度萎缩。河北省 20 世纪 60 年代兴建的 7 处大型灌区总面积约 800 万亩，到 90 年代初减少到 425 万亩；具有 400 多年灌溉历史的百泉灌区，20 世纪 70 年代达到 30 万亩，而到 1986 年全部变为旱地，影响农业生产的稳定发展。

　　由此可见，减轻干旱灾害，特别是西北、华北的干旱灾害，是保证我国粮食安全，民生改善，早日实现中华民族伟大复兴的重要组成部分。

2.3.2 水资源自然配置不合理、组合错位

我国由于地理位置、水文气候条件的差异，水资源在各地区的自然配置，从利用上评价是不合理的。长江流域以南广大地区，土地面积 348 万 km² （指计算面积，下同），占全国的 36.3%，水资源量为全国的 82%；而北方地区土地面积 606 万 km²，占全国土地面积的 63.5%，而水资源只有 4600.7 亿 m³，仅占全国的 18%。从方位上评价，东南部地区水资源丰富，粤东沿海诸河地区，单位面积产水量 127.59 万 m³/km²，而西北河西内陆地区，单位面积产水量只有 1.64 万 m³/km²，前者是后者的 78 倍。西北不少干旱地区，基本上不产流；从河流流域评价看，长江流域面积约 180 万 km²，年降水量约 19120.6 亿 m³；黄河流域面积约 75 万 km²，年降水量 3443 亿 m³。长江、黄河流域面积之比约为 2.4 : 1；两者降水量之比却为 5.6 : 1。不仅如此，我国资源与资源之间分布不匹配，往往组合错位。大家知道，资源有两大门类：社会资源和自然资源。社会资源的核心资源是人口资源，人口是用水的主要对象。人口越多，一般来说，用水量越大。事与愿违，我国人口多集中在平原与沿海地区，水资源一般都比山区少，相反人口少的山区，水资源相对比较多。所以开发平原地区，水资源往往成为发展的瓶颈。自然资源由气候、生物、土地、水、矿产五大基础资源构成一个系统。系统内相互支撑，相互依赖，相互作用。水资源是系统内最活跃的因素，也是传递系统内物质与能量的载体，是开发资源不可或缺的重要组成部分。在湿润地区，由于气候资源中水分条件好，降水量大。因而开发资源时，用水矛盾不突出。但在干旱、半干旱地区，气候干燥，降水量少，径流资源往往只能维持当地生态环境用水的需要，进一步开发利用，如洗矿用水、降温用水、洗涤用水、开垦荒地用水，水资源就难从人意，往往导致缺水灾害。本书做了大量的调查，同时参考有关文献，都表现出水资源与土地、人口、耕地、矿产资源之间存在一定的内在联系（表2-5）。

表 2-5 我国资源配置状况调查

区　域		水资源 /亿 m³	土　　地		人　　口		耕　　地		45 种矿产资源	
			土地资源 /万 km²	单位土地资源水资源 /（万 m³ /km²）	人口资源 /万人	人均水资源 /（m³/人）	耕地面积 /万 hm²	单位耕地拥有水量 /（m³/hm²）	45 种矿产潜在价值 /亿元	45 种矿产资源每百亿元拥有水量 /（m³/百亿元）
东北区	黑龙江	775.8	46.0	16.9	3689	2103	883.1	878.5	2194.4	35
	吉林	390	19.0	20.9	2728	1430	393.9	9900.0	492.13	79
	辽宁	363.2	15.0	13.9	4238	857	346.7	10475.9	2436.64	15
华北区	北京	40.0	1.7	24.1	1382	296	41.3	9876.9	160.07	25
	天津	14.6	1.1	13.2	1001	145	43.1	3384.0	121.59	12
	河北	236.9	19.0	12.6	6744	351	655.6	3613.5	2198.26	11
	内蒙古	506.7	118.0	4.3	2376	2133	496.6	10203.5	5035.26	10
	山西	143.5	16.0	9.2	3297	435	369.3	3886.5	11529.22	1
	山东	335.0	15.0	21.3	9079	369	685.3	4886.0	2374.53	14
	河南	407.7	17.0	24.4	9256	440	693.3	5880.0	2179.13	19

续表

区　域		水资源/亿 m³	土　地		人　口		耕　地		45 种矿产资源	
			土地资源/万 km²	单位土地资源水资源/(万 m³/km²)	人口资源/万人	人均水资源/(m³/人)	耕地面积/万 hm²	单位耕地拥有水量/(m³/hm²)	45 种矿产资源潜在价值/亿元	45 种矿产资源每百亿元拥有水量/(m³/百亿元)
西北区	陕西	441.9	20.0	22.1	3605	1226	353.3	12508.5	1443.49	31
	甘肃	274.3	40.0	6.9	2562	1071	347.6	7891.0	1048.13	26
	宁夏	9.9	6.6	1.5	562.0	176	79.6	1244.0	802.29	1.2
	新疆	882.8	160.0	5.5	1925	4586	308.7	28600.5	1012.33	87
	青海	626.2	72.0	8.7	518	12089	57.8	108414.0	748.18	84
西南区	四川与重庆	3133.8	56.3	55.1	11419	2744	629.9	49751.0	13239.37	24
	贵州	1035	18.0	58.8	3525	2936	185.4	55819.5	1736.85	60
	云南	2221	39.0	56.4	4288	5180	284.5	78055.5	2648.74	84
	广西	1880	24.0	79.4	4489	4188	259.6	72421.5	488.35	385
	西藏	4482	123.0	36.5	262	171069	22.2	2016496.5	43.57	10287
东南区	上海	26.9	0.6	44.8	1674	161	32.3	8320.5	3.46	777
	江苏	325.4	10.0	31.6	7438	1335	455.8	7139.0	401.77	81
	安徽	676.8	14.0	48.3	5985	1131	436.6	15504.0	1998.45	34
	湖北	981.2	19.0	52.8	6028	1628	347.7	28221.0	388.70	252
	湖南	1626.6	21.0	76.7	6440	2526	331.2	49110.0	1240.79	130
	江西	1422.4	17.0	85.2	4140	3436	235.0	60540.0	595.58	239
	浙江	897.1	10.0	88.0	4677	1918	172.3	52054.5	55.73	1610
	福建	1168.7	12.0	96.6	3471	3367	123.6	99519.5	116.09	1000
广东与海南		2134.1	21.4	99.7	9429	2263	296	72106.5	546.42	391
全国		27460.3	约 960.0	28.6	126227	2254	9567.3	28556.0	57288.87	48

注　表格形式源于《中国 21 世纪水问题方略》，表内水、耕地、矿产等资源数据源于原表；土地面积基本源于《中国分省地图册》，有的地方参考统计资料做了适当修正。表内不包括台湾及港澳地区数据。

由表可见：一般来说土地面积上的单位面积产水量越大，生产、生活条件越好。我国东南 10 个省（自治区、直辖市），平均产水模数为 69.7 万 m³/km²，居全国 5 区之首，生产、生活条件最好；华北现有条件最差。这充分说明，华北人与水、地与水、矿产与水矛盾最突出，已经到了非增加外来水不可的程度。此外还可以看出，西北目前人少、地多，水问题还不像华北那样尖锐，如果再进一步开发或者人口再增加，其水问题绝不会比华北乐观。所以西部大开发，首先要增加西北、华北的可利用水资源。

2.3.3　我国西北、华北水环境堪忧

引起我国水环境问题的外因各地而异。从目前来看，我国南方的主导因素是水资源被污染，结果造成河流、湖泊、水库水体变质，把可利用的好水变成不能利用的水体。原本

清澈见底、碧波荡漾的水环境变成污水沟和死水塘。为此，其根本对策是防污、治污。我国在这方面已取得不少的经验和成绩。我国北方，特别是西北、华北，导致水环境恶化的主导因素是水资源的过度开发利用。

（1）地表径流不断减少。西北、华北主要水源是海河、黄河、淮河三大外流河，到目前为止，三条河流的用水量都严重超标：2008 年海河、黄河、淮河三条河流的来水量分别为 294.5 亿 m³、559.0 亿 m³、1047.2 亿 m³，而工农业及生活用水量分别达到 371.5 亿 m³、384.2 亿 m³（未计黄河冲沙用水 200 亿 m³）和 611.2 亿 m³，开发利用率为 1.26、0.69、0.58，均超过开发利用上限 40％的指标。以此同时，河流入海水量不断减少。20 世纪 50 年代，黄河年均入海量占天然径流量的 79％，60 年代为 73％，70 年代为 55％，90 年代多在 40％左右，还有年份不到 40％。

20 世纪 70 年代以后，黄河连续断流，且愈演愈烈，给河南、山东带来极大损失。1995 年为了保证居民供水，胜利油田少向地下注水 260 万 t，减产原油 30 万 t，济南市黄河水厂也停产 3 个月，给人民生产、生活带来影响。海河流域 50 年代平均入海水量占天然径流的 77％，到 90 年代后不少年已无水入海。

河北省对境内水资源进行延长计算，发现新系列天然地表水资源比原来值减少 17.1％，不仅如此，入境水量也大量衰减（表 2-6）。地表水资源的减少使地表水灌溉面积下降，大型灌区由原来总设计面积的 795 万亩，减少到 20 世纪 90 年代的 424 万亩。

表 2-6　　　　　　　　　　河北省入境水量统计　　　　　　　　　　单位：亿 m³

日　　期	海　河　南　系				张家口市	承德市	全省
20 世纪 50 年代	57.4	21.2	4.75	83.35	11.1	5.76	99.8
20 世纪 60 年代	39.2	16.0	3.08	58.28	7.61	4.91	70.8
20 世纪 70 年代	28.8	12.1	2.24	43.14	4.67	4.36	52.2
20 世纪 80 年代	10.9	8.2	2.23	21.34	2.75	2.80	26.9
20 世纪 90 年代	11.8	8.9	2.00	22.73	2.39	4.83	30.0
多年平均	26.5	12.4	2.63	41.53	5.09	4.30	50.9

注　资料源于《南水北调中线工程是河北省 21 世纪可持续发展的基础》，郑德明，1999。

（2）地下水不断超支。自 20 世纪 70 年代初大规模开采地下水以来，先是中东部地区发生超采，逐步扩大到太行山前一带。80 年代则呈现全面超采状况，并开始浅层水出现疏干区。有资料统计，1980—1998 年河南平原区累计超采 302 亿 m³，年均 15.9 亿 m³。1997 年，海河南系沿平原区超采地下水 59.3 亿 m³，占河北省平原区总超采量 65 亿 m³ 的 91％。结果使地下水位大幅度下降，尤以京广铁路沿线最为显著。1964 年 4 月，沿线地下水位多为 2～3m，局部为 5m；1993 年 5 月，平均埋深约在 19m，石家庄市至高邑一带平均埋深达 30m；1998 年 5 月，邯郸、邢台、石家庄三市沿线地下水位埋深进一步下降，埋深普遍在 30～35m。进入本世纪后，由于各级政府及广大群众的关注与重视，地下水的开采有所控制，但由于水源问题未彻底解决，超采现象仍然存在。2008 年北方 17 个省级行政区对 77 万 km² 平原地下水开采区进行统计分析，年末浅层地下水储存量减少的有 11 个省级行政区。按水资源一级区统计，6 个水资源一级区中，仅海河、辽河区略有增加外，西北诸河区、黄河区、淮河区、松花江区均有不同程度减少。其中西北诸河区减少 32.1 亿 m^3，其他北方各水资源一级区平原浅层地下水储存也有变化。

由此可见，如果不有效地增加水资源，就很难彻底解决北方水环境问题。

2.4　跨流域调配是不可回避的课题

针对全球水资源供求矛盾日益突出的现实，近年来，世界各国相继提出并逐步实施了一些可增加水资源总量或水资源利用效率和效益的理念或措施，对缓解世界的缺水问题作出了实质性的贡献，其中以海水淡化、海冰利用、人工降雨、污水处理、地下水利用等措施较为突出。

（1）海水淡化。海水淡化即改变水体的质量，利用海水脱盐生产淡水。这属于水资源开源增量技术，可以增加水资源总量且不受时空和气候制约。水质好、价格也渐趋合理，可以保障沿海居民饮用水等稳定水源。

目前，全球海水淡化日产量约 3500 万 m^3，解决了 1 亿多人的供水问题，即世界上 1/50 的人口靠海水淡化维持生命。全球有海水淡化厂 1.3 万多座，海水淡化作为淡水资源愈来愈受到世界上许多沿海国家的重视。海水淡化需要大量能量，成本代价较高，而且要求距海洋近，否则很难全面实施。

我国政府高度重视海水淡化工作，"十一五"期间，我国海水淡化发展迅速。截至 2010 年年底，已建成海水淡化装置 70 多套，年均增长率超过 60％，海水淡化市场已基本形成。随着水资源紧缺问题的日益突显以及国家的重视，海水淡化发展前景比较大。据预测，未来 5 年，中国海水淡化的产能将翻番。"十二五"时期，我国海水淡化产能达到较多发展。

海水淡化技术虽可新增一定的水资源量，但现阶段因其耗能较大，淡化及运行管理成本相对较高，且对缺水严重的北方地区而言，其新增水资源量极为有限，从供水安全的角度考虑，现阶段仅将其作为沿海城市供水的补充水源，国家尚未纳入南水北调水资源配置体系。

（2）海冰利用。海冰利用开辟了海冰作为淡水资源开发利用的新途径，为环渤海地区提供了可行的新型水资源开发和利用的新模式。这方面北京师范大学资环学院等单位，2002 年完成《渤海海冰作为淡水资源的可行性研究报告》。

理论上，海水冻结时产生的冰晶放出大量盐分，但由于结冰过程往往较快，会使一些盐分以盐胞的方式保存在冰晶之间，冰晶外壁也会黏附上一些盐分，所以海冰实际上不是完全的淡水冰，但其盐度比海水小得多（海冰的盐度只有海水盐度的 1/3～1/6 抑或更小）。

据相关资料，渤海冰期约为 120～149d，环渤海地区储存的海冰正常年份可开采 100 亿～200 亿 m^3 淡水。海冰经开采后还会再生长，如果按年平均生长 4～5 次计算，其可用资源量相当于黄河 1 年的入海流量。

渤海是我国污染严重的地区之一，作为水质检测权威部门，国家海洋环境监测中心专门对海冰淡化水进行了检验。其结果表明，与我国地表淡水资源国家标准的 34 项指标相比，利用渤海海冰产出的淡化水除了氯离子、硫酸根离子两项指标超标外，其他均符合要求。而这两项指标还不是因为污染造成的，而是天然水质的本身原因，完全可以通过淡化技术予以解决。可见，渤海海冰淡化水资源在量和质两方面都有一定优势，其远景开发比较可观。

海冰淡化未来的应用前景主要是工业用水和城市生活用水。作为一种新型的水资源开发技术，和当前常规的成熟海水淡化技术相比较，海冰淡化技术工艺简单，投资较少，易于推广，节约能源，清洁生产，环境友好，是一项绿色环保技术。但海冰淡化技术目前尚处于中间试验向产业化转化的阶段，未来投入产业化及其实施规模尚不明朗，现阶段拟将其作为国家水资源战略储备考虑，还未见将其纳入全国性水资源配置体系的报道。

（3）人工降雨。人工降雨是根据不同云层的物理特性，选择合适时机，用飞机、火箭向云中播撒干冰、碘化银、盐粉等催化剂，使云层降水以解除或缓解农田干旱、增加水库灌溉水量或供水能力，或增加发电水量等。中国最早的人工降雨试验是在1958年，该年吉林省夏季遭受60年未遇的大旱，人工降雨获得了成功。1987年在扑灭大兴安岭特大森林火灾中，人工降雨发挥了重要作用。

人工降雨要有充分的条件：一般自然降水的产生，不仅需要一定的宏观天气条件，还需要满足云中的微物理条件，比如0℃以上的暖云中要有大水滴；0℃以下的冷云中要有冰晶，没有这个条件，天气形势再好，云层条件再佳，也不会下雨。

目前人工增雨主要有两种方法。一种是用飞机把干冰等冷却剂撒播到云中，使云内温度显著下降，细小的水滴冰晶迅速增多加大，迫使它下降形成降水。另一种是利用火箭、炮弹把化学药剂打向高空，轰击云层产生强大的冲击波，使云滴与云滴发生碰撞，合并增大成雨滴降落下来。

两种增雨方式成本不一样，一次飞机播撒成本高达几百万元，火箭轰击成本则相对较省。根据世界公认的统计数据，人工增雨投入产出比普遍都在1：5以上，比较高的地区能达到1：30。

人工降水方式虽可一定程度的增加和调配水资源量，但因其增雨受制条件较多，且增水量有限，很难纳入水资源平衡体系。根据国际惯例，人工降水常作为特殊情况、特殊自然条件下的一种应急补偿性或补救性的方案。

（4）污水回用。污水回用与海水、海冰淡化及人工降水有所不同，它是通过对废污水进行处理后回用的一种手段。污水回用既可以有效地节约和利用有限和宝贵的淡水资源，又可以减少污水或废水的排放量，减轻水环境的污染，还可以缓解城市排水管道的超负荷现象，具有明显的社会、环境和经济效益。

根据国内污水处理回用的实例，目前污水利用主要集中在农业、工业、建筑、地下水回灌、景观、娱乐、河流生态维持等方面，用于城市生活供水的相对较少，一方面因为城市生活供水对水质要求更高（尤其是污水中的重金属问题），水处理成本相应较大，另一方面因为缺水城市对污水供应城市生活用水信心不足，主观上不愿意接受污水回用生活供水。

（5）地下水。这里指的是浅层地下水，是在地下第一隔水层以上的孔隙水、裂隙水以及孔隙、裂隙水，一般指的是潜水。因此数量有限，且北方开发利用程度已经较高，平原地区所剩无几。由于开发利用量大，不少地区出现地下水位连续下降的局面。

第一隔水层以下的水，统称为深层地下水，或称承压水。由于承压水来处较远，补给期一般说来超过一年，用完以后补充时间长，不符合人类社会需要。目前，不列入水资源范畴，且深层地下水多数开发利用条件差，难度大，代价高，也难以利用。

最新调查表明，华北平原地下水天然资源每年为227.4亿 m^3，2000年地下水开采量达到212亿 m^3，其中，浅层地下水开采量为178.4亿 m^3，占总开采量的84.2%；深层地下水开采量为33.6亿 m^3，占总开采量的15.8%。由于开采布局不合理，河北、北京等地近30年来浅层地下水位普遍下降，深层地下水位也下降明显，并因而引发地面沉降。

调查显示，全国有50多个城市发生了地面沉降和地裂缝灾害，沉降面积扩展到9.4万 km^2，形成长江三角洲、华北平原和汾渭盆地等地面沉降严重区。由于地下水超采问题，辽宁、河北、山东、广西、海南等沿海地区发生的海水入侵，已经呈现由点状向面状发展趋势，造成群众饮水困难，土地盐渍化，农田减产或绝收。其中，环渤海地区海水入侵发展最为迅速，海水入侵面积已高达2457 km^2，比20世纪80年代末增加了937 km^2。

鉴于我国严重缺水的北方地区地下水开发过量，且已出现严重的地质及生态环境问题，进一步开发利用地下水资源已无异于饮鸩止渴。研究后认为，只有依靠我国西南水资源得天独厚的条件，才是解决北方水资源不足的有效途径。

不仅如此，跨流域调水还可增加水势潜能，充分发挥我国水能资源的优势。如把金沙江上游50亿 m^3 的水调到黄河上游扎陵湖与鄂陵湖，水平距离为108km，扬程为400m。水流进入两湖后出水高程4260m，如果引水到河西走廊，古浪或武威（海拔约1600m）可获约2300～2500m的水头，发电水头大约是耗电扬程的4～6倍，发电尾水，还可供河西走廊利用，挽救石羊河的涸竭，进一步发展走廊的经济。又如把南部雅江、怒江的水从沙布附近调至金沙江（海拔1950m），然后沿金沙江梯级扩容发电，直抵三峡水库。经水库调节后，再沿南水北调中线方向输水入华北。既可发出大量电力，又可增加北方用水。而且发电量比在当地建电站发电还多，建设投资也可大幅度减少。

可见，根据我国自然条件和水资源分布特点，在节水和严格防污、治污的前提下，结合地形条件，通过径流调蓄和跨流域调水，采用蓄、引、提结合的方式，把江河湖库串联起来（或称江河连通）的时空分配重组措施，达到供水、发电、江河治理、生态改善等多赢目的，是实现我国水资源以丰补枯、南北调配、东西互补，以满足社会经济发展不断增长的供水需求的一条好路子。

第3章

跨 流 域 调 水 *

跨流域调配水资源是指从一个流域，通过输水设施把水调到另一个流域的措施，其目的是充分发挥水资源功能，为人类社会和自然环境服务。换句话说，跨流域调水是为协调水资源在地域和时间上的分布不均，通过人工输水工程，将水资源相对丰沛的地区，调剂至水资源相对短缺的地区以补充其不足水量，达到盈亏互补而采取的一种措施。从这一角度审视，跨流域调水应包含所有的人工运河。跨流域调水与经济社会发展有着密切的关联，无论是过去还是现在，是国外还是国内，跨流域调水都被视作"富国强民"的重要手段。

跨流域调水按其功能划分主要有以航运为主体的跨流域调水，如中国古代的京杭大运河等；以城市供水为主体的跨流域供水工程，如山东省的引黄济青工程、广东省东深供水工程等；以灌溉为主体的跨流域灌溉工程，如甘肃省的引大入秦工程等；以水电开发为主体的跨流域水电开发工程，如澳大利亚的雪山工程、中国云南省的以礼河梯级水电站开发工程等；以除害为主的跨流域分洪工程，如江苏、山东两省的沂沭泗水系供水东调南下工程等；以综合开发为主体的跨流域调水工程，如美国的"北水南调"工程等六大类。

近年来，水利部有关文件提出了"江河湖库水系连通"的概念（湖泊、水库一般位于江河上，所以我们理解江河连通是指江河湖泊、水库连通，亦称江河水系连通，也简称"江河连通"。正如《江河湖库水系连通案例分析、连通分类及总结》前言指出的：它是水循环和水资源形成的载体，是流域生态环境的重要组成部分，是区域经济社会发展的基础支撑。），并着重强调"要深入研究江河连通和水量调配问题"，"完善优化水资源战略配置格局，在保护生态前提下，尽快建设一批骨干水源工程和江河连通工程，提高水资源调控水平和供水保障能力"。为此，本书认为有必要对江河湖库水系连通及跨流域调水这两个概念做些初步的解析。

江河湖库水系连通，主要是以江河湖泊与水库等水系为对象，在其间建立具有一定水力联系的连接方式。从科学范畴上可将江河水系连通定义为在自然水系基础上通过自然和人为驱动作用，维持、重塑或构建满足一定功能目标的水流连接通道，以维系不同水体之间的水力联系和物质能量循环。根据我们长期工作实践，在上述基础上，进一步认为，以实现水资源可持续利用、人水和谐发展为目标，以改善水生态环境状况、提高水资源统筹调配能力和抗御自然灾害能力为重点，借助各种人工措施和自然水循环更新能力等手段，构建蓄泄兼筹、丰枯调剂、引排自如、多源互补、生态健康的水系连通网络体系。

---

* 此章内容基本上属于引用成果，在引用过程中可能出现失真和错误，在此表示歉意。也希望读者，如有需要，可根据提供的线索查寻。

据以上概念，结合当前我国新时期治水方略和水资源管理形势需要，进一步给出对江河湖库水系连通内涵的理解：①江河水系连通的战略目标是最终构建跨区域或跨全国的、多功能、多途径、多形式、多目标的综合性水系连通网络；②水系连通的功能主要表现在提高水资源统筹调配能力、改善水生态环境状况、抵御水旱灾害等自然现象；③水系连通可以通过人工手段实现在水力联系上的直接连通，亦可通过区域水资源配置网络等实现在水力联系上的间接连通；④水系连通能为经济社会发展提供重要的支撑，但要全面考虑，综合平衡，防止过激行动给生态环境带来不必要的损害。

从两者的概念及功能上看，我们认为江河连通在某种程度上可以说是跨流域调水的一种形式，并无实质性的区别，其不同之处主要体现在以下几个方面：

在开发方式上，江河连通着重研究河道的自然规律，尽可能地利用河床输水，减少工程投入，降低工程的难度和风险性；在开发目的上，江河连通着重研究自身的水流特点，并根据其特点决定开发利用类型，充分发挥水资源的功能，减少开发后带来的负面影响，扩大开发利用效益。此外，江河连通概念的重新提出，不仅是强调社会经济条件、科学技术水平，更重要的是关注生态环境建设，使水资源开发利用成为促进生态环境建设的一种手段和组成部分。

3.1　国内外跨流域调水实践

国内外跨流域调水历史悠久，为了集中精力讨论问题，本书着重分析以增加供水和发电为核心的跨流域调水工程。

3.1.1　国外跨流域调水实践活动

国外的跨流域调水可追溯到公元前 2000 多年，古埃及为了埃塞俄比亚南部的农业灌溉和水运曾兴建跨流域调水工程。公元前 19 世纪，埃及中王国时代第 12 王朝，为了向南扩张，开凿了一条"东西向"的运河，将红海与尼罗河联系起来。公元前 5 世纪，波斯帝国征服埃及再一次开通连接尼罗河与红海的运河，船泊从埃及直达波斯湾。嗣后，特别是欧洲开凿运河方兴未艾，其中著名的有 1642 年法国的布里亚尔运河竣工，它从卢万河到塞纳河的莫雷，全长 56km。1667—1694 年修建的米迪运河，全长 360km，把地中海和大西洋连接起来，船泊免去了绕道西班牙的直布罗陀海峡之苦，为法国工业革命和经济发展作出巨大贡献。1761 年，英国建成布里奇沃特运河，它把华莱斯煤矿区与曼彻斯特连接起来，大大地降低输送成本，后人称设计者为"运河之父"。1830 年英国的运河几乎遍及全国，总长达到 7506km。从 19 世纪起，美国运河进入大发展时期，1825—1918 年，纽约州率先开凿伊利运河，长 581km，沟通了密西西比河、伊利湖和哈得孙河，对美国中西部的开发和纽约市的发展起到重要作用。1826—1830 年美国建成由费城直达匹兹堡的宾夕法尼亚运河，全长 630km，成为美国又一条东西向水上大通道。从 1825—1937 年的112 年间，美国运河的总里程达到 4800km。19 世纪下半叶到 20 世纪上半叶，随着世界市场逐步形成，全球贸易空前发展，世界运河建设掀起了以沟通大洋，缩短全球航程为目的的新一轮高潮。建成沟通太平洋与大西洋的巴拿马运河，沟通地中海与红海的苏伊士运河，沟通波罗的海与北海的基尔运河。

第二次世界大战以后，尽管铁路、高速公路、航空等现代化交通方式有了很大发展，但修建运河工程并没有停止。1952年荷兰兴建了阿姆斯特丹运河；1954年土库曼斯坦开工建设卡拉库姆运河，全长1400km；1962年哈萨克斯坦兴建了额尔齐斯—卡拉干达运河；1985年德国建成莱茵河—多瑙河运河。由此可见，在工业革命以前直至第二次世界大战前后，其跨流域调水工程主要以通航航运为目的，并得到许多发达国家特别是欧美国家的高度重视，同时也在这些国家的社会经济发展中起到巨大的推动和支撑作用。

至于以供水和发电为主要目标的跨流域调水工程，国外还是在工业革命，特别是第二次世界大战以后，为了大力全面恢复生产，发展工农业，才比较集中而规模较大地开展起来。当然以通航和涵盖供水、发电等综合利用的跨流域调水工程也得到各国的广泛重视。就调水工程来说，全球发展很不平衡。有的国家由于国情需要与条件许可发展很快，如美国、中国、加拿大、印度和巴基斯坦等；有的国家自然条件好，不需要调水，如欧洲各国，修建很少；有的国家受到经济实力的限制，想修建工程也没有财力支持。据有关部门不完全统计，全球已有39个国家建成343项调水工程（表3-1），总调水量大约为5969亿m³，占世界年平均径流资源的1.2%，且主要集中在亚洲和南、北美洲。下面就一些比较有名的、规模较大的、具有代表性且已成功的跨流域调水工程（这些工程的主要资料摘自《中国南水北调》，同时还参考了郑州大学、北师大资环学院撰写的部分成果以及从国际网上下载的资料）介绍如下。

表3-1　　　　　　　　　世界各大洲调水工程主要参数

参数	现有调水工程/项	年调水量/亿m³	输水干渠总长/km	灌溉面积/千公顷	有调水工程国家/个
亚洲	165	3447.7	19732	4345.9	13
欧洲	53	404.5	4345	412.1	10
非洲	23		8953	340.5	8
大洋洲	1	23.6	225		1
北美洲	93	2027.0	7867	323.5	3
南美洲	8	66.0	359	21.7	4
合计	343	5968.8	41848	5443.7	39

注　资料引用、统计不全，表中数据仅供参考。

1. 美国加利福尼亚州北水南调工程（图3-1）

加利福尼亚州位于美国西部，面积约41万km²，居全美各洲第三位。它的中部为西北向和东南向延伸相交的中央河谷地带，资源丰富，热量条件比较好，南部为干旱的沙漠地区；北部为多水的卡斯卡达山脉；东部为内华达山脉；西部为濒海山脉与大洋相邻。全州大部分地区属于干旱半干旱地区，降水量北多南少，洛杉矶一带年降水不足400mm。用水集中在中部和南部，特别是南部人多，城市大、工业发达，水成为制约发展的瓶颈。为了开发加州，近100年来，加利福尼亚州开展了多次规模宏大的水利建设，即跨流域调水工程（表3-2）。

表 3-2　　　　　　　　　　　美国加州调水工程概况

工程名称	水源区	受水区	开工年份	首次输水年份	主要用途
洛杉矶水道工程	欧文斯河	加州洛杉矶	1908	1913	城市用水
莫凯勒米道工程	莫凯勒米河	旧金山湾东部地区	1924	1929	城市用水
赫齐赫齐水道工程	科罗拉多河	旧金山、圣马特奥等	1914	1934	生活与工业用水
全美灌溉系统	萨克拉门托河	英伦瑞尔河谷考契拉河谷	1934	1940	灌溉发电与娱乐
科罗拉多河水工程	萨克拉门托河及费瑟河	洛杉矶及州南部中小城市	1933	1941	生活和工业供水
中央河谷工程	萨克拉门托河	加州南部	1937	1940	防洪、供水、发电
加州水道工程	萨克拉门托河及费瑟河	加州南部	1957	1973	供水、灌溉、发电

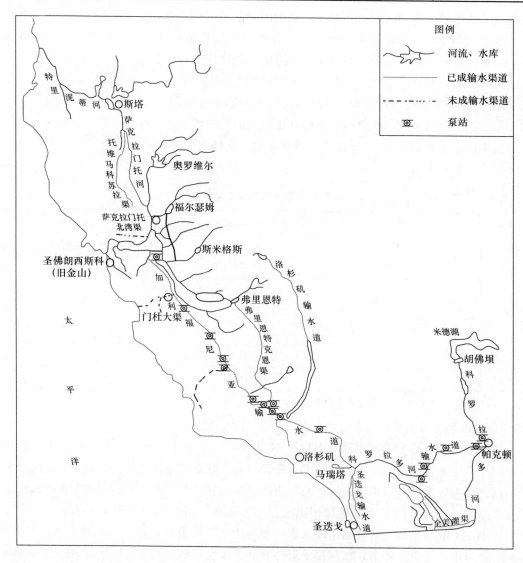

图 3-1　美国加利福尼亚州北水南调工程示意图（引用成果）

加利福尼亚州调水工程于1957年开始兴建，它北起费瑟河上的奥罗威尔水库，在萨卡拉门托河与圣华金河三角洲处由泵站提水穿越特哈齐皮山进入加州南部及洛杉矶地区。加州水道工程包括储水、提水、输水、配水及动力系统，由29座坝及水库、17座泵站、10座电站及1086km输水水道组成。从水库调出的水大部分都流入了加州水道，并沿圣华金河谷的西侧注入圣路易斯水库。加州水道在安特路普河谷分为东支渠和西支渠，各自的终点为帕里斯湖和卡斯泰克湖。费瑟河的北部支流上建有安特洛普水库，中部支流上建有弗兰奇曼水库和戴维斯水库。在费瑟河北、中和南支流交汇处建有一座大型骨干水库——奥罗维尔水库，对费瑟河的径流起到重要的储蓄和调节作用。可见北水南调工程是一处江河连通工程。通过建设长距离调水，使南加州，特别是洛杉矶等城市一跃成为美国人居最好的地区之一，工业、农业、旅游业蓬勃发展，可谓是旧貌换新颜。

2. 巴基斯坦西水东调工程

巴基斯坦位于南亚次大陆西北部，面积约79.6万 km²，人口约1.38亿人，属于热带亚热带气候，年降水不足300mm。农业生产依靠人工灌溉，全国灌溉面积2.54亿亩，仅次于我国、印度和美国。

巴基斯坦的西水东调工程，亦是一处江河连通工程。根据《印度河条约》规定，巴基斯坦从西三河，即印度河干流、杰卢姆河、奇纳布河分水；印度从东三河，即萨特累季河、比阿斯河、腊维河分水。该工程规模巨大（图3-2），共兴建了2座大型水库，6座

图3-2 巴基斯坦西水东调工程示意图

拦河闸和 1 座倒虹吸工程，开凿了 8 条相互沟通的连接渠道，总长为 622km，附属建筑物 400 座，总输水流量近 3000m³/s。各项工程均已在 1965—1975 年完成。主要涉及内容如下：

（1）水源工程：为西水东调提供可靠水源，在西三河的印度河干流上建塔贝拉水库，坝体是世界上最大的土石坝，坝高 148m，总库容 137 亿 m³，有效库容 115 亿 m³。工程具有灌溉、发电、防洪等综合效益；在杰卢姆河上建曼格拉水库，其大坝是巴基斯坦第一座大型土坝，坝高 116m，总库容 73 亿 m³，有效库容 66 亿 m³，具有灌溉、发电、防洪等综合效益。

（2）调水工程：兴建连接东西三河的输水渠道，将西三河水调往东三河，共建 8 条输水渠，总长 622km，输水流量为 116～614m³/s，总输水能力近 3000m³/s，主要建筑物 400 余座。西水东调系统工程包括：

1）印度河干流调水系统。有两条调水线路：①在劫希马闸上引水到杰卢姆河，引水渠长 101km，引水流量 614m³/s。②在当萨闸上引水到奇纳布河，引水渠长 61km，引水流量 340m³/s。

2）奇纳布河调水系统。共分三段：①从奇纳布河特里木闸上引水到拉维河锡德耐闸上，引水渠长 71km，引水流量 312m³/s。②从锡德耐闸上引水到萨特莱杰河梅尔西闸上，引水渠长 100km，引水流量 283m³/s。③从萨特莱杰河梅尔西闸上引水到巴哈瓦尔河，引水渠长 16km，引水流量 110m³/s。

3）杰卢姆河调水系统。第一段是在杰卢姆河腊苏尔闸上引水到奇纳布河卡迪拉巴德闸上，引水渠长 48km，引水流量为 538m³/s。第二段是从奇纳布河卡迪拉巴德闸上引水到拉维河巴洛基闸上，引水渠长 129km，引水流量为 527m³/s。第三段是从拉维河巴洛基闸上引水到萨特莱杰河苏莱曼基闸上，引水渠长 86km，引水流量 184m³/s。

除新建 8 大调水连接渠外，对靠近印、巴边界的原有调水连接渠道及建筑物进行了技术改造，完善旧有灌溉系统。

（3）大型拦河闸工程：巴基斯坦西水东调工程连接渠道与河流基本是平交，河流上建拦河闸，平时控制水位，汛期宣泄洪水。拦河闸规模宏大，6 座拦河闸总长 5000 多 m，泄洪流量由 4200～31000m³/s，总泄洪能力达 12.4 万 m³/s，引水流量 3000m³/s。

工程实施后，在灌溉、供水、发电、防洪等方面取得巨大效益：巴基斯坦印度河平原灌溉系统得到恢复并发展了东三河地区灌溉系统供水，恢复和发展灌溉面积 3000 多万亩，粮食生产连年增长，从过去进口粮食到粮食自给有余且年均出口大米、小麦 200 多万 t。同时水电站为全国提供了强大的动力。至 20 世纪 80 年代末，仅曼格拉水电站发电供水效益已超过投资的 10 倍。

3. 秘鲁东水西调工程

秘鲁处于南美洲西北部，国土面积 128 万 km²，大致由三部分构成：西部太平洋沿岸沙漠区，为一狭长干旱地带，有不连续的平原分布，面积占全国的 11.2%，气候宜人，耕作条件好，作物可以常年生长，年降水不足 50mm，水资源匮乏，但它是全国政治、经济、文化中心地带，集中全国人口的 2/3，干旱严重；中部为高原区，安第斯山纵贯南北，平均海拔 4000m，降水不足 250mm，占全国面积的 21.2%；东部为亚马逊河上游地区，年降水 2000mm 以上，属热带雨林气候，面积占全国的 62.7%。

20 世纪 60 年代后半期，秘鲁政府采取一系列措施致力于发展经济，使国民生产总值年均增长达 7%。在此背景下为解决南方阿雷基帕省严重缺水，开发马赫斯和西瓜斯两片平原荒漠，发展农业灌溉，于 1971 年开工建设酝酿多年的马赫斯调水工程。

规划调水工程在安第斯山区建两座水库作为调水水源（图 3-3）：

（1）在科尔卡河上建孔多罗马水库，大坝高 100m，坝顶高程 4185m，库容 2.85 亿 m³，用于调节科尔卡河径流。

（2）在亚马孙河水系上游的阿布里克河上修建安戈斯图拉水库，坝高 105m，坝顶高程 4180m，库容 10 亿 m³，通过 17km 长的隧洞和明渠将大西洋水系阿布里克河水调入太平洋水系的科尔卡河。

马赫斯调水工程是将两个水库的水汇入科尔卡河，通过 89km 隧洞和 12km 明渠，将水调入西瓜斯河。输水工程设计流量 34m³/s（加大流量 39m³/s），输水隧洞起始水位 3740m，终端水位 3369m。而后利用约 2000m 落差建两座水电站，装机 65 万（38 万＋27 万）kW，年发电 22.6 亿 kW·h，向阿雷帕省等地供电，发电尾水进入西瓜斯河，用于发展灌溉。

秘鲁的东水西调工程，为国家核心地区的社会经济发展奠定了基础，并将起到巨大的作用。

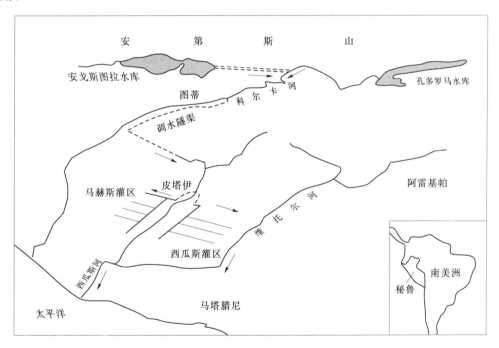

图 3-3　秘鲁东水西调工程示意图

4. 澳大利亚雪山调水工程

为解决墨累河及其支流马兰比吉河流域的干旱缺水问题，澳大利亚联邦政府和新南威尔士州、维多利亚州政府三方组成委员会，研究开发利用雪山河水资源规划方案，并于

1948 年提出雪山调水工程方案，1949 年联邦政府通过雪山水电法，组建雪山水电管理局，负责雪山工程规划的实施。

　　澳大利亚雪山调水工程在雪山河及其支流上修建水库，拦蓄径流，通过自流和抽水，经隧洞、明渠，使南流入海的雪山河水向西调至墨累河，向北调至图穆特河；利用雪山河水满足下游的灌溉及城市用水，同时借助两河在雪山地区不足 100km 范围内的 800m 落差，修建梯级电站，达到调水与水电开发相结合的目的。雪山调水工程共修建水库 16 座，总库容 85 亿 m³，输水隧洞 145km，明渠 80km，水电站 7 座、泵站 1 座，规划年调水 23.6 亿 m³，其中北调水 13.8 亿 m³，西调水 9.8 亿 m³。维多利亚州和新南威尔士州各得一半，并保证一定的下泄水量；干旱期为南澳州供水，供水量由维多利亚州和新南威尔士州各负担一半。水电装机 376 万 kW，提供调峰用电，首先满足首都堪培拉的需要，其次是两州的需要。工程于 1949 年开工，1974 年完成，历时 25 年，工程效益好，影响深远。

图 3-4　澳大利亚雪山调水工程示意图

　　此外，埃及"西水东调"工程也是很有影响的工程，埃及共和国地处尼罗河下游，跨亚非两洲，国土面积约 100 万 km²，绝大部分为沙漠，适宜人居住的生产地区仅占土地面积的 4%。埃及气候炎热干燥，占全国 86% 的地区属热带沙漠气候，平均降水 10mm 左右，干旱是农业生产的瓶颈。到 1997 年人口达到 6000 多万，人均耕地不足 0.7 亩，粮食不能自给，为此，想方设法引尼罗河的水开发西奈半岛成为埃及的唯一发展途径。

通过规划，从尼罗河引水至苏伊士运河段，再经隧洞穿过运河，继续东引 175km 直达阿里什干河谷，干渠全长约 262km。为了克服高程差，输水沿线设有 9 级泵站，其中干渠上有 7 处。整个工程 1997 年基本完工，预计新增 380 万亩耕地、45 座新村和住宅区，为 150 万人提供生活用水，有效地缓解了全国粮食问题。

以色列"北水南调"工程，亦是一项全国性工程。以色列以干旱缺水著称，在水资源开发利用上有一套成功的经验。

"北水南调"工程把北方的较为丰富的水资源调配到干旱缺水的南方，水源为北方的太巴列湖。该湖地处裂谷，湖水位低至 −213m，高至 −209m，水位差之间的容积 6.7 亿 m³。湖底最深处 −253m，湖水面积 168km²。高水位时，湖泊蓄水 43 亿 m³，除去损耗和下泄后，北水南调可用 4 亿 m³。

该工程需经两级提水，扬程高达 400m，还要穿越两道深槽和漫长的输水管道，历经 11 年，于 1964 年投入运行。至 20 世纪 80 年代末，北水南调工程输水管线南北已延长到约 300km。工程调到南部水量达 5 亿 m³，高峰日供水 450 万 m³。调水改善了严酷的生态环境，带动南部经济和社会发展，同时也扩大了以色列的生存空间，把荒漠变成绿洲。

3.1.2 国内跨流域调水实践活动

我国历史上最早开创跨流域调水的例子已无从考证，相传西周穆王时期，受封于淮河流域的徐偃王曾谋求开凿运河"欲舟行上国，乃沟通陈、蔡之间"《水经·济水注》。史籍上有明确记载的中国最早的人工运河是春秋时期楚国开凿的荆汉运河，与国外早期修建跨流域调水工程的出发点一样，其跨流域调水工程主要以通航航运为目的。公元前 613 年楚庄王即位后，为北上与晋国争霸，"问鼎中原"，任用孙叔敖为令尹，开凿了从荆山至郢都附近的荆汉运河。公元前 514 年吴王阖闾派大将伍子胥讨伐楚国，为使吴国水师能从太湖直达长江，开凿自苏州至安徽皖南的胥溪，也称子胥渎。

孙叔敖楚国期思（今河南淮滨期思）人，当时的政治家、军事家、水利学家。热心水利事业，关心人民生活。他带领人民大众大兴水利，为楚国的政治稳定和经济繁荣作出巨大贡献。孙叔敖主持兴建了我国最早的大型引水灌溉工程——期思雩娄灌区。在史河东岸凿开石咀头，引水向北称为清河，又在史河下游东岸开渠，向东引水称堪河。利用这两条引水河渠，灌溉史河、泉河之间的土地。因清河长 90 里，堪河长 40 里，共计 130 里，灌地有保障，后世又称"百里不求天灌区"。再经过后世不断续建、扩建，灌区内有渠有陂，引水入渠，由渠入陂，开陂灌田形成了一个"长藤结瓜"式的灌溉体系。因此《淮南子》称："孙叔敖决期思之水，而灌雩娄之野。庄王知其可以为令尹也。"孙叔敖当上令尹后，又主持兴办了我国最早的蓄水灌溉工程——芍陂，工程在安丰城（今安徽省寿县境内），位于大别山的北麓余脉，东、南、西三面地势较高，北面地势低注，向淮河倾斜。他根据当地地形特点，将东面的积石山、东南面的龙池山、西面的六安龙穴山流下来的溪水汇集于芍陂之中利用。后来又在西南开一道子午渠，上通淠河，扩大芍陂的灌溉水源，使芍陂达到"灌田万顷"的规模。芍陂经过历代的整治，一直发挥着效益。如今已经成为淠史杭灌区的重要组成部分，灌溉面积达到 60 余万亩，并有防洪、除涝、水产、航运等综合效益。为感戴孙叔敖的恩德，后代人在芍陂等地建祠立碑，称颂和纪念他的历史功绩。以下谨就具有代表性的我国著名的跨流域调水工程介绍于后。

1. 京杭大运河❶

京杭大运河，最早可以追溯到战国时代，相传公元前 486 年，吴国夫差为北伐齐国，开凿了著名的邗沟，成为我国京杭运河的起源。京杭大运河的大规模兴建应该归功于元朝。元代水利专家郭守敬在跨流域调水方面做了许多工作。他在进言忽必烈时，提出关于开发华北水利的六项建议，包括修复元大都（今北京）附近的运河，引黄河、沁河、漳河、沙河的水灌溉农田等，得到忽必烈的称赞。1264 年他在视察西夏时，在宁夏等地也修复、新建了数十条灌溉渠道。回到大都后，他提出重开金口河以引浑河（今永定河）之水入大都，兴漕运与灌溉之利。所谓金口河指的是金大定十一年（1171 年）开凿的渠道，因地势高峻，水性浑浊，水运难以成行。金大定二十七年（1187 年），由于永定河洪水，朝廷将金口河堵塞。郭守敬吸取前人的教训，在渠首增开了一条溢洪道，全面整修了金口河，使这条渠道兼具灌溉和漕运的作用。1275 年，元朝开始修筑京杭大运河。因为原运河从大都到通州、从山东御河到汶河这两段没有现成水道可以利用。郭守敬通过勘查与实践，1289 年南起安山，北抵临清，全长 250km 会通河开凿成功。江南的漕运从此可以直达通州。当时通州到北京还得靠畜力拉送，效率极低。然而大都地区西高东低加上水浑，多次凿河结果均告失败。1291 年，郭在认真总结前人经验教训的基础上，经过详细勘测，发现大都西北神山（凤凰山）的白浮泉（龙泉）水清量大，西山诸泉均可利用，不必引永定河水。但是大都与昌平之间有沙河，清河两条河谷低地，使泉水不能径直向东南引至大都。为此他把白浮泉等泉水不直接引向东南，而是向西引至西山麓，然后大体沿 50m 等高线南下，避开河谷低地，还可沿途拦截沙河，清河上游水源及西山诸泉，再向东南注入翁水泊（又名七里泊）。后于清代向东南开凿，改名为昆明湖（用作调节水库）。沿渠修筑堤堰，这就是白浮堰；往下再向东南进大都城内的积水潭（今什刹海）。从积水潭东侧开河引水，向东南方向流至崇文门北，再经金代的闸河故道东流，穿过通州城，至城南的高丽庄与大运河相接。这一工程不仅便利了漕运，还解决了大都城的洪水及其郊区的灌溉问题，工程完工时，适逢忽必烈从上都返回大都，他当即给这段运河取名为"通惠河"，并奖赏郭守敬。从此，我国的内河船只可自杭州北上 3500 多里而直抵大都。整个运河由初建时以漕运为主，迅速衍生为货运、客运并举，成为当时中国最重要的交通命脉。这就是著名的元代京杭大运河，至今仍具有城市排水、农田灌溉、美化城市、优化生态环境、航运旅游的多种功能。

京杭运河❷（图 3-5）全长 1794km，流经北京、天津、河北、山东、江苏、浙江 6 省（直辖市），沟通海河、黄河、淮河、长江、钱塘江 5 大流域，是至今还活着的人类遗产，彰显了中国古代航运工程技术的卓越成就。

❶　资料主要源于《中国治水史鉴》。

❷　这方面的资料和后面"四横一纵"新东线的很多具体材料都来自董文虎等著《京杭大运河历史与未来》一书，在此表示谢意。

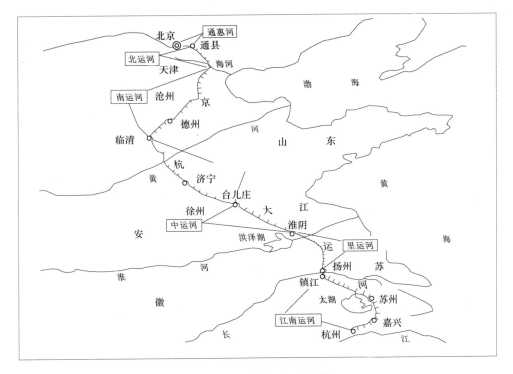

图 3-5 京杭大运河示意图

当时开凿运河的主要目的是漕运,服务的核心也是漕运。漕运是指封建王朝通过水路向都城或其指定地点大规模输送粮草的一类经济活动。尽管王朝不断变迁,但漕运活动愈演愈烈。包括中央漕运、地区或地方漕运,如曹操经营邺城,在河北平原开凿了白沟、利漕渠、平房渠、泉城渠、新河等一系列运河。建立起以邺城为中心的漕运体系。邺城一时成为"运漕四通"的水陆都会,南北漕船直抵邺城门下。运河文化博大精深,丰满流华。

2. 战国时代的跨流域调水——灵渠

早在战国中期,越国被楚国灭亡后,一部分越人散居到东南沿海和珠江流域。在秦国统一以前,这里受南岭山脉的阻隔,交通闭塞。当地人大都处在氏族部落的时代,"多住山谷间,迁徙无定,无编户、无君长"。各氏族首领割据一方,自立为王,连年征战,动乱不堪。秦王朝为了巩固边防,进一步完成统一大业,决定"使监禄凿渠运粮"。监禄到了南岭经过反复考察发现,南岭山脉是长江水系与珠江水系的分水岭,但水势散乱,高低悬殊。兴安县处于山脉低处。其东湘江东北流,注入长江;其漓江西南流,经桂林入珠江。湘江上源与漓江支流在始安水最近处相距只有 1.7km,中间以小丘相隔。始安水比湘江水面高 5~6m,但水量比湘江小得多。如果凿开小丘,同时在湘江上修建一座拦水坝,把水抬高,就可连通湘、漓两江。监禄等人在当时测量工具十分落后的情况下,能够合理布置建筑物,既达到分水的目的,又满足防洪、用水两不误的作用,充分显示了我国古代人民的高超技艺。灵渠(图 3-6)全长 33km,由人工渠道、人工拓宽浚泄的自然河道和自然河道组成。灵渠不但可以"通漕运",而且还可供农田灌溉和城镇用水。历史记载,宋代已"溉田甚广""民赖其利",乃至清代、灌溉面积达到"数百顷"。直到现在它还在发挥灌溉、供水和旅游方面的作用。

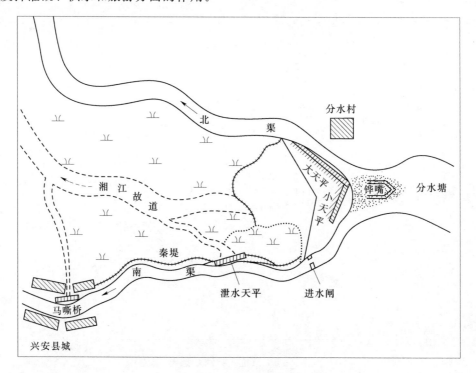

图3-6　古代灵渠示意图

注　源于《中国水战略》。

由此可见，我国早在春秋战国时期已有将跨流域调水工程同时用于通航、灌溉、防洪、供水等综合利用目的的先例。

3. 都江堰跨流域水利工程

由于我国历史上干旱严重，在兴建漕运的同时，也发展了不少以灌溉为主的调水工程。其中最早规模最大的是举世闻名的都江堰跨流域水利工程，至今已成为又一个历史悠久，润泽天府，为人类造福，作用越来越大的跨流域调水工程（图3-7）。

该工程始建于2000多年以前，位于成都平原的顶端，岷江出山口的江心中。伟大的水利学家李冰父子，"造堋壅水"，垒砌分水鱼嘴，固定岷江正流泄洪河道（即外江）；另傍今玉垒山脚新开渠道（即内江），再从坚硬的砾岩山体中凿开宝瓶口，形成离堆，以引进水源，并利用狭窄的口门控制洪水。宝瓶口上游南北江之间，则有溢洪道，成为今日的飞沙堰。把拦阻在江外的过量洪水和沙石注入外江（南江）。都江堰建成后，使成都平原免受江水之苦，同时又使平原的广大农田和人民用水得到保证，除害兴利两丰收。

不仅如此，通过历代劳动人民的保护、维修与精心管理，都江堰的受益面积，不断扩大，目前已超过1000万亩，成为我国最大灌区之一。

上述可见，我国历史上的跨流域调水实践，不仅历史悠久，而且也非常之多。但大多为航运、或灌溉的单一目标，真正把综合利用，特别是城市供水与发电结合起来的大型跨流域调水工程还很少。

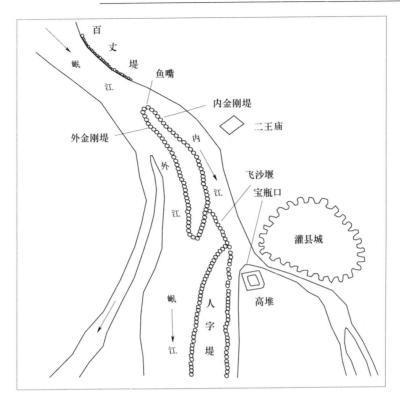

图 3-7 都江堰跨流域调水工程

4. 近代我国跨流域调水工程

随着社会经济发展的需要，以城市供水为目标的跨流域调水工程在近 20～30 年得到迅速发展，其中规模比较大的约 12 处，总引水量超过 100m³/s（表 3-3）。

表 3-3 近几十年来我国著名的已建的主要跨流域调水工程

名称	输水渠长/km	调水方式	年引水量/亿 m³	地区		调水目的
				水源区	调入区	
引滦入津	286	自流	19.5	华北	天津、塘山	城市供水
引黄济青	262	提水	6.9	山东	青岛	城市供水
引青济秦	63	自流	1.7	河北	秦皇岛	城市供水
引碧入连	150	提水	1.3	辽宁	大连市	城市供水
引大入秦	70	自流	4.4	甘肃	秦王川	城市供水
江水北调	400	提水	41.0	江苏	苏北	城市农村供水
引东济深	83	提水	6.2	广东	东江	城市供水
引洱济宾	7.5（隧洞）	自流	0.3	云南	洱海	农业与城市供水
引黄入淀	713	自流	12.5	黄河	河南、河南北	城市农村供水
引拒济京	42	自流	1.0（年均）2.3（最大）	拒马河	北京	城市供水
引松入长	53	引提结合	3.08	松花江	长春	工农业用水
引江济太	河网	自流	10～15	长江	太湖	综合利用

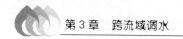

目前调水主要集中在北方地区，水源多为河流，虽然效益很好，但水源保证程度差，受理上还存在不少问题，尚需改进。

3.2　现行南水北调工程❶

3.2.1　概述

我国人均水资源只有世界人均值的1/4，亩均水资源不到世界平均值的一半，人、地和水三者地区分布不协调：土地资源集中分布在西北、华北，而水资源集中分布于长江流域、东南沿海诸河和西南诸河流域，其中尤以黄、淮、海流域人多、地多，而水少；西南地区则人少、地少、水多。

在水资源的开发利用上，我国北方高、南方低，水资源利用率分别大于42％和小于14％。从流域来看，黄河54％，长江18％，淮河58％，东南诸河11％，西北诸河39％，最高的海河流域大于100％，最低的西南诸河水资源量约为5563亿 m^3，占全国的20％左右，当前开发利用率不到2.0％。

为了协调好我国地区之间的水量余缺和社会经济发展在水资源利用上的不均，用南方多余的水，通过输水线路解决北方长期干旱缺水面貌是一种必然的选择。最早引发"南水北调"构想的是毛泽东主席1952年视察黄河时说"南方水多，北方水少，如有可能，借一点来是可以的"。因而早在20世纪50年代，我国的不少学者和单位就开始了关于"南水北调"的孜孜不倦的探讨。

南水北调是实现我国水资源合理配置的战略决策，是改变北方地区缺水现状和黄河流域资源型缺水的重大举措，关系到我国经济和社会发展的全局。建成后与长江、淮河、黄河、海河四大江河相互连接，构成我国水资源"四横三纵、南北调配、东西互济"的总体格局（图3-8），有利于实现我国水资源的合理配置，应该说是一创举。该工程已于2002年开工建设。

三条调水线路多年平均年调水总规模为438亿 m^3，其中东线为148亿 m^3（年过黄水量38亿 m^3），中线为130亿 m^3，西线为160亿 m^3，建设年限约50年。

3.2.2　东线

东线从长江下游扬州附近抽长江水，利用京杭大运河及其平行河道逐级提水北送（图3-9），且连通洪泽湖、骆马湖、南四湖、东平湖。水流出东平湖后分两支：一支向北，在位山附近经隧洞穿过黄河，进入南运河自流到天津。输水主干线全长1156km，其中黄河以南646km，穿黄段17km，黄河以北493km；另一支向东通过胶东地区，输水经济南到烟台、威海，全长701km。

东线工程拟分三期建设：

第一期工程主要向江苏和山东两省供水，调水基本上不过黄河。工程重点放在防污、治污方面。

---

❶　资料主要源于《中国南水北调》，中国农业出版社，2000年。

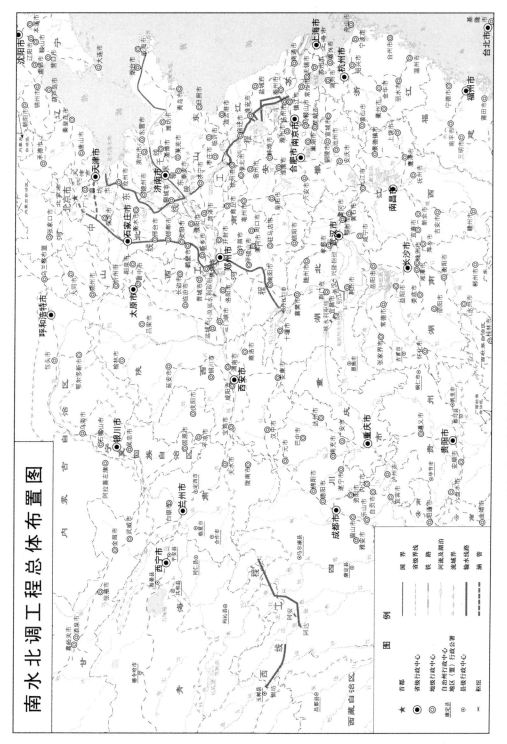

图 3-8 我国现行"南水北调"总体布局示意图

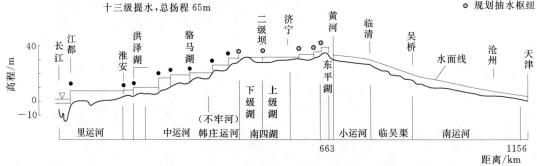

图3-9 南水北调东线工程输水干线纵断面示意图

注 图形源于《南水北调与水利科技》，2003。

第二期工程，一是延长输水线路至河北东南部和天津市，同时扩大黄河以南部分工程；二是全面建设治污项目。除供水江苏、山东以外，还可向河北、天津供水。

第三期抽水进一步扩大，主要向胶东地区供水并加大过黄输水规模。

3.2.3 中线

中线工程从长江支流汉江丹江口水库取水，经唐白河流域西部过长江流域与淮河流域的分水岭方城垭口，沿黄淮海平原西部北上，在郑州于西穿过黄河，沿京广铁路西侧引进，基本自流到北京、天津（图3-10）。从水库陶岔闸到北京团城湖，输水干渠全长1267km，其中黄河以北780km，以南477km。天津干渠从河北省徐水县分水向东至天津外环河。

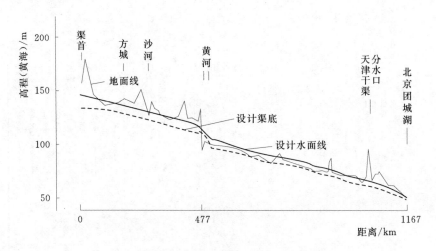

图3-10 南水北调中线输水剖面示意图

注 图形源于《中国南水北调》，中国农业出版社，2000。

中线工程拟分两期建设：

第一期主要完成丹江口水库大坝加高，兴建输水干渠，送水到河南、河北、北京、天津，同期建设穿黄工程、修建汉江中下游兴隆水利枢纽和引江济汉工程以及改、扩建工程。2014 年已送水到北京，顺利完成任务。

第二期工程在第一期工程基础上扩大输水能力，达到规划目标。

3.2.4 西线

西线工程分别从长江上游通天河段、支流雅砻江上游和两条支流、大渡河三条支流上调水。

西线调水亦分三期进行：

第一期工程，即达贾线，即在大渡河三条支流上和雅砻江两条支流上建坝蓄水。由于地形起伏大，输水基本上为隧洞。

第二期工程，即阿—贾线，在雅砻江上段建阿达水库，平行布置输水隧洞一直到黄河贾曲出口。

第三期工程，即侧—雅—贾线，在通天河上游侧坊建坝，输水到德格县浪多乡汇入雅砻江，然后南下与阿—贾自流线路平行的输水线路入黄河贾曲。

3.3 大西线调水研究

为了解决我国西北内陆河地区的严重缺水问题，并为开拓西北丰富的土地与矿产资源，国内不少学者和单位早在建国初期五十年代，就开始探讨。在不同历史时期、按照各自所处的工作岗位、不同工作条件和各种不同的社会需求，先后提出了若干南水北调大西线调水的方案和设想。为了便于大家对本书编写背景的了解，现就收集到的方案做一简单介绍，供读者参考与研究。

3.3.1 "怒江—洮河西线调水"方案

20 世纪 50 年代末，由中国科学院与水利部合作牵头，组织了全国有关科研单位和大专院校参加的"中国西部南水北调线路考察研究"。通过多年野外与实践调究，提出了三条调水线路。下面以怒洮线为例。它的水源为怒江、澜沧江、金沙江、雅砻江、大渡河。从怒江沙布附近为起点，并抬高水位至 2540m 引水，渠线走向先东后北，穿过澜沧江直抵金沙江，绕虎跳峡北上至木里，再沿北-北东方向过雅砻江，穿大渡河，经南坪至陇西到甘肃的洮河（图 3-11）。输水干渠全长 3000 多 km，渠尾水位 2300m。沿途引怒江水、澜沧江水、金沙江水、雅砻江水，大渡河水。为了实现此方案，沿途需建大坝 7 座，多为高坝。

3.3.2 中国西部南水北调

随后在长江水利委员会原主任林一山先生的主持下，进一步研究了西部南水北调线路（图 3-12）。水源基本与上述相同，但取水点位置变化很大。怒江引水上移至东巴镇，也就是水源工程线路的西端。由此开始，沿怒江左岸 3900m 的等高线开明渠，经热玉区加玉乡至瓦合乡，从此穿过怒江与澜沧江支流紫曲河的分水岭隧洞进入紫曲河。在紫曲河桑多区附近筑坝，随着水库回水在类乌齐县城下游不远处穿过一条隧洞抵达昂曲河河谷。隧洞出口后沿着上游右岸的明渠至吉曲乡下游 30km 处的拦河坝而进入水库。经过拦河

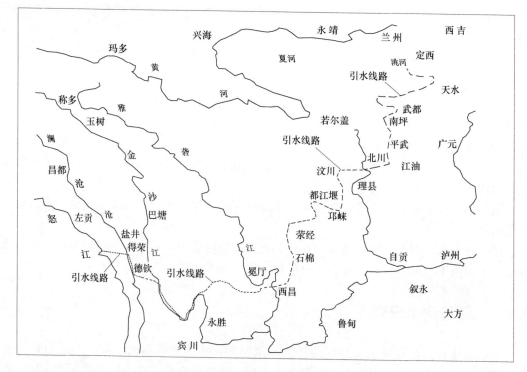

图 3-11　怒江—洮河西线调水方案线路

坝，沿着其左岸的一段明渠后，再穿过一条与澜沧江支流扎曲河分水岭隧洞进入扎曲河河谷。紧接着隧洞的尾端沿右岸的明渠，绕过囊谦县城至其上游 11km 处拦河坝而进入水库。过此坝后沿着其下游左岸的明渠，绕过与澜沧江支流子曲河的分水岭至代等乡拦河坝而进入水库。由此水库 3900m 的蓄水位回水至由东而西的支流盖曲河河源江达县帮格乡。

水流在江达县帮格乡附近穿过一条隧洞到达金沙江由西而东的一条小支流峡谷。从隧洞的尾端开始，先沿着支流的左岸，后沿着其干流的右岸等高线的明渠至金沙江干流自流拦河坝而进入水库。此水库的设计蓄水位初拟 3700m。过自流拦河坝后，先顺着其下游左岸的明渠至由东而西的支流真曲河河口，后沿着真曲河右岸的明渠至与雅砻江分水岭甘孜县城对应的背面附近处穿过分水岭隧洞进入雅砻江干流水库。经过干流拦河坝，沿着坝址下游左岸并绕过甘孜县城的明渠至甘孜县拖坝镇，由此往东穿过与雅砻江支流达曲河的分水岭隧洞，在炉霍县卡沙镇附近进入达曲河水库。达曲河拦河坝上游水位初拟 3550m。经此拦河坝，过与达曲河支流泥曲河的分水岭有两个方案可比较：①沿着长约 85km 的明渠经达曲河与泥曲河的汇口绕过分水岭抵达泥曲河炉霍县卡娘乡而进入水库。②从达曲河拦河坝址上游库区左岸穿过一条约 10km 隧洞到达卡娘乡而进入水库。

经过炉霍县卡娘乡的拦河坝，在坝址上游附近穿过一条与大渡河支流色曲河分水岭的隧洞至色达县翁达镇附近的拦河坝而进入水库。然后又从拦河坝左岸的引水口开始，沿着明渠先向坝址下游，经色曲河与大渡河支流杜柯河汇合口再往杜柯河上游到达壤塘县城上游附近的拦河坝而进入水库。过了此坝，从坝上游附近库区穿过与麻尔曲河分水岭隧洞。

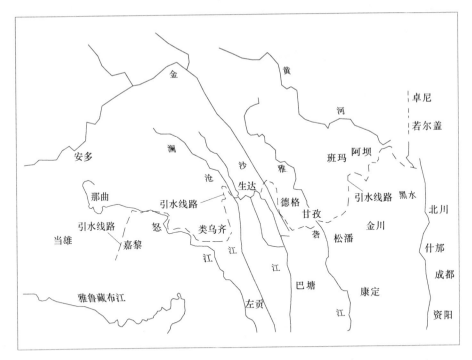

图 3-12 中国西部南水北调工程示意图

隧洞尾端紧接明渠，沿着麻尔曲河右岸到达班玛县灯塔坝址而进入水库。过此坝则是麻尔曲河的左岸，从左岸的引水口起，往下游而行并经过阿柯河口，再顺沿阿柯河右岸一段明渠径直插到阿坝县城对岸（经过约 4km 隧洞），接着又沿阿柯河左岸抵达拦河坝而进入水库。经此拦河坝和坝下游左岸的一段明渠就是阿坝农场，由此穿过巴颜喀拉山隧洞（简称阿坝隧洞）而进入黄河支流加曲河。

如果要进洮河，则还需跨过红原与若尔盖分水岭沿黑河支流注入洮河。据《中国西部南水北调工程》介绍，初步规划年调水 800 亿 m^3，其中自流引水 526 亿 m^3，提水 274 亿 m^3，整个工程共需筑大坝 24 座，其中提水坝 11 处，最大坝高 300m，最小坝高 60m，开挖隧洞 10 条，单洞最长 27km，总长 180km，兴修输水明渠 1000 多 km。

3.3.3 "大西线调水"

20 世纪 90 年代中期以来，一批干部和科研人员开展"大西线调水"研究。研究成果有多个版本，其中公开见报的有郭开先生主持的"大西线调水"；袁嘉祖、王治全先生主笔并在《经济月刊》上发表的袁嘉祖"大西线调水方案"（图 3-13）。文中以此方案为例，摘要如下（以下内容以公开发表数据为准）：

从西藏雅鲁藏布江的中游海拔 3588m 的桑日县溯马滩加查峡谷开始经怒江的夏里—澜沧江的昌都—金沙江的白玉—雅砻江的甘孜—大渡河的阿坝—过分水岭沿海拔 3440m 的贾曲入黄河。具体线路摘要如下：

（1）在拉萨市东南 116km 的雅鲁藏布江中游桑日县的溯马滩加查峡谷筑坝截流，使水位升至海拔 3588m，并可利用加查峡谷 400m 落差修建 40 万 kW 水电站。

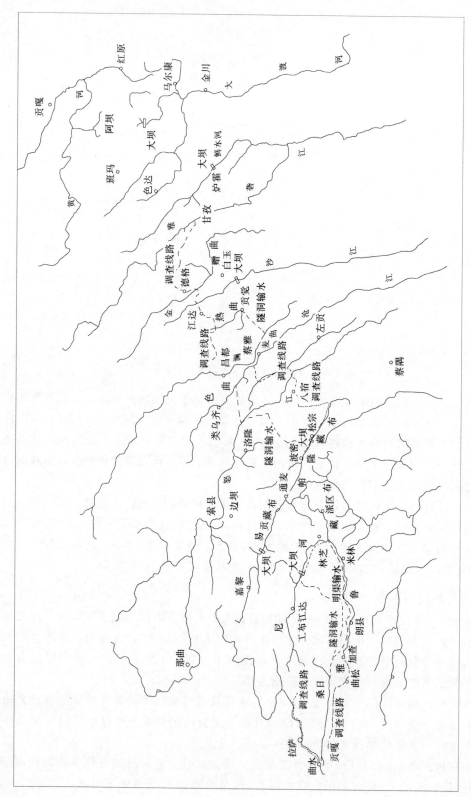

图 3-13　"大西线调水方案"示意图

（2）引水沿海拔 3568～3558m 向东开凿隧洞至比扑曲，沿途可收集 46 条小支流水量。

（3）引水从比扑曲沿海拔 3558～3548m 穿过冈底斯山郭喀拉日居联隧洞，到海拔 3200m 的尼洋河的拉克。在百巴乡筑 400m 大坝截流尼洋河水，使水位升至 3568m，引水沿巴河入松湖。

（4）引水向东北流到白拿，穿过隧洞到当布入易贡藏布八盖水库。

（5）雅鲁藏布江支流拉月河到章碑，从易贡藏布右岸开水渠入八盖水库。

（6）引水从易贡藏布支流泥马藏布沿海拔 3538～3528m 穿插过朔格吉峡谷分水岭隧洞，到索县江达乡，沿河西下汇入康玉曲，并从夏里区央巴乡入怒江。在怒江下游海拔 3078m 的冷曲筑坝截怒江，抬升水位到海拔 3548m，回水 460km 过嘉玉桥。

（7）海拔 3020m 的波密县松宗镇是加热藏布汇入帕隆藏布的地点，在此筑坝截流帕隆藏布河，抬升水位至海拔 3558m，并引水穿过 34km 隧洞入怒江。

（8）引水从洛隆县马利乡宿布村沿海拔 3528～3518m 穿过他念他翁山 60km 隧洞到昌都的思达乡入色曲，顺河而下入澜沧江。在澜沧江上游分别对扎曲、昂曲、色曲等支流筑坝，并修渠联通，形成环抱日都的水系。然后在麦曲筑坝，抬高水位到 3538m。

（9）引水从麦曲水库溯勇曲而上，从妥坝县穿过芒康山 67.5km 隧洞，到纳曲上游的俄玛，向东过贡觉县入热曲，东流金沙江。

（10）在金沙江下游海拔 2868m 然中顿巴峡谷筑坝截流，使水位升至海拔 3518m。

（11）引水从金沙江水库沿支流赠曲向东北 66km，穿过白玉县雀儿山 36km 隧洞，到四川甘孜县打火沟，顺河而下 22km 从大金寺入雅砻江，在甘孜南 100km 河滩峡谷截流，抬升水位到海拔 3508m。

（12）引水沿拖坝东河穿越大雪山 16km 隧洞入达曲，下游以 100km 到炉霍，会合泥曲后称为鲜水河，并筑坝截流鲜水河，抬高水位至 3498m。

（13）鲜水河库水流入老则河，穿过翁达屯村隧洞 29km，入大渡河水系得尔柯河，下流 14km 入色曲，东流 35km 与多柯河会合后称为绰斯甲河。在两河南 3km 雄拉峡谷筑坝截流，抬升水位到 3488m。

（14）引水溯多柯河北上 40km 入叶古玛河，再穿越 12km 隧洞入门朗沟，然后串联麻木柯等 4 条河，再入斜尔尕峡谷。在此筑坝，抬高水位到海拔 3478m。引水穿过麦尔玛梁隧洞 34km，到纳格藏玛入贾曲，北流 48km 入黄河。

至此，引水线全长 1671km，其中隧洞 12 条，总长 559km，水库 11 座，按 92% 的保证率，可调水 1600 亿 m³。

将 500 亿 m³ 顺黄河而下，一方面给黄河中上游 11 座大型水电站发电、冲涮黄河中下游泥沙；另一方面经内蒙古岱海调节后给山西、河北、河南、北京、内蒙供水；将 600 亿 m³ 的水穿过积石山隧洞、甘南渠道进入洮河。在甘肃岷山大拐弯处筑坝建水库，将其中 200 亿 m³ 水引入漕河，经天水、宝鸡、西安、渭南到三门峡水库；将岷山水库剩余 400 亿 m³ 水引入大柳树水库，再沿河西走廊向西北经武威、嘉峪关、乌鲁木齐、克拉玛依，进入准噶尔盆地；将 500 亿 m³ 的水从黄河河源处，经拉加峡谷、柴达木盆地、阿尔金山北坡，最终储于罗布泊。

方案调水量大，供应的地区广，基本包括了中国最缺少水的西北部地区，而且水质好。由于整个调水路线穿越无人区，故社会负担比较小，无形中减少了成本。再者，西线方案虽然线路长，工程浩大，但地势平坦，有些地区可以利用现有干支流自流引水，减少工程量。

3.3.4 "西南水西北调"设想

该设想是新疆阿克苏地区水利局李于洁等提出，并于 2000 年在中国社会科学院文化经济中心"参天水利资源工程研考会"工作通报上公布。本文是根据通报上的文章摘录的。如果读者想进一步了解与核实，请查询原文与出版的专著，并以原专著为据。

该设想有 6 大水源，即雅江、怒江、澜沧江、金沙江、雅砻江、大渡河，可调水 1185 亿 m³，其调水线路（图 3-14）主要为两部分。

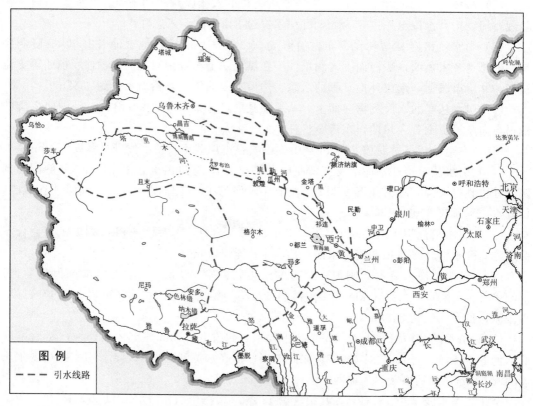

图 3-14　西线调水线路示意图

（1）雅江中游调水路线：

1）在日喀则下游香曲口的江当建坝，壅高水位并沿香曲扬水至高程 4718m。建隧洞长 40km 入纳木错。

2）在拉萨河中游直孔建坝，壅高水位至 3900m，沿拉萨河上游扬水至 4718m，经隧洞入纳木错。

两河扬水至纳木错经隧洞，进入怒江上游那曲县内。在那曲县与下秋山分别建坝，水位壅至 4600m，建隧洞 60km 入通天河，入通天河后，建坝、开渠、穿洞入柴达木盆地南缘那仁格勒河。沿盆地南缘 3400m 高程向西至茫崖镇。茫崖镇垭口高程 3329m，以高程 3380m 穿哑口入塔里木河盆地米兰河，初估渠线纵坡 1/4000。

到塔里木盆地以后，汇集车尔臣河、于田河、和田河、叶尔羌河，补充昆仑山北麓诸河水量灌溉塔里木河盆地南缘绿洲和沙漠中草原，使下游已断流的于田河、叶尔羌河、喀什噶尔河和季节性断流的和田河恢复 100 年以前的生机。

水流入塔里木河干流后，于新疆生产兵团农一师十团垦区建坝、沿塔河北岸故道建塔河北岸总干渠，经羊大库都克注地穿渭干河、库车河、迪那河至库尔勒，补充塔河北岸水源、灌溉北岸绿洲和荒漠草原；同时以一部分水源沿塔河干流经哈达墩、恰拉、英苏，罗布庄进入已干涸的台特玛湖和罗布泊，维护塔里木河干流水源并恢复原有的自然生态。

（2）雅江支流和雅江、金沙江、澜沧江、怒江"四江"调水线路：调入水源为雅江、金沙江、澜沧江、怒江和雅江支流，其中，东部雅江、金沙江、澜沧江、怒江"四江"可以筑坝穿洞，沿 3500～3000m 等高线，自流引水至黄河切木曲，雅鲁藏布江支流帕隆藏布筑坝、抽水、穿洞至怒江，再沿雅江、金沙江、澜沧江、怒江"四江"输水线至黄河。

上述五大水源入黄河后，总调水 830 亿 m³ 至下游李家峡水库，以 300 亿 m³ 入黄河，到河套后，扬水 100 亿 m³，穿阴山入内蒙古锡林浩特大草原；100 亿 m³ 从李家峡水库穿隧洞 200km 至武威，灌溉石羊河绿洲和腾格里沙漠草原；其余 430 亿 m³，从李家峡穿隧洞 280km 至张掖地区民乐，以 1500m 等高线西行，经涨掖的黑河、酒泉的北大河至玉门镇疏勒河，其中黑河分水 100 亿 m³，灌溉额济纳河绿洲和巴丹吉林沙漠草原；疏勒河分水 50 亿 m³，灌溉疏勒河绿洲、敦煌绿洲和库木塔克沙漠草原。

疏勒河下游灌区是北山和祁连山分水岭，分水岭高程 1320m，输水路线沿疏勒河灌区北干渠，经垭口地形至疏勒河灌区北岸，沿高程 1300m 穿白山建 5km 隧洞入新疆，进新疆水量 280 亿 m³。入新疆以后，沿高程 1030m 经尾亚穿兰新路至天山和白山间垭口地形——图拉尔根。垭口图拉尔根高程 1315m，输水线路水位 1250m 低于垭口高程，建隧洞 10km 入三塘湖小盆地，以高程 1250～1200m 沿天山北坡经木垒、奇台、吉木萨尔、阜康、米泉、玛纳斯至奎屯河入艾比湖，补充天山北麓水源，该区调入水量 100 亿 m³。

输水线路在新疆第一分支，于尾亚西南分水 100 亿 m³，沿高程 1250～1200m 经吐哈盆地与塔里木盆地分水岭至国道 314 上库米什以南向阳村，在向阳村建隧洞 60km 入博斯腾湖，灌溉吐哈盆地南缘和塔河下游北缘的荒地草原。输水线路在新疆境内第二分支，于尾亚东北引水 80 亿 m³，沿高程 1250～1000m，经吐哈盆地北缘哈密、鄯善，于胜金口山口入盆地，灌溉吐哈盆地北缘绿洲和荒地。

3.3.5 西线替代方案线路

杨永年先生于 2006 年在林凌等主编的《南水北调西线工程备忘录》中提出西水北调替代方案（图 3-15），即从雅江林芝大水库（拟建），引水经过怒江水库、澜沧江真达水库、金沙江王大龙水库、雅砻江蒙古山水库、大渡河双江口水库，直抵黄河支流洮河的方案。引水口海拔 2950m，出口 2300m，基本上由隧洞构成，总长 1200 多 km，年调水估计约为 1000 亿 m³。

西水北调的设想是：在雅江大河湾上游建设水库，拦蓄洪水，并在水库岸边建设引雅

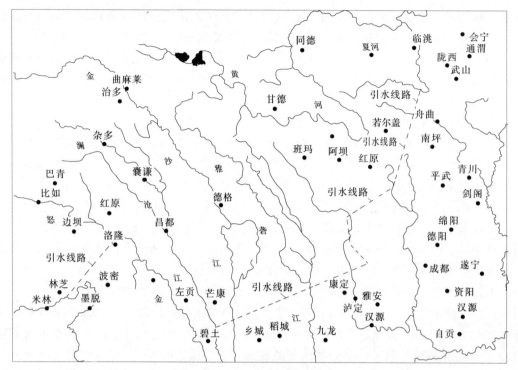

图 3-15　西线替代线路示意图

济金（沙江）进水口。由隧洞引水，打通雅江与怒江的分水岭唐古拉山伯舒拉岭，引水入怒江；在怒江上建设调节水库，在水库上游打通怒江和澜沧江的分水岭他念他翁山，用隧洞引水至澜沧江；在澜沧江上建设规划中的真达水库，调节径流，在水库上游打通澜沧江与金沙江的分水岭——云岭，用隧洞引水入金沙江规划中的王大龙水库。在王大龙水库调节后，由隧洞引水约 600 亿 m³，通过川西高原的边沿地带，进入大渡河双江口（阎王扁）水库，经调蓄后继续沿川西高原边沿东北行，穿过岷山进入甘肃省岷县的洮河，由洮河流入黄河干流上的刘家峡水库。另外，约 400 亿 m³ 径流在王大龙电站发电后，流入下游金沙江水电基地各梯级电站，发电后流入三峡水库，经南水北调中线大部分调往北方，余下部分经三峡、葛洲坝发电站后泄向下游。

　　原来的通天河、雅砻江、大渡河引水方案高程在 4000m 左右，而引雅江和怒江的水高程较低，雅江取水口的高程只有 2920m，到金沙江王大龙水库为 2460m，到黄河支流洮河的高程为 2300m，到刘家峡水库为 1735m，全线采用自流方式调水。由王大龙水库到三峡全部利用天然河道调水。由于高程较低，不穿过冻土带，不致带来施工困难和建成后隧洞结冰问题。

3.3.6　其他调配设想综述 ●

1. 贵阳勘测设计研究院有限公司"大西线调水方案"

《经济月刊》上还有贵阳勘测设计研究院有限公司提出的"大西线调水方案"。此方案

● 以下 4 个方案均引自《经济月刊》，2005 年 5 月。

由贵阳勘测设计研究院有限公司提出，包括南、北两条大西线调水线路，分自流引水方案和提水方案两部分。

自流引水方案：分为南北两线，北线与黄委会提出的小西线调水线路基本相同，可调水 250 亿 m³。南线从怒江上游的东巴截流，坝高 390m；引水到澜沧江上游的柴曲、昂曲、扎曲，再截留筑坝，坝高 374m；引水到金沙江的俄南，然后再筑坝截流，坝高 240m，引水到雅砻江贡达，再筑坝截流，然后穿过隧洞到达达曲和泥曲，再穿越大渡河上游的色曲、杜柯河、马柯河，由门堂入黄河，可调水 470 亿 m³。

提水方案：第一步在大渡河的下尔呷附近筑坝，可提水 50 亿 m³，沿贾曲入黄河；第二步在雅江下游修建 70～100m 的大坝，回水进入八一镇，然后提水，引水沿易贡藏布穿越念青唐古拉山隧洞入怒江，提水约 600 亿 m³，可调水 400 亿 m³。

此方案共调水 920 亿 m³，其中自流引水 470 亿 m³，提水约 450 亿 m³。

2. 海洋所调水方案

该方案由海洋所朱效斌同志提出，其核心是：先在上游贯通"三江"，然后从金沙江引水入黄河。发源于青藏高原的金沙江、澜沧江、怒江都在云南平行南下，彼此间隔仅 30km，特别是金沙江与澜沧江在云南迪庆藏族自治州德钦县相距仅 25km。因此，可以在德钦县修渠连通金沙江与澜沧江，这样做有以下好处：

（1）在汛期可以增加长江的泄洪能力，降低长江水位，减少流入鄱阳湖和洞庭湖的泥沙。

（2）在枯水期，澜沧江水可注入金沙江，提高长江水位，保证长江航运和下游地区的工农业用水。

（3）在澜沧江筑坝建水电站，可为云南提供电力能源，减少森林资源的消耗。

（4）金沙江和澜沧江贯通以后，再把两江与怒江贯通。具体方案是，在怒江傈僳族自治州普拉底乡与迪庆藏族自治州康普乡挖人工河道，连通怒江与澜沧江，并建水电站拦截怒江水。这样，三江水电站成为一体，大大丰富了我国水资源和能源。

当连通了三江之后，再从海拔 1881m 金沙江的翁水河引水，穿过横断山脉，跨过雅砻江、大渡河、岷江、白龙江，到甘肃定西地区，然后由祖历河到靖远入黄河，入黄高程为海拔 1388m。

朱效斌认为，任何南水北调方案都必须考虑黄河断流的问题。我国有三大三角洲—长江、珠江、黄河，长江和珠江三角洲都很繁荣，唯有黄河三角洲十分落后，原因是缺水。如果黄河继续断流，黄河三角洲不仅不能繁荣，而且后果严重。现在黄河上游都把水储起来，淡水无法流入渤海，致使渤海藻类大量繁殖，水中缺氧，大量海洋生物灭绝，再发展下去，渤海将成为生命的荒漠，800 多万靠海洋生活的人将没有生路。

3. "大隧洞调水"方案

该方案由原成都市南洋新技术研究所张世禧教授提出。其核心是用 18 条隧洞从雅江引水 300 亿 m³ 到塔里木盆地。具体设想是首先在雅江上游的日喀则地区海拔 3816m 筑坝，坝高 364m，升高水位到海拔 4200m，引水穿过 280km 隧洞到昆仑山喀拉米兰山口下，每隔 40km 开凿一个竖井，竖井深 300m，引水最后到达海拔 1000m 的塔里木盆地，落差 3350m。

用第一座隧洞完工后每年收的电费和水费，修建第二、第三座隧洞。计划 21 世纪 20 年代前建成三座隧洞，年输水量 300 亿 m³，总装机容量 4000 万 kW，年发电 2000 亿 kW·h。

为了利用 3000 多 m 落差发电，可在塔里木盆地内的喀拉米兰河上游河道修建梯级水电站。西藏大隧洞工程可使用高能隧洞掘进机施工，日进度可达 77m，3 年就可以完工，加上竖井也不过 4 年。工程总投资约为 2500 亿元。

此方案一旦实现，可使塔里木盆地 8 亿亩沙漠变成绿洲，开采 600 亿 t 石油和 2000 多亿 m³ 天然气，形成新的西部经济区。

实施此方案没有负面效应，它的优点是没有移民搬迁和占用耕地问题，社会难度小；不影响周边的生态环境；不诱发地震；没有泥沙淤积问题。

4．"南水西调"方案

此方案由新疆八一农学院杨力行教授提出，南水西调设想的工程分为两步进行。

第一期工程：在楚玛尔河与通天河的汇合处错杂贡玛筑坝截流，坝高 60m，然后沿海拔 4260m 120km 隧洞，引水到青海省格尔木干流分流，共引水 60 亿 m³，其中将 50 亿 m³ 通过 60km 隧洞入新疆，剩余 10 亿 m³ 给柴达木盆地。

第二期工程：在西藏拉萨西南 90km 雅江上游的尼木县筑坝截流，可调水 150 亿 m³，引水穿过 840km 超长隧洞进入柴达木盆地那仁郭勒河，沿第一期工程线路入新疆，其中给敦煌地区 10 亿 m³。

此方案共调水 210 亿 m³，隧洞长 1080km，加上受水工程，总投资大约在 1200 亿元。

此外，类似的各种调水思路还有很多。由于尚未掌握资料，只能就了解的比较有代表性的做一简洁综述。

（1）刘利群先生根据通航要求，提出了在我国西部雅江大拐湾处筑高坝，抬高水位，经过察隅河、澜沧江、金沙江、雅砻江、大渡河、岷江、淳江、白龙江至洮河与渭河的设想。

（2）原云南省水利厅邓德仁总工程师提出的"三江连通西线调水方案"。该方案利用"三江"（怒江、澜沧江、金沙江）分水岭单薄的特点，拟在怒江支流玉曲入口下游建坝，然后引水穿过拟建的自怒江到澜沧江分水岭的隧洞，注入澜沧江的溜筒江水库（海拔 2174m），再从水库输水，沿谷坡开傍山隧洞输水，下行 106km，于多果落附近穿过澜沧江与金沙江分水岭，进入金沙江梯级拖顶水库下游虎跳峡库区，年调水 300 亿 m³，实现三江连通计划。

（3）佛山科学技术学院地理系黄伟雄等，通过研究，提出《我国南水北调新路线及其可行性探讨》报告。文章指出，随着近 20 年我国科学技术和经济水平的迅速提高，对南水北调这一涉及技术、经济、社会及生态等学科的大规模的综合性环境改造工程，是完全有可能存在更新颖、更合理、更经济、更便捷或更符合生态和子孙后代可持续发展利益的其他方案。

（4）更值得一提的是中国社会科学院文化经济中心邓英淘教授，他多年来通过对社会上多种方案的综合研究，从宏观上提出了"高水北调、低水东调，风水互济，提引并重，东西对进、调补兼筹"的 24 字调水思路，既扼要地反映了以上调水线路的优势，又总结了调水线路需要进一步补充完善的内容。这与我们正在从事的研究工作，很多地方不谋而合，也可以说对我们的研究起到极有益的启发与推动。

第4章

中国水资源战略总体调配格局研究

4.1 概论

我国水资源总量虽然不算太少，但供求矛盾十分突出。现阶段我国水资源的开发利用程度除西南诸河相对很低以外，其余各区域潜力有限。

目前，长江上游正计划大量开发水电，它虽然不消耗水资源，但发电量与过机流量成正比（当小于额定过机流量时）。过机水量越多，发电量越大。要解决北方地区缺水问题，若从长江上游大量取水，必然影响中下游各梯级电站发电，且长江中下游航运任务繁重，是我国重要内河航道。由于长江径流分配不均，枯水年或枯水月份，中下游局部河段由于水量过小，尚有碍航现象发生。如果取水量再增加，还会加速航运萎缩。可见长江进一步调水外援的潜力十分有限，也不应该把调水的任务集中在一条江上。我国珠江与东南沿海诸河有长江类似的情况，而且远离北方，海拔过低，向北外援可能性更小。唯一值得考虑的是西南诸河。西南诸河水资源量大于 5000 亿 m³，占全国的 20% 左右，当前开发利用率不到 2%（指河外用水），开发潜力极大。从长远看，这里山高谷深，土地资源十分有限，即使将来社会经济进一步发展利用量也不会很多，大量的淡水资源白白流出国境而出海。从地理位置上看，它们紧邻长江、黄河两大水系，只要线路选择适当、采取良好的举措，比较容易把水调入北方，既可加大河流的水势潜能，增加水电开发量，又可解决西北、华北的干旱缺水问题。也只有从西南诸河调水北援，才具备改善调出区、调入区的生态环境问题，促进南北两利局面的形成。当然我们还要想到，西南多为国际河流，上游开发是否会对下游国家产生不利影响？这一点在 1.4 节中有交待，不累叙。一句话：我们对国内开发一定要想到可能对国外产生的负面影响。

西南诸河指金沙江、澜沧江、怒江、雅江，都发源于青藏高原，河川径流主要来自大气降水。该区降水主要受印度洋气流控制，降水丰沛且存在垂直变化规律，即海拔越高，降水量越大。高原同我国其他地区一样，气候变化也比较明显，近年来有逐年上升的趋势。根据中国科学院青藏高原综合科考队对高原 60 多个台站、近 50 多年实测资料分析，高原降水有随气温增高而上升的趋势，这一变化趋势恰好与受水区的华北平原相反。也正说明从"四江"调水前景看好。

我国水能资源分布十分集中，70% 在大西南，开发水电实质上就是开发西南水电。为了充分发挥水资源的功能，把扶持地方脱贫致富和保护生态环境结合起来，可否尽量少在当地开发水电，而改从峡谷中调出部分水量，把少部分水资源，利用地形西北高、东南低的特点，通过 2~3 节短隧洞，首先把澜沧江、怒江少量水调入金沙江，经过金沙江 8~

10 个梯级水电站扩容发电后注入三峡水库，然后经三峡水库入丹江口水库，再沿原南水北调中线方向调水入华北。既能较好地解决华北、西北用水，促进北方经济发展，又开发了较多的电能，满足国家"西电东送"的要求。如果首次仅考虑二江各调水 100 亿 m³ 入金沙江虎跳峡，就可增加虎跳峡至三峡河段可开发水能资源近千万千瓦。由于调水终年不断，电站利用小时数较高，年发电量接近三峡水电站。水电收入预计比在当地修建电站高得多，更主要的是缓解了在当地兴修电站与生态环境的矛盾。同时在金沙江扩容发电比在当地修建电站投资小得多、容易得多、省得多。这样既能充分发挥水资源的功能，又可基本保持"三江"原生态地貌。这种思路既达到开发水能资源和调水济黄济华北的目的，又缓解了我国水与电的紧张局面，也有效地提高了我国水资源的利用率。

4.2　调出区地形地质条件

地形地质条件在一定程度上决定兴修水利工程的可行性、工程的难度和投入的大小。

4.2.1　调出区的地形条件

调出区的水源主要来自我国青藏高原，所以过去又称"藏水北调"。青藏高原是我国乃至地球上一块非常独特的地理单元，历经多次造山运动，形成了许多横纵排列的山脉。从北向南最主要的有昆仑山脉、喀喇昆仑—唐古拉山脉、冈底斯—念青唐古拉山脉、喜马拉雅山脉；由于地壳受到南北挤压，在高原东部又形成由西向东排列的伯舒拉岭、他念他翁、沙鲁里、大王山等一系列南北向山脉；在高原的西部形成帕米尔高原。高原内部由许多河流、湖泊、盆地、高山、丘陵组成。亚洲的主要江河如长江、黄河、澜沧江—湄公河、怒江—萨尔温江、雅鲁藏布江—布拉马普特拉河、朋曲—恒河、狮泉河—印度河等，都源于或经过高原。中国的青海湖、纳木错、奇林错及柴达木盆地、藏南谷地、羌塘高原均位于高原上，所以高原地形、地貌十分复杂。从与调水有关角度出发，大致可划分为四片，其中第四片藏南喜马拉雅高山区不在工程范围内，文中暂不涉及，下面主要介绍其余三部分：

（1）藏北高原丘陵湖盆地区。该区位于西藏北部，新疆南部和青海的西部，总面积约 70 多万 km²，其中西藏约占 70％左右，俗称羌塘高原，平均海拔在 5000m 上下，成为高原的主体部分。它的四周有高山、高原与外流区隔绝；内部分布有纵横交错的连绵起伏的低山、丘陵与湖盆，每个湖泊都是一个向心水系。水系内地形波状起伏，河流切割微弱，水流向中心汇集。地面组成物多为第四纪松散物质，湖积平原广布，为蓄水、输水提供了一定的条件。由于气候向干暖变化，湖泊处于萎缩、消亡阶段。湖泊水面海拔多在4500～5000m，四周山丘海拔多在 5500～6000m，湖盆内阳光充足，风力很强，如能开辟风电场是非常有前途的。

（2）藏南山原湖盆谷地地区。它位于冈底斯—念青唐古拉山脉与喜马拉雅山脉之间，主要包括雅江外流区、朋曲河流域和原为外流区后演变成内陆湖的区域。这里海拔多在 3000m 以上，阡陌交通，河湖纵横，是高原精华之地，是藏民族的摇篮，开发历史悠久，发展前景广阔。特别是雅江河谷宽窄相间，宽谷往往形成小平原，谷地宽者达数公里；峡谷极窄，宽者仅几十米，且不少两岸为花岗岩组成，成为修筑高坝的理想位置。左岸弯曲较多，引水条件也比较好，如雅江北调是必经之道。

（3）藏东高山峡谷区。该区域位于西藏的东部，四川西部、云南北部，总面积约 20 多万 km^2，平均海拔在 2000m 以上。整个区域西北高、东南低。怒江、澜沧江、金沙江以及它们的主要支流雅砻江、大渡河由北向南流，汹涌澎湃，构成高山峡谷地形。山顶高程多在 4000m 以上，河谷底部多在 2000～3000m，最高的梅里雪山海拔为 6740m。由于河流切割深，山体单薄，两江直线距离多在 20～40km，加之地势西高东低，北高南低，为从西向东调水提供了方便的地形。如果再考虑两江之间的支流，调水的人工水道就更短了。

4.2.2 调出区的地质条件

青藏高原是亚洲大陆向南增生和特提斯海在印度板块向北漂移过程中，由北向南逐步隆升的结果。该结果也是海退、造山、岩浆侵入三位一体的过程。其中影响最大最深刻的大约有五次，即泥盆纪的加里东造山运动，早二叠纪的海西造山运动，侏罗纪中期的印支运动，白垩纪中期的燕山运动，始新世中期的喜马拉雅造山运动。最后一次导致青藏高原全部脱离海侵，以地球上最雄伟的喜马拉雅山形成和青藏高原强烈隆起为其标志。这是新生代晚期亚洲大陆上发生的一次重大的地质事件，极大地改变了亚洲的自然环境。由此可见，高原内部地质作用十分复杂，地质问题特别多。但有一点：影响水资源开发利用的地震地质问题，必须尽可能地帮助读者有所了解。为此，文中，把 2003 年出版的《青藏高原形成的环境与发展》、1986 年出版的《青藏高原地震文集》介绍给读者，同时把作者阅后感触颇深的部分简述如下：

青藏高原是我国乃至世界上地震最活跃，大地震最多的地区之一。通过研究，专家们认为青藏高原是一个巨大的复杂的歹字形构造体系复合体。历次造山运动在高原的东北部、东部，特别是东南部的边缘地带归并、交接、重叠，组成了一副错综复杂的地质构造图。许煜坚、楚全芝专家通过分析，把高原分为四个地震带。

（1）喜马拉雅—冈底斯构造地震带。这是一个向南突出的复杂弧形构造。在它的两侧发生过两次 8 级地震，同时也是 6 级以上地震密集带。除了走向北东的断层外，还广泛出现走向近南北的横断层。据物探测定，山脉南面印度恒河平原新生代沉积物厚度达 6～7km。喜马拉雅山的山峰一般也在 6～7km，基岩高差这样悬殊，是地震活动最剧烈、最频繁的体现。从 1958—1980 年的 22 年间，青藏高原共发生 Ms 不小于 6.0 的地震 114 次，发生在这条地震带上的有 52 次，占 42%，其中发生的特大地震最突出，几乎均出现在喜马拉雅弧的内侧。

（2）藏北构造地震带。这里地形开阔，"岛山"成串，属三江源头地带，受班公湖—奇林湖断裂带、怒江断裂带、金沙江断裂带的控制，虽未见到特大地震报导，但中、小地震也不少。

（3）昆仑—阿尔金—祁连构造地震带。该带内以压扭性为主，有巨大、复杂、众多第四纪逆断层分布的昆仑山北坡和祁连山北坡。地震活动频繁。可是世人关注的巨大的左旋走滑的阿尔金断裂，地震的记录不多，值得注意的是，在该构造地震带的外侧，公认为稳定地区的阿拉善，甚至龙首山也发生过 $Ms \geqslant 7.0$ 的地震。该地区的地应力高也是另一个旁证。

（4）南北构造地震带。它把我国分成东、西两大部分，是总体走向近南北的一条相当宽阔的构造地震带。从山川、水系的分布、地质发育历史，褶皱断裂行迹，岩浆活动以及多种地球物理探测资料，都表明南北构造地震带是一条复杂的、长期活动的构造地震带，也是一系列走向为北北西和北北东的压扭性为主的断裂带组合，其中穿插有走向东西的构造，有出露地表的、也有隐伏的，还有一些不为人们所注意的北东向分布的断裂构造。地震研究表明，青藏高原内部的地震活动强度和频度仅次于第一带。1949—1980 年的 31 年间，青藏高原发生的 114 次 $Ms \geqslant 7.0$ 的地震中，该带就发生 36 次，占总数的 31%（含历史上 $Ms \geqslant 6.0$ 地震 4 次）。据闫志德的统计，我国大陆 $Ms \geqslant 6.0$ 地震，其中 60% 集中在该带上。近年来发生的汶川、玉树大地震均出现在此断裂带上。公元 132 年张衡发明候风地动仪，首次记录的就是陇山地震。

在上述观点的指导下，专家们提出青藏高原地震有以下特点：

（1）在同一构造地震带内，各个地段地震的时、空、强、频度等并不是均匀的，也不是同等的。因此，过分地运用"外推"和"内插"不符合当地客观实际。

（2）地震震中沿构造地震带反复迁移，如南北地震带中鲜水河一段，又如沿喜马拉雅弧特大地震，作波浪起伏状或跳跃式的迁移。

（3）不同的构造地震的地震活动，有彼此呼应，调整和制约作用。

（4）构造地震的复杂性：在地震区，有平静时段，也有活跃时段，也有连续发生时段等。

（5）青藏高原四种地震类型，它们的出现往往不是单独的、孤立的事件。专家们经过分析，划分出四种地震类型：

1）前震-主震-余震型。这是构造地震的常见类型。

2）主震-余震型，这是一种突然而来的，少有前震发生。

3）双震或多震型。一天或几天内连续发生震级相似的地震。

4）群震型。震级一般不大，连续出现。

如能很好掌握上述规律并应用于工程中，一定会收到有益的效果。

4.3　调出区水源条件

4.3.1　"四江"流域的基本情况

1. 金沙江

金沙江是长江的上游（包括通天河），处于青藏高原腹地，气候高寒，人迹罕至。明代著名地理学家徐霞客对金沙江进行了实地考察，在他所著的《江源考》一书中明确提出，金沙江是长江的正源，清代地理学家齐召南在所著《水道提纲》一书中，把布曲、尕尔曲、当曲和楚玛尔河都当成了江源；直到 1978 年长江流域规划办公室先后组织两次踏勘，并根据"河源唯远"的原则，才确定沱沱河为长江正源，当曲、楚玛尔河分别为南源和北源（表4-1）。

表4-1　　　　　　　　　　　　　　　江源地区主要河流特征

名称	河流长度/km	集水面积/km²	年径流量/亿 m³	源头位置
沱沱河	358	17635	9.36	唐古拉山主峰各拉丹冬雪山西南侧的姜根迪如冰川
当曲	352	30706	48.4	唐古拉山东段霞舍日阿巴山东麓，海拔5395m
楚玛尔河	515	20784	5.74	可可西里山黑脊山南麓，海拔5432m

注　资料源于《中国的河流》。

金沙江（含通天河）全长3486km，落差5141m，控制流域面积48.5万 km²，占长江水系的27%；多年平均径流量约1535亿 m³，占长江总水量16%，为黄河水量的3倍。该江大致可分成上游、中游、下游三部分。从源头到直门达为上游段，全长约1170km，天然落差1862m。河流蜿蜒于高原面上，河床比较固定，水量较小，目前尚未开发利用。直门达至雅砻江口为中游段，河长1548km，落差2560m，河流穿行于高山峡谷之中，前人曾规划9级开发。从雅砻江河口至宜宾为下游段，河长768km，天然落差719m。下游河段宽窄相间，水量比较丰富，开发利用条件较好，前人曾规划8级水电站。在建的有向家坝和溪洛渡水电站，两电站的总装机容量达2000多万 kW，供电范围涉及华中、华东地区，是三峡电站的配套工程，通过两电站水库的调节，将进一步提高三峡工程的效益。

2. 澜沧江

澜沧江发源于青海省唐古拉山北麓夏荣扎加的北部，大体呈西偏东流向，经西藏东部于德钦北部流入云南。在云南省经过维西、漾濞、风庆、澜沧、景洪等17县于南腊河口附近流出国境，改称湄公河。继而流经老挝、缅甸、泰国、柬埔寨、越南等国注入南海，是东南亚一条著名的国际河流。澜沧江干流全长2153km，集水面积16.4万 km²，多年平均径流量740亿 m³，在西南诸河中位居第二。从开发条件来看，澜沧江大致可分为上游、中游、下游三段。上游段从源头到昌都（海拔3200m左右），河流蜿蜒于高原面上，并由扎曲、昂曲两条主要源流构成，水量丰富，目前尚无全面利用规划；昌都至铁门坎区间为中游段，河流主要穿行于高山峡谷之间，水流也不断加大。前人曾做过梯级开发安排，大致有溜筒江、佳碧、乌弄龙、托巴、黄登、铁门坎6级，总落差约700m，由于此段交通不便，又远离负荷中心，至今未付诸实施；铁门坎以下为下游段，河道天然落差近1000m，河流宽窄相间，开发利用条件较好，前人曾安排8级开发，已建的有漫湾电站，拟建和在建的有小湾、大朝山、糯扎渡、景洪，从现在来看，除发电外，其他综合利用方面考虑很少。

3. 怒江

怒江发源于西藏那曲地区唐古拉山南坡，自西北向东南流，经加玉桥至沙布附近折向南流，流过昌都地区后进入云南省怒江州；在云南省的保山地区入缅甸，改称萨尔温江，纳入印度洋的安达曼海。怒江全长2013km，集水面积13.6万 km²，占怒江—萨尔温江流域面积的45%，是我国大河流之一。根据自然条件和河谷形态，怒江可分为上游、中游、下游三段：从海拔5000多 m唐古拉山南麓至海拔3120m的加玉桥为上游河段。该河段自河源顺地势由西北向东南流，至那曲附近作 W 形弯曲，然后折向东流，河谷坦荡，一般宽在 500～1000m，最大可达数千米，叉流发育。索曲河口以下，宽谷与窄谷相间。加玉桥至云南省的泸水为中游段。中游山高谷深，夹江对峙。两岸山峰海拔多在 5000m 以上，其中最高峰梅里雪山海拔 6740m，冰舌悬挂在谷坡上，构成奇特的自然景观。河道平均比降在 3‰以上，最大达到 20‰，成为我国著名的峡谷河段，与"怒江"名副其实。中游段人类活动较少。泸水以下为下游段，下游段河谷开阔，两岸阶地发育，有的地方可见 4级，最多一级高出河床数百米。两岸山势降低，人类活动加强，著名的潞江坝就位于云南省保山地区境内。怒江流域呈长条形，两岸山坡彼此逼近，水平距离一般为 30～40km，最窄处只有 20 多 km。由于山峦叠嶂，交通不便，人烟稀少，尽管水资源、水能资源丰富，但开发利用极少，整个流域基本上处于未开发状态。

4. 雅鲁藏布江

雅江发源于青藏高原南部喜马拉雅山中段北坡的杰马央宗冰川，大致由西向东流，横贯西藏的南部，大约在米林县派（地名）附近折向东北流，之后急转南下，形成举世闻名的大拐弯河段，经过墨脱在我国巴昔卡附近注入印度，流经印度后改称布拉马普特拉河。该河在流经孟加拉国时改称贾木纳河，贾木纳河与恒河在孟加拉国的戈阿隆多市相汇之后流入印度洋。雅江—布拉普特拉河—贾木纳河—恒河水系流域面积 164 万 km²，多年平均流量 44000m³/s，为世界上第二大水系。

雅江全长 2057km，流域面积 24.0 万多 km²，流域平均海拔高程 4000m 以上，是世界上海拔最高的大河。它在我国各大河流中，论长度居第六位，论流域面积居第五位，论水量居第三位，论水能蕴藏量居第二位，论单位河长出力居第一位。

根据自然条件、河谷形态，雅江可划分为上游、中游、下游三段。从海拔 5590m 的源头至海拔 4400m 的里孜为上游段，全长 268km，水面落差 1190m，平均坡降 4.45‰，集水面积 26570km²，占全流域面积的 11%。上游段河谷两岸冰川林立，水量不大，河谷一般较宽，并串联了许多湖泊。上游段目前基本上未开发利用。由于高寒，加上水源有限，今后也不会有大的开发行动。从海拔 4400m 的里孜到海拔 2880m 的派（村）为中游段，全长 1293km，水面落差 1520m，平均坡降为 1.18‰，集水面积约 163951km²，占全流域面积的 68%。中游段河谷宽窄相间，呈串珠状河谷地貌，主要峡谷由西向东有岗来、仁庆顶、托峡、永达、加查、朗县。峡谷段两岸山高坡陡，岩石裸露，多变质岩，有的地区也有花岗岩分布。岩石坚硬，断裂构造发育，峡谷呈 V 形。峡谷之间多为宽谷，谷宽 2～5km，最宽可达 8km，水面宽多在几百米，宽者达 1～2km。这里水流平缓，河道多汊流和江心洲，河流两岸漫滩、阶地较为发育，构成较宽广的河谷平原。上述一窄一宽的河谷形态，为修建大型水库工程创造了地形条件。从海拔 2880m 的派（村）到海拔 155m 的巴昔卡附近为雅江下游段，全长 496.3km，水面落差 2725m，平均坡降 5.5‰，集水面积为 49959km²，占全流域面积的 21%。干流从米林开始折向东北流，至派（村）已成北东北流向，到迫隆藏布汇口附近骤然转向南流，直至巴昔卡附近注入印度境内。雅江下游河道呈马蹄形大拐弯。在大拐弯顶部的左侧有海拔 7151m 的加拉白垒峰，右侧有海拔 7756m 的南迦巴瓦峰紧紧拱卫在峡谷的两侧，从峰顶到大拐弯末端江面，其水平距离不到 40km，可是垂直高差竟达 7100m，成为世界上切割最深、最长的峡谷段。下游段从派（村）至金珠曲汇入口之间的峡谷多呈 Y 形，谷坡上部边坡为 40°左右，而下部则多直立，尤以白马狗熊到扎曲之间最为险峻，区间水面宽度一般小于100m，流速达8m³/s左右；金珠曲汇口以下，干流河道发育在北东向的断裂带内，呈V形河谷，谷坡在45°左右，谷底水面宽约150～200m。峡谷中阶地很不发育，残存有一些高阶地，且与支沟洪积扇或崩积物所复合，两岸出露的岩石多为变质岩，局部有石灰岩和花岗岩。由于变质岩片理发育，加上山坡陡峻，降水量大，冰川泥石流险区较多。

4.3.2 "四江"流域降水分析

"四江"径流资源主要来自大气降水。据我国气象部门在青藏高原进行的一次气象科学试验，并对高原东部和南部水汽输送进行了定量计算。初步认为，本片85°～95°E地区，水汽主要来自孟加拉湾，其次为阿拉伯海，随西南气流进入该区，其中从南边输入该区的水汽量比重较大。95°E以东地区，来自加孟加拉湾，随西南气流分别从南边和西边进入该区。另外从中低空平均气流看，还有从南海北部进入的水汽。由此可见，本区的降水主要受印度洋气流的控制。该气流由南向北，在前进的过程中受喜马拉雅山脉的阻隔，被迫抬升，在南坡形成大量降水。

据有关资料记载，雅江下游布拉马普特拉河平原，年降水量2000～5100mm。干流出口处巴昔卡35年平均降水量为4496mm，其中1954年高达7591mm，成为我国大陆上年降水量最多的地区之一。水汽在上溯过程中逐渐减少，奴下水文站年降水量为522.5mm，日喀则为430.8mm，拉孜为276.4mm。同时西南季风由印、缅边界登陆后，沿东北方向前进，在前进过程中受到横断山脉的阻隔，在高黎贡山西坡形成大量降水高值区，降水量高达3500～4000mm，向北向东降水量不断减少。滇西南边境一带年降水量为2500mm，至东部边界减至1000mm左右，且岭大、谷底小的相间分布十分明显。怒江及澜沧江下游局部河段谷底低值区，年降水量不到400mm。再向东，西南气流已成强弩之末，其势锐减，德钦以北地区年降水深只有400～700mm（表4-2）。

表4-2　　　　　"四江"沿线部分台、站降水分布

所在流域	站名	年均降水量/mm	降水量年内分配/%			
			春	夏	秋	冬
雅江	日喀则	430.8	3.7	81	15.2	0.1
	巴昔卡	4496	19.6	57	19.1	3.9
怒江	索县	565.1	12.6	64.3	20.9	2.2
	道街坝	757.5	17.1	48.9	28.6	5.4
澜沧江	香达	542.3	12.9	63.1	22.3	1.7
	德钦	664.3	23.9	52.2	18.5	5.4
金沙江	邓柯	523.7	4.9	52.3	40.8	2
	屏山	993.7	9.6	45.2	41.2	4

4.3.3 "四江"产流分析

"四江"流域降水量相对较多，河川径流量也较丰富。据水利部长江水利委员会资料

统计，雅江流域年降水量 2283 亿 m³，年径流量高达 1654 亿 m³，产水模数为 69 万 m³/km²，是长江流域产水模数的 1.25 倍，黄河流域产水模数的 8.6 倍。怒江流域年平均降水量 1254 亿 m³，年径流量 689 亿 m³，产水模数为 50 万 m³/km²，略低于长江流域的产水模数，是黄河流域的 6.3 倍。澜沧江流域年降水量 1619 亿 m³，年径流量 740 亿 m³，产水模数为 45 万 m³/km²，次于怒江，为黄河流域的 5.6 倍。金沙江流域年平均降水量为 3466 亿 m³，年径流量 1535 亿 m³，产水模数为 31 万 m³/km²，次于澜沧江流域，为黄河流域的 3.6 倍。"四江"降水量和河川径流量详见表 4-3。

表 4-3　　　　　　　　　　　"四江"降水量和河川径流量

河名	起始地址	集水面积/km²	降水量/亿 m³	年平均径流量/亿 m³	产水模数/（万 m³/km²）
金沙江	源头至屏山	490650	3466	1535	31.30
澜沧江	源头至出境	164379	1619	740	45.02
怒江	源头至出境	135984	1254	689	50.67
雅江	源头至出境	240480	2283	1654	68.78
合计		1031493	8622	4618	—

"四江"不仅多年平均来水量很丰富，即使是枯水年也是比较大的，详见表 4-4。其中干旱年（95％保证率）金沙江的来水量为 1197 亿 m³，澜沧江来水量为 577 亿 m³，怒江来水量为 579 亿 m³，雅江来水量为 1082 亿 m³，"四江"合计也接近 3500 亿 m³，是黄河多年平均来水量的 6 倍。

表 4-4　　　　　　　　　　　"四江"不同保证率年径流分配

河名	集水面积/km²	年 径 流 量/亿 m³				
		多年平均	20％	50％	75％	95％
金沙江	490650	1535	1719	1520	1382	1197
澜沧江	164379	740	829	733	666	577
怒江	135984	689	744	689	641	579
雅江	240480	1654	1570	1391	1261	1082
合计	1031493	4618	4862	4333	4023	3425

调出范围水资源虽然丰富，但时空分布不平衡。"四江"不同河段，径流组成也不相同，雅江从上游到下游径流增加很快（表 4-5）。奴各沙以上单位面积产水量只有 16.4 万 m³/km²；奴各沙—羊村间，单位面积产水量为 26.7 万 m³/km²；羊村—奴下站，单位面积产水量上升到 80.4 万 m³/km²；再向下至巴惜卡，单位面积产水量高达 209 万 m³/km²，成为世上大河流中罕见的高产水区。

怒江多年平均径流量 689 亿 m³，其中西藏部分为 400 亿 m³，云南部分为 289 亿 m³，分段组成见表 4-6。由表可见，产水量云南上段最高，下段次之。

表 4－5   雅江水量沿程分布

地名	海拔 /m	距源头	集水面积 /km²	年径流量 /亿 m³	区 间		
					面积 /km²	区间径流 /亿 m³	单位面积水量 /(万 m³/km²)
奴各沙	3755	918	10638	174	106378	174	16.4
羊村	3545	1166	153191	299	46813	125	26.7
奴下	2910	1527	189843	594	36652	295	80.4
巴昔卡	155	2057	240480	1654	50637	1060	209

表 4－6   怒江年径流分段组成

河段名称	集水面积 /km²	面积组成 /%	年径流量 /亿 m³	年径流量组成 /%	产水量 /(万 m³/km²)
西藏境内	101000	74.4	400	58.2	39.9
云南上段	11183	8.2	110	15.8	78.2
云南下段	23801	17.5	179	26.0	76.2
全江	135984	100.0	689	100.0	51.0

澜沧江受水汽来源的影响，变化比较复杂（表 4－7），在西藏境内产水量比较少，而在云南上段产水量上升很快，随后又有大幅度下降，嘎州以下再度上升。

表 4－7   澜沧江年径流分段组成

河段名称	集水面积 /km²	面积组成 /%	年径流量 /亿 m³	年径流量组成 /%	产水量 /(万 m³/km²)
青藏境内	74721	45.4	217	29.2	29.4
云藏交界旧州	10884	6.6	66.7	9.3	61.6
旧州—嘎州	20076	12.2	77.0	10.8	40.0
嘎州以下	58698	35.7	380.0	50.7	64.4
全江	164379	100.0	740.0	100.0	45.4

金沙江在"四江"中集水面积最大，单位面积产水量最小，特点是上游地区与黄河流域不相上下（表 4－8）；下游地区上升较快。

表 4－8   金沙江不同河段径流组成

站 名	集水面积 /km²	海拔高程 /m	年径流量 /亿 m³	产水量 /(万 m³/km²)
通天河直门达	132865	3600	152	11.44
金沙江岗拖	159544	3580	163	10.22
金沙江巴塘	187873	2490	288	15.33
金沙江石鼓	232651	1830	407	17.49
金沙江屏山	490650	900	1430	29.48

此外高原上的径流还存在垂直变化的规律，特别是迎风坡，降水随海拔上升而增加，一直到生物生长最繁茂的地带（也有人认为到冰川所在附近）。为此青藏高原科考队曾在三江峡谷云岭北段白马雪山开展了垂直气候观测研究，剖面从金沙江西岸的奔子栏（东坡）向西翻越白马雪山垭口，抵达澜沧江东岸的高阶地日咀（西坡）。全剖面共设置 7 个观测点，东坡和西坡各 3 个，山顶 1 个。东坡奔子栏海拔 2025m、书松海拔 2988m、122 道班海拔 3766m；西坡日咀海拔 2080m、石棉矿场附近海拔 2747m、飞来寺海拔 3485m；山顶站设在白马雪山垭口附近，海拔 4292m，为冷杉、落叶松分布上限附近。

观测站经过长时间的观测，结果发现水汽主要来自印度洋孟加拉湾。由于该区距水汽源地较近，降水量本该较丰富。但因山脉、河流近南北走向几乎与西南气流成正交，大量水汽在它以西的高黎贡山和碧罗雪山迎风坡凝结降落，到云岭北段—白马雪山一带，降水已显著减少。在高黎贡山南，山顶附近年降水可达 3000mm 以上，而碧罗雪山则减为1200mm 左右，到了云岭中、北段，一般仅在 600～900mm 之间。在此背景下，降水量虽然小一些，而规律依旧尚存（表 4 - 9）。以上分析，清楚说明，高原上不同河流、不同海拔、不同时间，可调水量不同。

表 4 - 9　　　　　　　　　　径流量随海拔上升而变化定位观测

坡向	东　　坡				山顶	西　　坡			
坡位	下	中	上	—	—	上	中	下	—
站名	奔子栏	书松	122 道班	平均	白马雪山	飞来寺	石棉矿	日咀	平均
年降水量/mm	285.6	532.8	946.1	588.2	807.1	513.8	410.6	425.0	449.8
海拔/m	2025	2988	3766		4292	3485	2747	2080	—

如果自流调水，各调出点的出水高程必须高于附近输水渠的高程，否则就需要提水。提水扬程越高，引水量也越大。或者说通过筑坝抬高水位，如果水量充足，坝越高调水量也越多。当然扬程越高，调水的运行成本就会增加。通过调查与宏观估计，如果调水本身不可能解决动力问题，提水扬程不应太高。坝高又受到建筑材料和地形地势条件的限制，国内外一般认为如无特殊要求，坝高一般不要超过 300m 为宜。

此外，高原同我国其他地区一样，气候变化也比较明显，特别是气温有逐年增加的趋势。年增温幅度在 0.2～0.6℃/10a，其中以西部为最高达到 0.6℃/10a，藏中在 0.2～0.4℃/10a，最低的东部也在 0～0.2℃/10a。温度的变化直接影响到径流的变化。

高原的降水有增加的趋势。专家们通过对高原 60 多个台站，近 50 多年实测资料分析，同气温变化大体相当都有不断上升的趋势，其中藏东南高达 80mm/10a，最小的地区也在 10mm/10a 左右，降水增加也必然引起径流加大。

上述分析可见，"四江"水源丰富，大气降水补给条件好，与当地社会经济发展对水资源的供给需求相比，供给远大于需求，具备水资源调出的充分条件。同时由于河流落差大，也具备水能开发的前景。只要在决定调水时，对河流、河段以及调水点的海拔位置作慎重选择，优化比较，找出最适合的引蓄水地点，将调水与水能开发结合起来，作为我国南水北调的水源地是完全可能的。

4.4　调水区动力条件

从西南诸河调水，因高原地区山高谷深，地形切割强烈，不可能全部实现自流。或者说完全采用自流调水方式难度太大，也不经济，辅以提水手段，可以有效降低投入，改善调水条件，降低调水风险。因而在调水格局研究中有必要对调水沿线动力的发掘作必要的分析。

4.4.1　长江干流和上游金沙江及其支流动力资源

以三峡水库为水源基地，向南水北调中线补水和向渭河、黄河调水，需要提水的抽水动力来源，当首选三峡电站和上游金沙江各梯级水电站。

近期，三峡水库向中线补水，提水所需容量较小，占用三峡电站发电容量比重不大，抽水电力可由三峡电站提供。

根据中国国际工程咨询公司牵头完成的《南水北调中线三峡水库（大宁河方案）补水工程研究报告》提供的资料，大宁河补水工程拟从三峡水库先提水至重庆市大宁河剪刀峡水库，再提水至湖北省堵河干流，顺流而下至丹江口水库补充南水北调中线水量。补水工程在调水沿途可增加的发电容量见表4-10。

表4-10　　　　　　　　　　　大宁河补水工程沿线电站发电成果表

序号	电站名称	调水前		调水后		备注
		装机容量/万kW	年发电量/(亿kW·h)	装机容量/万kW	年发电量/(亿kW·h)	
1	剪刀峡	9	2.38	7.5	1.98	因调走部分大宁河水量，电站规模略有降低
2	龙背湾	20	5.13	72	21.29	因调水至本流域，水量增加，各电站规模相应增加
3	松树岭	5	1.54	15	6.63	
4	潘口	50	10.36	75	20.41	
5	小漩	5	3.07	15	3.56	
6	黄龙滩	40	10.3	83	20.01	
	合计	129	32.78	267.5	73.88	

注　调水后可使调水沿线电站增加装机138.5万kW，增加年发电量41.1亿kW·h。

补水工程抽水耗电量见表4-11。

表4-11　　　　　　　　　　大宁河补水工程抽水耗电量成果表

项目名称	大昌泵站	剪刀峡泵站	合计	备注
设计流量/(m³/s)	380	380	380	
平均扬程/m	229.67	222.9	452.57	
装机容量/万kW	100	100	200	
年抽水量/亿m³	39.8	51.8	51.8	
年耗电量/(亿kW·h)	29.88	36.9	66.78	

由表4-10、表4-11可见，近期为解决南水北调中线供水水源不足和供水保证率不

高问题，需从三峡水库补水所增加的抽水动力为 25.68 亿 kW·h，占三峡电站年发电量的 2.56%，而且调水时间为长江主汛期 6—9 月。根据三峡总公司三峡调水专题研究组提供的资料，实施补水后可减少三峡和葛洲坝电站因汛期调峰产生的弃水电量 6 亿～10 亿 kW·h，两者相减后真正需增加的电能消耗为 15.7 亿～19.7 亿 kW·h，仅占三峡电站年发电量的 1.5% 左右，对三峡电网的供电大局基本不会产生影响，完全可以由三峡电站承担。上述尚未考虑大宁河补水提高丹江口水库发电量和补水工程晚上抽水还可增加三峡电站发电效益等多项补偿措施。

中期，为了解决关中地区缺水和补充渭河、黄河的河道冲沙生态用水，采用引江济渭入黄工程替代西线调水，完成新"四横三纵"调水格局时，需要提供的年提水抽水电量较大，总规模将达到约 160 亿 kW·h。由于该格局将无需再建西线调水工程，将可减少西线在长江源头 3000m 以上调水，给金沙江及长江上游各支流诸多梯级电站造成的电量损失。据有关资料测算原西线调水后，对长江干支流已建和拟建的 69 座梯级电站的保证出力和发电量造成的影响分别为雅砻江 286.9 万 kW，369.3 亿 kW·h；金沙江 481.3 万 kW，557.0 亿 kW·h；长江干流 54.1 万 kW，59.5 亿 kW·h，合计共损失保证出力 822.3 万 kW，年发电量 986.2 亿 kW·h。远远超出从三峡水库抽水所需电量 160 亿 kW·h，即抽水耗电量不足损失电量的 20%，说明从国家能源平衡来看，得远大于失。

从数量上看，实现以三峡水库为水源基地，向南水北调中线补水和向渭河、黄河调水，完成《南水北调总体规划》确定的目标，所需要消耗的抽水动力虽然较大，但与长江上游干支流梯级电站年发电量总计 7704.3 亿 kW·h 相比较，则仅为 2.1%，说明其调水动力配置由长江干支流梯级电站提供是完全可能的。

远期，如果进一步实现怒江、澜沧江向金沙江补水，补水增加水量通过金沙江上已建、在建和规划的各梯级电站发电后到达三峡水库所增发电量，更远大于提水的耗电动力，应该说调水发生的动力来源不应成为问题，并且可以达到调水、发电、通航等多赢的目的。

根据国家经济社会实际发展情况、国家财力等综合考虑后，如有必要实现三大阶梯的江河连通，用"七横六纵"格局向西北内河流域调水，需要的动力更大，耗能更多，则有必要进一步研究其动力的来源问题。

众所周知，调水区高原上动力资源种类繁多，有水能、风能、太阳能、地热能。从当前来看，水能、风能比较现实，操作性强，特别是水能，高原上河流众多，坡大流急，资源丰富，同时高原地形复杂，河流在地质构造的作用下，往往在大江大河两端形成大拐弯河段。大拐弯河段两端点河道距离很长，而直线距离很短，只要巧妙利用，可获得巨大的发电水头，俗称"大拐弯电站"。现将由于调水可兴建的大拐弯电站简介如下。

4.4.2　雅江大拐弯水电站

雅鲁藏布江，从中游下段派（村）至下游上段背崩，河段长约 240km，两点直线距离仅 38km，自然落差 2250m。派（村）附近年平均流量约 1900m³/s。两点水能资源大约为 4200 万 kW，是长江三峡水电站装机容量的 2～3 倍。众所周知大拐弯段地质构造十分复杂，断裂纵横交织，且地壳还处于不稳定状态，如果兴修大型电站，一定要十分注意地震问题。清华大学水利水电工程系考察研究后，提出 6 点建议：线路尽量西移，水库大坝不要建得太高，做详细地质工作，加强科研与采用新材料结构，先小后大探索经验。作者考察后认为除了吸取清华大学的意见外，还建议分级开发，即在派（村）下游建低坝，然后开凿长 16km 的隧洞，穿过多雄拉垭口（海拔 4200m 左右）直抵多雄河上的尔多（海拔 2900～3080m），然后沿河而下，在海拔 2000m 处汗密附近建一级水电站，在海拔约 1000m 左右处建二级，在海拔 630m 附近建三级（图 4-1）。这样不仅减少修建的难度、降低风险，便于施工，而且达到探索经验的目的。为了避免地质灾害，还可考虑专家建议修建地下式开发（图 4-2）。因为地下开发较好地减少地面自然灾害，对预防地震破坏也非常有利。

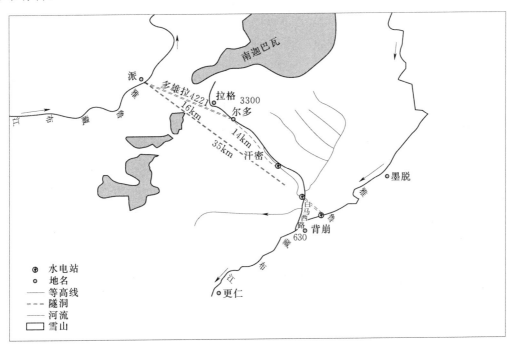

图 4-1 雅江大拐弯水电站布置示意图

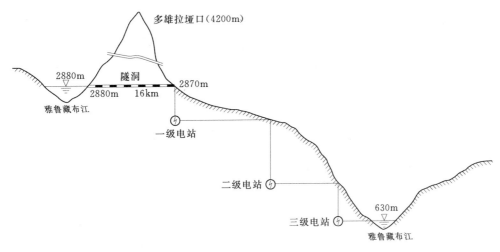

图 4-2 雅江大拐弯水电站地下开发示意图

大拐弯水电站的发电能力，如果以提水为目的，可以满足调水的要求。大拐弯水电站的发电能力，大于调水扬程的耗电功力（根据以往调水量计算），特别是每年 4—11 月的 8 个月，发电能力绰绰有余，只要稍加开展人工调节，便可保证全年调水要求。

4.4.3　黄河上游大拐弯水电站

黄河上游海拔 4260m 的高原面上，分布有我国最大淡水湖之一扎陵湖与鄂陵湖。两湖现已连通，水面面积约 1100km²，蓄水约 150 亿 m³。由湖泊到龙羊峡水库，河道长约 1500 多 km，而两点直线距离很近，河道落差约 1660m。如果在两湖修建闸坝适当抬高水位，然后沿 4200m 左右的等高线开明渠亦可考虑开浅埋隧洞（防止结冰和低温），沿北东方向绕过托索湖、苦海，大约在 200 多 km 的分水岭处（黄河上游大河坝河与曲什安河分水岭）海拔 4200m 左右的高程，向南跌入曲什安河海拔 3000～3200m 的河谷附近发电（图 4-3），尾水进入下级电站，最后入黄河龙羊峡水库。发电水头按 1500m、调水 400 亿 m³ 计，电站年发电能力十分可观。但是黄河上游在未调水以前电站无法启动，如果利用地方电力，又会带来许多问题。为此作者利用时间差设计"借水发电，以电抽水，水电循环，滚动开发"的模式，解决启动问题。即先把调水沿途抽水站、输水渠、高压电线修好备用，待黄河大拐弯电站发电后，即时启动进入运行。假设先调金沙江水 50 亿 m³ 入两湖。为此先向两湖借水 1.25 亿 m³ 折合流量 241m³/s，水流从两湖开闸放水到发电，再从金沙江调水进两湖再发电，往返 6 天一个循环，发电能力为 355 万 kW。由于提水扬程只有 364m，耗电功力约为 123 万 kW，发电能力是耗电动力的 2.8 倍，还有大量电力可供他用。由于借水量不多、时间短，短暂水位下降对两湖不会带来生态环境问题，而且电

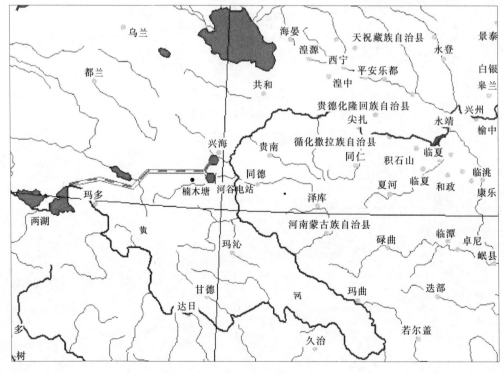

图 4-3　黄河大拐弯水电站布置示意图

站大小完全决定调水量的多少，两者成正比关系。通过计算调水发电能力比调水耗电功力大，这是对北方经济发展的极大支持。

从长远来看，调水的对象主要是内陆区，因此调水应向北入青海省兴海水电站（拟建），落差为 2000m，发电后尾水北上绕青海湖、跨湟水、越大通河进入河西走廊。由于河西走廊地形低平，海拔均在 2000m 以下，而水流在古浪附近的南山海拔约 3200m，至古浪县城附近有 1700m 的天然落差可利用发电。发电后的水流自流至武威、张掖、酒泉等地解决工农业用水，还可考虑水流从古浪附近沿祁连山麓自流入新疆，电站改到新疆吐哈盆地边缘发电（规模大于古浪）。

此外，高原内部及邻近地区，外流河很多，且坡大流急，适宜开发水电的位置不少，仅金沙江虎跳峡至锦屏可开发 8 个大型梯级电站，也是调水必经之地。且国家已纳入近期兴建项目，有的已经开工建设。

4.4.4 风力发电

为了节省调水工程投资，在开发因调水而产生、激活的河道电站、大拐弯水电站的基础上，可结合考虑高原上风力资源丰富的特点，开发风力发电。

在高原上风力资源的开发潜力也很大。本次规划调水沿线分布有我国仅次于大西北风能最佳区的风能较佳区域。该区风能密度虽然偏小，在 $150 \text{W}/\text{m}^2$ 左右，但不小于 3m/s 风速的时间每年在 5000h 以上，不小于 6m/s 风速的时间每年在 2000h 以上。风能发电距提水负荷较近，输电距离较短。它又是清洁能源，不消耗燃料，又保护环境。由于提水在时间上不严格（可利用高原湖泊对调入水量进行调蓄），适宜风电随机性强的特点。国外近些年来风电发展很快，1994 年世界风能装机仅 350 万 kW，2002 年高达 3200 万 kW，平均每年增长 30％以上。世界能源委预计，全世界 2020 年风力发电装机可达 2 亿～4 亿 kW，形势逼人。高原上如果采取风力发电提水，被提的水再利用地形落差调蓄发电，把从时间上不确定的风电转变为确定的水电，其意义是非常大的，也可以说是我国提水上的革命。

开发风电要选好风电厂，高原上地旷人稀，耕地极少，基本不存在人口迁移、淹没损失诸多问题，是一项值得研究的课题。

从以上动力分析，初步认为研究开发黄河上大拐弯水电站是本次调水的首选，不仅规模适宜，而且工程简易操作性极强，可做到与调水同步发展，不存在资金积压和浪费的现象，而且没有搬迁与淹没损失和生态环境问题，在我国也是不可多得的水电工程、环境工程。这种型式的抽水发电，在世界上实属罕见。

4.5 调水总体格局设计

调水格局是指在协调水资源地区内或地区间，时空分布不均所采用的一种调配框架。该框架一般由水源、取水点、入水点和输水线路构成。自从 20 世纪 50 年代毛泽东主席提出南水北调设想以来，我国社会各界人士在研究过程中，提出了多种多样的调水格局，归纳起来可分为三大类。

第一类为"一源多横一纵"的串联格局。它是指用一条人工输水通道（含明渠、隧洞和其他蓄、引、提、输水建筑物），把多条江河连接起来。例如，用现行南水北调中线，并将其延伸到长江干流。以三峡水库为水源地，构成的"四横一纵"新中线格局。

第二类为"一源多横多纵"的并联格局。即用多条人工输水通道，把多条江河连接起来。例如现行南水北调总体调配格局，就是以长江（包括上游、中游、下游及其各支流）为水源地，通过东线、中线、西线三条人工输（调）水线路（通道），把长江、黄河、淮河和海河四大江河连接起来，构成以"四横三纵"为主体的总体调配格局。它可以实现我国水资源的南北调配和东西互济，用长江的丰沛水量接济黄河、淮河、海河的水资源不足，缓解华北及其黄淮海地区的缺水问题。

第三类为"多源多横多纵"的组合格局。这就是本书针对社会各界，对现行南水北调"总体调配格局"提出的各种质疑，试图从水源地更多、来水量更丰富、解决缺水地区范围更宽、供水保证率更高、供水行业更全面、调水层次更高（既解决缺水区工农业生产生活用水，也解决生态恶化和治黄需要的生态环境用水），既能够适应不断增长的供水需求，有利于远近结合，又能根据供需变化进退皆宜的可持续发展要求出发，提出我国水资源战略总体调配新格局。它可以归纳为以长江三峡水库为水源调节中心，以长江、黄河、澜沧江、怒江为主要输水廊道，用雅鲁藏布江、怒江、澜沧江、金沙江等西南诸河为水源，通过改善中线、改进东线、改变西线，近中期（50 年内）把我国南北三大阶梯上的七大江河串联起来，根据需要分步实施新"四横三纵""六横五纵"，再叠加"七横一纵"，形成"七横六纵"总体调配格局；远期如确有需要，还可考虑通过京杭大运河北上沈阳、南下广州，形成跨越九大区域、注入四大海洋的人工水道。

4.5.1　跨流域调配的基本原则

（1）调水必须以科学发展观为指导的可持续发展原则。我国南水北调研究源于 20 世纪 50 年代，其东、中、西线的总体布局也早于 60 年代前后确定。几十年来我国社会经济、南北方水情、工程建设、生态环境及人们需求都发生了巨大变化；科技进步、工程技术水平提高和长江上游控制性工程三峡水库建成，又都对南水北调提出了更高的要求，也提供了更多的选择。因此，南水北调的布局应按照科学发展观要求，与时俱进。充分利用各种有利条件，修正自身弊端，吸取各方合理建议，使调水方案立于不败之地。

调水布局要以科学发展观为指导，能够适应社会经济发展的需要；工程措施能够做到远近结合、分步实施；调水项目也能按照轻重缓急要求按时间顺序分期进行。如北方当前急需的是城市及工业用水。随着时代的进步，农业和生态环境用水也将会进一步突出。西北地区当前主要是河西走廊、天山南北、黄河中游高台地以及大中城市的工农业和生活用水，今后开垦大片荒地、治理荒漠化、盐碱化和能源矿产基地建设所需水资源也将进入人们的视野。这就要求南水北调工程的总体布局，能够适应北方供水量增加的要求，逐步地开拓新水源。

（2）必须高度重视跨流域调水的生态环境问题。生态环境关系到人类社会的生存与发展。跨流域调水这类大规模的人为活动，必然会产生对大自然的重大干扰。这就要求所有的调水措施对调出区及其输水沿途的生态环境影响降到最小；对调入区的生态环境改善效果最大。

为了尽可能地减少调水对当地生态环境的影响，按照国际惯例对调水河流，一般调出水量不应超过该断面径流的40％；为了降低输水工程对自然边坡和地面环境的破坏，采用隧洞输水对大自然的干扰远小于明渠送水。调出区的江河源头，往往生态系统极其敏感脆弱，人为干扰必须降低或避开。调出区的江河中下游，调水必须兼顾好左右岸、上下游。不能因上游调水影响下游用水和生态需水。除必须保障下游地区经济发展对水量需求的不断增长外，还应留有足够的生态环境用水和入海水量，避免对生态环境的损害和海水入侵。

人口迁徙也是对大自然的一种干扰。南水北调的工程建设，无论是蓄水工程，还是输水项目，都应该尽量减少移民，降低淹没，缩小占地，更要避免对当地宗教信仰等敏感民族问题。

（3）应有利于促进调出区与调入区双向受益。跨流域调水工程对资源性缺水的调入区而言，调入水量将极大地刺激当地经济的发展，有利于当地资源的开发利用和生态环境的改善，经济社会效益显著。但对调出区而言，水资源的减少、生态环境的改变和工程建设产生的淹没移民迁建，势必产生一定的不利影响，因此对于调水工程如何做到使调出和调入区都能从中受益，也是跨流域调水工程必须面对的现实。在传统意义上的做法是给调出区一定的经济补偿，但这种短期的货币补贴往往难以弥补调水产生的长期影响。从长远来看跨流域调水，应尽可能地做到使调出区和调入区双向受益。因此新提出的南水北调总体设想上，在处理调出和调入区的经济利益方面就需要有新的思路。在调水的工程布局中应尽可能地把调水和当地的水能资源利用结合起来，在调水过程中同时进行水能建设，或与抽水蓄能相结合，并将其中产生的部分效益留给调出区。同时还应在调入区的投入产出计算中，计入生态补偿费用和将因调入水量增加的能源效益，用于调出区生态环境恢复维护的长期投入。这对调出区而言就有了调水的长期效应，以保证调出区的生态系统得到改善。

（4）注重可操作性。南水北调是实现我国水资源合理配置的重大战略决策，必须具有高度的全局性、前瞻性和长远性，否则就容易演变成仅仅是为了解决当前某一地区或某一问题的"应急措施"。但其具体措施又必须具备可操作性，否则也只能成为束之高阁的"画饼充饥"。为使涉及全国的巨型跨流域调水这种战略性规划具备可操作性，应该把握好以下几个方面：

1）从南水北调的供需规模上需要有一个全局的长远考虑，具备高度预见的前瞻性。如北方需水量既要预测好近期华北及关中地区城市用水，还应考虑下一步改善生态环境和治理黄河的水量，并对开发大西北，以至于治理荒漠化增加耕地面积需要的水资源也应有所筹划。按照这种考虑在水源地的选择上就需要有一个近期和远期的衔接，就要有一个分步实施的谋划。

2）在工程措施的难度上，既不能仅仅局限于现有的技术水平，要看到日新月异的科技进步。但对近期工程必须建立在现有技术可靠基础之上，就是对未来所要采取的工程项目，也应在可预见期内能够克服的技术难题，否则其可操作性就成为一句空话。

3）在资金的投入上必须在国家财力的允许范围之内，其建设投资也能够随着国家财力的逐步增强而分期安排；此外在工程的安排上近期工程必须与目前正在实施的南水北调一期工程一致，后期也能与之合理衔接。否则将造成国家人力、财力、资源的重大损失，也会使战略规划失去可操作性。

没有可操作性的研究，就失去研究的意义。尽管有其良好的愿望，但由于有的工程措施，在我们可预见的未来，其技术上存在一定难度，它又将使目前正在实施的项目搁置，使人难以适从；同时也是目前国家财力难以支撑之重，因而只能束之高阁。

（5）工程实施具备灵活机动性。调水一定要把握住人类活动与环境变化对水情变化带来的影响，意识到来水、需水存在的不确定性，使总体布局和工程建设具备灵活机动性，做到进可攻、退可守，做到供、需预测和项目安排都留有余地。不会因为来水量的减少使增加的需求无法满足，也不会因为需水量的减少使已实施工程报废，更不会因为社会经济发展使后续安排措手不及。

4.5.2 调配设计中特别值得关注的问题

1. 国际河流的水资源利用问题

目前，南水北调水源点仅着眼于长江，存在有北调水量过大将影响长江流域自身水利动能资源开发利用的矛盾，故应进一步扩大视野，在"南"上下工夫，特别是西南几条外流大江大河，大量径流白白出国而入海，还往往与下游径流遭遇形成洪水，威胁下游邻国地区人民生命财产安全。因此，适当调水北上是利国利民的好事。但西南几条江河属国际河流。国际河流的水资源如何利用，我们以为前述第一章第四节提到的，源出于加拿大流经美国注入太平洋的哥伦比亚河，由美、加共同开发比较成功的案例，以及目前国际水法中比较一致强调的几条合作原则，值得我们在西南几条国际河流水资源利用中考虑和参考。

2. 调水方式选择问题

调水方式好坏不仅决定工程成败，而且也决定工程代价以及今后运行成本。从传统的角度审视，一般来说，长距离采用明渠自流输水是最经济的调水方式。过去科学技术跟不上实践问题的需要，动力极度缺乏的年代，长距离凿洞和高扬程提水往往成为调水手段的重要障碍。随着科学技术的不断进步，掘进机械和多种凿洞技术的成功应用、动力的发展，对于地形复杂、环境脆弱地区和特定条件下，从水资源综合利用、工程运行安全、有利生态环境保护、水源稳定可靠、减少移民搬迁等因素出发，因地制宜、多形式组合的调水方式，却往往能够比单一的明渠自流调水，获得省事、省力、省地、省投入，并能极大地提高调水综合效益的功效。这也是近年来国外有些调水工程投入相对较小，效益十分显著，调水获得成功的重要原因之一。

美国加州北水南调工程就是引、蓄、提相结合的调水方式。加州有两条主要河流水量比较大，年均来水300多亿 m^3。其中萨克拉门托河由北向南流，圣华金河由南向北流。两者在旧金山湾附近相汇后急转向西，注入太平洋。北水南调工程流过旧金山湾之后，由于地势不断抬高，水流只有逐级抬升进入渠道，并穿越特哈齐皮山分水岭，然后再分两支利用巨大落差发电后，进入南部洛杉矶等地区。为此整个工程包括大坝蓄水、湖泊调节、明渠与隧洞输水、电站发电提水，才成功实现北水南调的任务。如果没有高扬程提水，水流不可能抵达洛杉矶，也不可能有今天的效益。由于利用了水的多功能性，提水调水才取得巨大成就。

秘鲁东水西调工程，分别在安第斯山山脉科尔卡河和阿布里克河上兴建两座水库为水源，通过 17km 的隧洞和明渠将大西洋水系的水调入太平洋水系，并且巧妙地利用地形，为两水汇合后再通过 89km 隧洞和 12km 的明渠，获取 2000m 落差，兴建两处水力发电站，装机达 65 万 kW，年发电量为 22.6 亿 kW·h，在供水的同时，又保证了城市供电，获得很大收益，有效支撑了水利工程的建设与运行。

澳大利亚雪山工程，也是蓄、引、提相结合调水的典型，把未入海的淡水通过蓄水，抽水入澳大利亚最大的外流河发电、供水。雪山工程仅水电装机达 376 万 kW，保证了澳大利亚主要城市悉尼、墨尔本、堪培拉用电，经济效益显著。

总之，长距离跨流域调水工程，一般都要穿过复杂的地形，一味追求自流调水，不考虑充分发挥水资源具备的其他功能，往往难于成功，或者工程效益难以提高，或者缺乏长远考虑，顾此失彼、耽误了修建的良机。只有因地制宜，巧妙地利用地学知识才能相得益彰。

3. 在高海拔地区修建大型水利工程的可行性问题

我国高海拔地区不但面积辽阔，又是我国和主要亚洲国家的江河发源地。就地域而言，仅青藏高原就有 250 万 km²，占国土面积 1/4 左右。发源于该地区的我国和亚洲主要江河，从东到西有长江、黄河、澜沧江—湄公河、独龙江—伊洛瓦底江、怒江—萨尔温江、雅江—布拉马普特拉河、朋曲—恒河、狮泉河—印度河，有公认的"亚洲水塔"之称。这里降雨量大、又有常年的冰川雪山补给，地形落差大，水能资源丰实，而且居高临下，控制广大中下游地区，具备供水、供电潜能。由于这些地区偏僻、地质条件复杂，高寒缺氧，交通不便，经济发展慢，资源基本未开发利用。随着社会经济的发展，人口的增加，开发这里的水资源和水电资源已经提到议事日程，但是高原上能不能兴修大型水利工程呢？长期以来存在不同观点。这方面国内外的成功经验值得借鉴。

秘鲁东水西调工程是可参考的例子。秘鲁长期以来，西部人口集中，工农业发达，但缺水严重。水成为制约该地区发展的瓶颈。从 20 世纪 70 年代开始，秘鲁政府策划从高海拔的安第斯山区调水。调出区范围最低海拔在 3700m 以上，其中两个水库都建在 4000m 以上。坝高分别为 100m、105m，库容分别为 2.85 亿 m³、10 亿 m³；两条隧洞分别长 17km（含一段明渠）、89km。明渠最大过水能力为 39m³/s，亦位于高海拔地区。目前工程已经运行多年。最令人担心的是调水区地质条件复杂，人烟稀少，施工非常困难。由于兴修过程中，特别注重质量，1998 年出现厄尔尼诺异常气候，罕见的暴雨袭击秘鲁，给当地带来很大的灾害。但工程经受了考验，巍然屹立在安第斯山的崇山峻岭中，水资源功能照常发挥。

澳大利亚雪山调水工程，虽然海拔不算太高，但与邻近的海平面相比，绝对高差还是比较大的。澳大利亚最高峰科西阿斯科山，海拔 2228m 就位于调出区中心部位。换句话说，工程是在澳洲雪山区进行。这里地形起伏大，降水充沛，平均降水约 1600mm，最大达到 3800mm，施工难度也很大。该方案是在雪山河和马兰比吉河上筑坝拦蓄径流，通过自流和抽水，再经隧洞与明渠，使南流入海的雪山河水西调入墨累河，北调入图穆特河，既供水又发电，一举多得解决了国家缺水、缺电问题。通过几十年运行，效果比预想的好。

　　总之，在山区或者高原，虽然建设工程难度要大些，但只要设想合理，规划全面，都是可行的。我国的青藏高原近几十年来，在解决水问题方面也取得巨大成绩。特别是西藏南部，过去水是非常宝贵的，干旱年广大人民群众生产、生活受到极大威胁。通过党和人民政府的英明领导和干部群众的努力以及广大科技工作者的艰苦卓绝的野外考察、室内研究，得到很好的解决，也修建了历史上罕见的大型蓄、引水工程，确保高原工农业的发展。由此可见，如果北方确实需要高原供水，也是完全可能的，也正好是我们根据需要，通过人为干预，真正发挥"亚洲水塔"作用的时候了。

4.5.3　对现行南水北调调配格局的再思考

　　南水北调是实现我国水资源合理配置的战略决策，是改变我国北方地区缺水现状和黄河流域资源性缺水的重大举措，关系到我国经济和社会发展的全局。南水北调工程历经数十年的研究论证，并经国家审议通过的东线、中线、西线三条调水线路，与我国长江、黄河、淮河和海河四大江河相联系，构成以"四横三纵"为主体的总体调配格局，有利于实现我国水资源南北调配、东西互济的合理配置。

　　这一调水格局通过多条人工输水道，把多条大江大河连接起来，采用在长江及其支流多点取水方式，将南方的丰沛水量调往北方缺水地区。其优点主要体现为取水量不过于集中，减轻对调出区的影响；根据缺水地区的不同分布，有针对性地布局调水工程，减轻工程难度，缩短输水距离；便于分期建设，可以根据调入区的轻重缓急和工程建设难度分期分批，充分发挥资金和水资源的功能，缓解资金压力，便于水量调配，实践操作性较强。但随着社会经济的长足发展，国情的日新月异，再用科学发展观衡量，十多年前的有些提法和做法，其不足也逐渐显现出来，主要体现为：

　　1. 水源点选择及调水量问题

　　水源是调水的主体，也是调水的对象。调水水源地是否有水可调及其保证程度是调水的先决条件。国际上对调水水源十分重视，一般都是多水源，而且是从富水区向贫水区、开发程度低的向开发程度高的地区调水，同时还特别重视预测未来水源的变化。现行格局在调水水源方面的不足是：

　　（1）规划调水量受到水源点可调水量的严重制约。我国现行南水北调确定的水源只有长江干支流，虽然长江水源丰富，但分布不均，年际与年内变差大，特别是上游源头地区水量较少、生态环境脆弱；中下游地区人口稠密、经济发达用水户多，用水前景广阔。南水北调的几乎水源全部源于长江流域干支流上中游，实有力不从心之感。东、中、西三条线路，共拟过黄水量 328 亿 m³（扣除黄河以南调水量）。从前瞻性、长远性分析，现行南水北调三条线路可调水量均受到极大制约：

　　东线规划调水 148 亿 m³（其中过黄水量 38 亿 m³），最大调水 800m³/s。众所周知，东线水源为长江干流，取水点位于长江干流扬州附近，距入海口不远。目前大通站以下长江沿岸已经有数百台抽水机提取长江水，引水量高达 3000 多 m³/s。大通站虽然来水量很大，但枯水期水量并不多。每年 12 月至次年 3 月，实测最小月平均流量，都在 6700～

8300m³/s。换句话说，大通站下游引水量，已占到大通站枯水期最小月平均流量的25%~35%。长江入海水量减少，必然提高长江口盐水入侵的影响程度。据有关资料表明，当大通水文站流量小于9000m³/s时，南水北调调水600m³/s都要考虑适当制约，如果再加大调水，盐水入侵程度可能进一步加重，可能会影响当地生产与生活。

由此可见，南水北调东线水源点由于受到入海口盐水入侵的制约，进一步增加调水量的可能性不大。

中线水源点是汉江上的丹江口水库。汉江流域面积15.9万km²，1956—1998年全流域年平均降水883.8亿m³，水资源总量582亿m³，其中地表水566亿m³，地下水188亿m³，两者重复量约为172亿m³。丹江口位于汉江上中游交界处，控制集水面积9.52万km²，占全流域面积的60%；年来水量388亿m³，占河流年来水量的66.7%。所以说汉江及丹江口水库水量是丰富的。但对中线的供水对象来说，它承担着北京、天津、河北、河南及湖北一部分的我国黄淮海广大工农业发达、人口密集地区的供水任务。供水范围宽，经济发展前景广阔，用水需求大。丹江口水库对干旱缺水严重、并有进一步加剧趋势的北方地区来讲，目前的规划不但在供水领域上没有解决广大农村和农业的缺水问题，就是对已规划的城市用水，汉江水资源毕竟有限。

现行中线建设确定的目标为近期，基本缓解黄淮海平原和胶东地区严重缺水状况，工程供水以城市供水为主，兼顾农业和生态用水，但在设计中线供水量时，未顾及农业和生态用水指标，而是把兼顾完全寄托在城市退水上，这本身就已经存在风险。在调水量计算中，根据调水量逐年统计分析，丹江口水库按年平均北调水量145亿m³（相当目前调水130亿m³）计算，在35年系列中调水量小于多年平均值的有16年，占系列长的46%，其中年调水小于100亿m³的有7年，占系列长的20%。换句话说，按调水量评价，每5年就会出现一次调水量不足。可见按丹江口水库1956—1998年多年平均年天然入库水量388亿m³计算，现有中线水源多年平均可调水量为121亿m³，特枯年份可调水量还会少些，难以满足总体规划对中线的调水量要求。同时还要看到，丹江口以下为我国著名的江汉大平原，是我国石油、粮食、棉花、副食品生产基地。在考虑丹江口水库下游的农业灌溉、工业及城市用水、农村人畜用水和干流发电、航运需水以及生态环境用水后的北调水量就更加有限。

有资料表明自20世纪90年代以来，丹江口水库入库水量呈减少趋势。有关单位指出，1990—1997年丹江口水库实际平均来水量为270亿m³，比上述长江委计算的长系列平均数388亿m³减少118亿m³，加上1998—2000年三年资料，丹江口水库90年代平均实际年入库水量为266.7亿m³，与长系列平均数相比，减少幅度更大。如再考虑上游工农业发展和城镇化水平提高，以及陕西省为解决渭河流域水资源短缺及生态环境恶化而要实施的"引汉济渭"工程，丹江口水库入库水量的减少将成为不争的现实。据中国国际工程咨询公司研究成果，初步推算到2030年，丹江口水库的入库水量将减少到356亿m³，届时多年平均可调水量则更少。同时北方需水量则是逐年增加，有关学者研究指出，北方各城市需中线供水量2010年为148.8亿m³，到2030年则将上升到202.3亿m³。再加上汉江中下游的自身需水量也将不断增加的因素，中线水源水量不足的矛盾将更加突出。

西线水源有通天河、雅砻江、雅砻江支流达曲与泥曲、大渡河支流杜柯河、麻尔曲、阿柯河，其引水点的位置分别是侧仿、阿达、阿安、仁达、上杜柯、亚尔堂和克柯等 7 处。上述 7 处的调水总量将占调水河流引水枢纽处多年平均天然来水量的 48%～71%，都超过了一般公认的可调水量上限。调水量比例过大可能对青藏高原生态环境不利。同时由于各取水点均位于海拔 3000m 以上的长江干支流源头，调水必将对长江上游水电资源的开发和调出区水资源利用产生影响。2006 年 8 月 20 日，全国人大南水北调西线一期工程专题调研组赴四川听取汇报，多位专家指出，岷江、沱江流域是四川经济最发达的核心地带，成都平原集中了 3000 万人口，GDP 占四川全省五到六成，受岷江和沱江缺水与污染困扰，四川省针对近年来岷江出现断流的严峻形势提出"调大渡河水济岷江"的方案，"调大入岷"与"南水北调"势必冲突。西线从长江源头 3500m 引水，将影响长江干支流梯级电站 69 座，减少年发电收益 246 亿元，能源损失也不小。可见南水北调西线水源也存在可调水量不确定的问题。

（2）治理黄河的急需水量尚未落实。黄河流经我国干旱缺水的西北与华北地区，以其占全国河川径流总量 2% 的有限水源，承担向占全国国土面积 9% 和总人口 12% 的地区的供水任务，同时还要向青岛、河北、天津等地 50 余座大中城市远距离供水。据统计，半个多世纪以来，黄河供水量增长迅速，已由 1949 年的 74 亿 m³ 增加到 2001 年的近 400 亿 m³，黄河供水范围和供水人口早已远远超过黄河水资源的承载能力，为资源性缺水河流。尽管如此，仍不能满足这一地区社会经济发展和生态环境对水资源的需求，以至于 1997—2002 年以来连续 6 年，黄河径流量利用率都超过 90%，2001 年 7 月 22 日，黄河中游潼关站出现只有 0.95m³/s 流量，几乎断流。同年 6—7 月中游的万家寨、天桥、三门峡和小浪底电站均因缺水而停止发电。2000、2001 两年黄河入海年水量仅剩 40 亿 m³ 左右。致使黄河河道生态环境需水量几乎全部被挤占，输沙功能衰竭，河床淤积加重，河道主河槽淤积萎缩，排洪输沙能力急剧下降，"二级悬河"日趋发展，水环境状况日趋恶化，增加了防洪的难度和小洪水的灾害。小水大灾的现象近年来频繁出现，制约了流域经济社会的可持续发展。而且随着我国西部大开发战略的进一步实施，今后黄河上中游的用水量还将进一步增加，黄河向内陆河演进的趋势将会越来越明显。黄河水资源紧缺的严重性已经引起党和政府以及社会各界的焦虑与关注。1998 年就有中国科学院和中国工程院 163 位院士联名发出"行动起来，拯救黄河"的呼吁。

黄河是世界上最复杂、最难治的一条多泥沙河流。几千年来，黄河的频繁决口、改道，危及到两岸无数人的生命财产安全，一直是中华民族的心腹之患，也是历朝历代都将治理黄河摆在重要位置，列为安邦定国大事的原因。多年的治黄经验告诉我们，"增水减沙"是治理黄河的根本方略。首先是上游大力开展水土保持生态建设，"正本清源"，减少入黄泥沙。但由于黄土高原特殊的地质条件和暴雨特性，黄河上中游严重水土流失造成的"沙多"局面，仍然难以得到根本控制；另一方面黄河水在上、中、下游的不断加大引用，又进一步加剧了黄河"水少沙多"的矛盾。据水文资料统计，对黄河造床输沙起决定作用的大于 3000m³/s 的流量，潼关站 20 世纪 60 年代平均每年有 47.4 天，90 年代只有 2.6 天；花园口站 60 年代为 53.1 天，90 年代仅 2.3 天。由此可见，从外流域向黄河增水是治理黄河的根本措施之一。

要维持黄河的健康生命，按照惯例，它至少要有 40% 的生态基流，据有关资料预测，如果黄河流域外供水仍按 1987 年国务院分水指标控制（每年约 110 亿 m³），正常年份黄河缺水约 100 亿 m³，枯水年份缺水约 150 亿 m³，如遇连续枯水年份，黄河将无水供下游两岸地区使用。

现行调水格局中，目前开工的东、中两线，都是穿黄不入黄，对黄河之困，被束之高阁，对治理黄河毫无补益。东线工程位置偏下，很难解决黄河下游河道淤积问题；中线工程在黄河小浪底水库下游穿黄而过，不进黄河，而且即使水入黄河，入水口以下已没有像小浪底水库一样的大型调蓄水库，不能以"人造洪峰"形式以水冲沙，难以取得冲沙减淤效果；西线调水虽可解决治黄问题，但自身矛盾之多、难度之大，也是当前需要慎重考虑的问题。

（3）大西北的严重缺水问题尚未有全面的解决途径。西北特别是西北内陆区是我国北方缺水最为严重地区，也是有水以后发展潜力最大的地区，由于缺水量太大，现行的南水北调对其供水的要求考虑较少。

提起大西北，人们立刻想起"大漠孤烟直""春风不度玉门关"等古代诗句，大西北缺水触目惊心。干旱使昌盛的楼兰文化消失，将一个好端端的西部变成荒漠干旱地带，致使许多地区成了寸草不生的生命禁区，也造成了西北地旷人稀的格局。

大西北缺水不仅仅是制约这一地区社会经济发展的瓶颈，也直接威胁到广大人民群众的饮水安全。

内蒙古草原十分辽阔，站在草原上向四周眺望，天是圆的，地平线是弧形的，无论你向哪个方向眺望，"一望无际"。资料显示，内蒙古整个天然草地面积有 70 多万 km²，而饲草灌溉面积只有 400 多万亩，不及天然草场的 1%。这里的降雨量为 50~450mm，蒸发量是降雨量的 10 倍以上，亩均水量 570 多 m³，仅占全国平均水平的 1/4。可见，内蒙古的旱情十分严重。

在这干旱天地里生活，人、畜用水得靠"基本供水井"来提供。说它"基本"，大意是"维持基本生活"用水。地下水很深，有的深达 300 多 m，可见水太珍贵。

宁夏，那些距黄河及引黄灌区稍远的村庄，吃水相当困难，水贵如油；人们惜水如命。条件好的家庭才有水窖，水窖是上锁的。

甘肃也缺水，甘肃会宁县是红军长征时期三大主力会师的地方，也是远近闻名的贫困县。导致这里贫困的主因就是干旱缺水。1995 年，甘肃省为了解决会宁等贫困地区缺水问题，实施了"121"雨水集流工程，即政府出资 400 元帮助山区缺水农户修建一块 100m² 的庭院雨水水泥收集场，挖两眼用水泥敷底的水窖，发展一处经济园林。毫无疑问，这项工程使会宁的老百姓找到了一条寻常降雨年份保障吃水的有效之路。但是会宁农牧业依然缺水，特别是久不下雨就无水可蓄。水，近年成了这些水荒地区干部的中心工作。

在我国西部地区至今仍然约有 1300 万人面对饮用水的缺水困难。

从长远看，解决缺水问题也是开拓我国大西北丰富土地资源的前提。近年来，中国耕地面积逐年递减，1999 年与 1996 年相比，耕地面积净减 1300 万亩，平均每年净减 433 万亩，土地资源形势很不宽松。调查表明，1996 年我国人均耕地面积 1.59 亩，1997 年降为 1.57 亩，1998 年为 1.56 亩，1999 年为 1.54 亩。中国土地形势日趋严重，除了道路、住宅以及建设设施等占用土地外，还有一个最大威胁：土地荒漠化。

有资料显示，中国荒漠化潜在发生区域范围涉及 18 个省（自治区、直辖市）中的 471 个县、旗、市，主要分布在西北大部、华北北部及西藏北部等 12 个省、区、市。荒漠化面积前 3 位是新疆、内蒙古、西藏。荒漠化的直接原因是高度缺水。中国荒漠化潜在发生区域范围，主要集中在干旱、半干旱和亚湿润干旱地区。

解决西北地区严重缺水问题的巨大作用显而易见。水源不足，也正是现行南水北调工程受到社会各界多方质疑的重要原因之一。

2. 东、中、西三线的生态环境问题

东线水质污染治理是调水成败的关键：东线生态环境的主要问题是调水源头和输水沿线的治污和防污。东线南水北调要达到设计目标，治污环节必不可少。用一位环保专家的话说："治污成则南水北调成，治污败则南水北调败"，还表示，治污难题一朝得不到解决，南水北调就很难发挥真正作用。但治污工作却存在着诸多难题。在东线一期工程的建设中，国家"虽然一直强调水利和治污并重，但事实上有关部门更多的是关心水利工程，国家的投资也基本用于水利工程的建设，这给南水北调埋下了隐患"。

（1）治污的资金缺口：据了解，为保证南水北调水质，江苏、山东两省政府加大了治理污染的力度，但两省的治污投资面临着很大的资金缺口。污水处理厂的投资动辄上亿，同时还涉及管网的配套，即使建成，还需要大量资金维护运行。这些对于财力一向紧张的地方政府，有些力所不及。南水北调控制污染的另一个重要措施是截污导流工程，截污导流是指将所有工业污水、生活污水以及污水处理厂出来的水通过一系列措施，将其导入其他河道，不让可控制的污水有一滴进入南水北调的清水廊道。这一工程对保证南水北调的水质意义重大，但地方政府由于缺乏资金，目前这些工程有不少还尚未动工，动工的也进展缓慢。

（2）治污与发展经济的矛盾：虽然各级地方政府都愿意为南水北调作出贡献，但也很难拒绝经济发展的诱惑。从 2003 年开始，江苏省正式提出了沿江开发的发展战略，希望通过利用难得的沿江岸线资源，大力发展化工、钢铁、现代制造业等项目，从而促进经济大发展。从发展现状来看，江苏沿江的每个市、县基本都建立了或是计划建立化工园区，其中包括作为南水北调水源地的扬州和江都。南水北调水源地和沿江开发本身就是一对不能调和的矛盾，沿江开发给南水北调埋下了隐患。可以说，沿江开发发展越快，水源地保护就越难。在水源地江都区三江营，相隔不远有两块牌子，一块是"加快沿江开发"，另一块是"南水北调水源地生态保护区"。用当地人的话来说，江都希望为南水北调作出贡献，但江都也很难拒绝经济发展的诱惑。有专家认为，作为南水北调重要工程的水源地，应该按照绝对水源地的标准建立。所谓绝对水源地是指在被划为水源地的核心保护区内，要么所有的企业和居民都从保护区内迁出，要么企业迁出，居民保持原生态生活，任何非生态的经济活动必须停止。要做到这一点难度之大，可想而知。

（3）行政管辖边界也可能成为各地政府相互推诿环保责任的借口：在南水北调治污过程中，由于地方政府利益不同，看待同一问题的角度不同，也会影响到治理污染的积极性。环境资源的流动性和环境行政管辖区域的相对固定性，有时成为一对难解的矛盾。环境污染问题发生在一个地区，但相邻地区不可避免地会受到危害。这时行政管辖边界有可能成为各地政府相互推诿环境保护责任的借口。"只要上游下来的水质能够达到三类水，那么我们肯定也能保证三类水出境。"地方政府负责人均做出这样的保证。事实上，在涉及上下游环境污染问题时，推诿扯皮是惯用的办法：下游说污水是上游排放的，上游说下游自己也在排污。边界因素由此成为污染的挡箭牌，守法成本高而违法成本低，这一问题在南水北调过程中同样存在。尽管水源地扬州市对当地的水质保持还比较有信心，但对淮河上游的来水却是一点把握都没有。这些年来，每年淮河上游的河南、安徽都会在汛期大量下泄污水，这些污水通过洪泽湖、高邮湖的入江水道进入长江，直接影响了扬州境内的水质。用江苏省水利厅一位官员的话来说，"南水北调是个系统工程，涉及很多省、市、县，工程的顺利实施需要方方面面的配合，一着不慎，满盘皆输"。尽管目前在省界乃至市界之处，都有水质监测设备，但水毕竟是流动的，不可避免会出现双方互相扯皮的现象。水质都能达标还好，一旦上游来水不达标，那么处于下游的地方就有了继续排放污水的机会。

由此可见，东线工程存在的生态环境风险不容忽视。目前东线在防污、治污方面的投入虽然不少，但水质何时稳定达标，结论还为时过早。防污、治污不单纯是技术问题，还涉及沿线社会、经济、人口与发展问题等诸多方面，加之京杭运河既是排水、又是排污、泄洪、航运、供水河道，因此水质实难维护，即使一时好转，也难保一治久安。

中线也存在可能恶化汉江下游生态环境的风险：中线从丹江口调水其生态环境的主要问题，是调水后对丹江口水库下游汉江生态环境的影响问题。丹江口水库年来水量 387 亿 m^3，北调 130 亿 m^3，留给中下游的水量为 257 亿 m^3。水库来水极不均匀，经统计，在多年平均来水小于 310 亿 m^3 有 16 年，占 34%，在这些年份调水后留给中下游的水量不足 180 亿 m^3。汉江流域丹江口以下，1990 年在册耕地 934 万亩，灌溉面积 796 万亩，总人口 901 万人，城镇化率为 23%；工业总产值 139 亿元（1980 年不变价）；农业总产值 44 亿元（均未含武汉市城区数值），工农业生产及生活用水需求量大。汉江干流又是我国重要的内河航道，干流货运量在 1000 万 t 上下。此外丹江口水电站是我国最大水电站之一，装机 90 万 kW，而且下游已开发或拟开发王甫洲水电站、碾盘山水电站、兴隆水利枢纽等。航运和发电虽不消耗水量，但对水位是有要求的。由于汉江中下游用水量大，调水后上游下泄水量减少，致使河道生态环境用水被挤占，天然水的净化能力减弱，水质变差的可能性增大，生态环境的恶化风险增加。中线调水可能造成的对汉江中下游的生态环境影响必须引起我们的高度重视。

西线工程涉及的环境问题也不容忽视：西线工程计划在长江源头的通天河、雅砻江和大渡河上游筑坝建库，凿通长江与黄河分水岭，调长江水入黄河上游，解决青海、甘肃、宁夏、内蒙古、陕西、山西的缺水问题，调水总规模为 170 亿 m^3。按此规模，调水总量将占调水河流引水枢纽处多年平均天然来水量的 48%～71%，调水量比例过大可能产生对青藏高原脆弱生态环境的影响。

3. 西线涉及的工程和经济社会问题更为复杂

近年来社会上，围绕西线工程所涉及的生态环境、资源配置、区域发展、工程安全和社会经济等方面的问题质疑甚多，争议很大。首先就是调水源头和输水沿线的重大工程地质问题。工程区复杂的地质条件和可能出现的风险。专家们初步认定西线的引水线路将与5条南北向的断裂带或垂直或大角度交叉而过，无法避让。资料表明，5条断裂带中的3条是重要的活动断裂，这些断裂带的存在使地震成为可能。这对水利工程来说，无疑是最不利的条件。专家们还认为，调水工程区所在的唐古拉山、巴颜喀拉山地区新构造运动活跃，地势仍在上升，山体断块纵横，未来的工程建设面临诸多不利因素。但由于当地环境恶劣，缺乏持续工作的条件，时至今日对西线工程区"兴衰攸关"的地质研究并不深入。"只有1980年代做过1∶20万区域地质调查，更进一步的区域野外考察和专题研究没有做过"。南水北调西线工程调水区位于巴颜喀拉褶皱带内，北西向断裂发育，且具有活动性。调水工程线路无法回避活动断裂地带，其任何震动破坏和错动破坏都将会造成调水工程运行瘫痪。因此，详细查明调水工程区不同地质单元的活断层分布及其物理力学特征是非常重要的。

西线工程面临的质疑还表现在，工程的方案设计和工程运行，必须面对岸坡失稳变形和工程区冻土发育问题。这一问题对调水线路的进出口和库区的影响最大，特别对于峡谷型库区，若发生岸坡大范围失稳破坏，极有可能在坝址上游库腰段造成阻塞，随着水位的壅高，若不采取相应措施或采取措施不及时，一旦阻塞出现"垮坝"，将会对其下游水工建筑物造成毁灭性破坏；青藏高原地区气候寒冷，冻土发育。南水北调西线工程调水区位于多年冻土和季节性冻土的交汇区。由于不同冻土类型对工程造成的危害后果是不一样的，因此，必须查明不同类型冻土的分布情况，并有的放矢地采取相应的防范对策。

特别值得注意的是，调水区位于少数民族聚居区，人烟稀少，人口密度小，92％以上为藏族，以畜牧业为主。库区淹没涉及少数游牧居民、寺庙和土地等更为复杂敏感的民族、宗教、信仰等社会问题，因此，对南水北调西线工程的研究仅仅限于传统意义上的调水工程层面是远远不够的。

调水对长江干支流已建、在建和远景规划梯级电站的电能均造成一定影响，现仅就宜昌至宜宾，金沙江石鼓至宜宾，雅砻江两河口至河口，大渡河双江口至铜街子等，长江上游4个重点河段的水电基地的初步估算，调水200亿 m³，这4个河段损失电能约400亿kW·h，占规划年发电量的10％。"南水北调西线工程、西电东送工程都是国家的重大建设工程。这两大工程的结合点，都在长江上游的大渡河、雅砻江和金沙江。从常识而言，在水量不变的情况下，满足调水必然影响发电，满足发电必然影响调水，二者是矛盾的。"必须很好解决。

4.5.4　调配格局设计

为弥补上述不足，本研究试图通过调整、充实、深化、完善现有调水格局，使其供水范围更广阔（包括西北内陆河地区）、调水层次和保证率更高（除城市生活和工业外还解决农业和生态环境用水）、适应性更强（适应来水和需水的不确定性进行灵活调整），以克服南水北调原调配格局中出现的问题，达到充实水源供给环境，优化调水线路，完善供水条件，并能适应北方地区不断增长的供水需求的目的。为此，在前人研究成果和国内外大量实践的基础上，将现有"四横三纵"［图 4-4（a）］修改为新"四横三纵"［图 4-4（b）］，并根据需要，通过由新"四横三纵"到"六横五纵"［图 4-4（c）］再叠加"七横一纵"，逐步地把我国南北三大阶梯上的七大江河串联起来，形成相互之间既有内在联系又有各自任务、可独立存在、并能逐步扩展、循序完善、又可分步实施、并能增减自如、与时俱进的"七横六纵"［图 4-4（d）］江河连通总体调配格局。

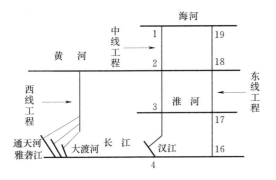

（a）现行南水北调"四横三纵"调配格局

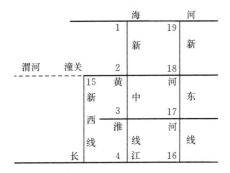

（b）以三峡水库为水源地的新"四横三纵"调配格局

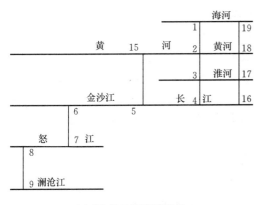

（c）"六横五纵"调配格局

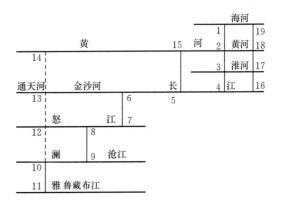

（d）"七横六纵"总体调配格局

图 4-4 现行及深化修改的调配格局示意图（图号代名见彩图）

1. 新"四横三纵"调配格局 ［图 4-4（b）］

该格局是在现行南水北调"四横三纵"格局的基础上深化、发展形成的。"四横"仍然指长江、淮河、黄河、海河；"三纵"是指原中线从丹江口南延至三峡水库"新中线一纵"，从而可由三峡水库向丹江口水库补水，进一步提高了中线调水的可供水量和保证率，使调水更可靠、更安全；原东线基本不变，但中后期建议水源亦从三峡水库取水，沿新中线至黄河郑州附近，然后顺江东流（可用河道、渠道或管道）至东平湖、经调节后，分三路外送：向东去胶东、向北去天津（沿京杭大运河段）、向南（沿运河南段）下南四湖、骆马湖，并为全面恢复京杭大运河供水形成"新东线一纵"；原西线从长江上游通天河、雅砻江、大渡河及其支流调水进入黄河，问题比较多，工程艰巨，可调水量有限，对调出区影响大，再加上西北关中地区、内陆区缺水迫切严重，因此原西线拟改为从三峡水库小江引水，过汉江越秦岭至渭河，从潼关入黄河，称此为"新西线一纵"。它能及时尽早地全面完成《南水北调总体规划》确定的供水目标，并为南水北调这个惠及子孙后代的千秋大业，再增添中华民族的文化传承功能，使其更加博大宏伟。从而形成，通过新中线（也称南水北调中线三峡水库补水工程）、新西线（也称三峡水库引江济渭入黄小江调水）、新东线三条调水线路，与我国长江、黄河、淮河和海河四大江河相连系，构成的新"四横三纵"格局。从而极大地节省投资，排除东、西线困扰，确保中线供水水源，为全面完成《南水北调总体规划》确定的调水总规模 448 亿 m^3 的目标赢得了时间。更重要的是，中线得到水源补偿后，汉江中下游的水环境进一步好转；东线可以集中精力进行防污、治污；四川、云南等省（自治区）社会经济发展和生态环境也不会因西线调水而受到影响。不仅如此，由于长江与黄河连通，两江的水资源进入联合调度使用的新时代，干旱年或季节，黄河水主要保证上中游地区用水，黄河下游及东部沿海地区用水，则主要通过中线的延长工程取用长江三峡水库水解决。

2. "六横五纵"调配格局 ［图 4-4（c）］

上述调配格局需从三峡水库调少部分水量（入丹江口水库）。虽然在水量上不存在水源不足问题，但对三峡工程的发电与航运效益势必产生影响，特别是对保证出力和枯季电量影响更为明显。根据长江三峡工程开发总公司专题研究组《南水北调中线三峡水库补水工程对三峡、葛洲坝工程的影响研究报告》，不影响三峡、葛洲坝工程设计效益发挥的条件是：近期调水的抽水月份以 6—9 月四个月较适宜，建议抽水流量按 350m^3/s 建设，每天抽水 20h，年可调水量 30 亿 m^3。远期随着三峡水库以上梯级电站的建成，上游调节能力增加，抽水月份可采用六个月（5—9月、11月），年可调水量可增加到 46 亿 m^3。对航运，只要 11 月份水库不供水，也不会有影响。而且随着上游梯级电站水库的进一步增多，枯水期从三峡水库适量调水也是可以考虑的，建议枯期五个月，按每天抽水 20h，抽水流量 100m^3/s 计算，还可增加年调水量 11 亿 m^3。

由此可见，该研究表明在基本不影响三峡、葛洲坝工程发电效益的前提下，从三峡水库向丹江口水库补水是可能的。如果再考虑原西线调水和澜沧江、怒江补水，不仅使南水北调调水量得到保证，而且还会充分发挥三峡工程的作用，并能进一步提高南水北调的调水层次和水源保证率，还可在调水的同时增大能源开发效能，故建议在新"四横三纵"基础上，实施"六横五纵"调配格局。

格局中的"六横"是指前述中的"四横"，再加上澜沧江、怒江"二横"；"五纵"是指前述中的新"三纵"，再加上从怒江至澜沧江的"一纵"和从澜沧江至金沙江的"一纵"。水流进入金沙江后，顺流而下到三峡水库。沿途除了发电外，还可在金沙江开发多段航道。

3. "七横六纵"调配格局 ［图 4-4（d）］

目前西线调水工程，规划调水 160 亿 m^3 的主要任务是：基本缓解黄河上中游和河西走廊等地区的严重缺水状况，基本遏制黄河中下游因严重缺水引起的生态恶化趋势。此水量没有考虑西北地区发展石油冶炼用水、能矿工业用水、开垦新荒地用水、扩大灌溉面积用水、盐碱地改良等生态用水。"七横六纵"格局是深化"六横五纵"格局中形成的，即在"六横五纵"格局的基础上，增加雅江"一横"和从雅至怒江"一纵"。它由六个单元的调配格局相互联系、相互组成。他们总体任务是完成我国南北水资源互济，增加北方可调水资源，有力缓解我国五大流域（长江、黄河、海河、淮河以及西北内陆河地区）的缺水局面，重点保证华北平原、江汉平原、关中平原、黄河三角洲、东部沿海地区、胶东地区、天山南北工农业与环境用水；同时也有效增加我国南北方水电比重，进一步改变我国电力结构，有利于我国节能减排，改善大气环境；还可发展内河航道，完成交通水运部门提出的尽早实现全国"两横一纵两网十八线"规划中的"一纵"，即京杭大运河，沟通我国唯一一处南北水上通道，缓解我国南北交通压力，发展运河旅游，节省运输成本。

第5章

新"四横三纵"调配格局研究

新"四横三纵"调配格局是在基本保留现行南水北调中线、东线基础上,通过"改善"原中线、"改变"原西线、"改进"原东线,以尽早全面完成《南水北调总体规划》确定的供水水量任务,并为南水北调这个惠及子孙后代的千秋大业再增添中华民族的文化传承功能,使其更加博大精深为目标,形成的通过新西线、新中线、新东线三条调水线路,与我国长江、黄河、淮河和海河四大江河相连通,构成的新"四横三纵"调配格局 [图 4-4 (b)]。

5.1 新"四横三纵"调配格局的优势

5.1.1 三峡水库是"南水北调"工程可靠、理想的水源基地

随着三峡水库的建成蓄水,水位的抬高和水库的巨大调蓄能力使得三峡水库作为长江向北方调水的水源基地成为可能。南水北调的水源基地立足于三峡水库,是南水北调工程深化的重要发展,它的优势主要体现为:

(1) 三峡水库可供水量丰富,水源可靠、安全度高。长江三峡水库入库年均径流量 4510 亿 m^3,特枯水年也有 3600 亿 m^3。选择三峡水库作为南水北调的水源基地,年调水 100 亿 m^3,不到年入库径流的 3%,调水 200 亿 m^3,即便是特枯水年也不到 6%。三峡坝址多年平均流量 14300m^3/s,汛期流量在 1 万～4 万 m^3/s,汛期三峡电站 26 台机组全部满发,年尚弃水约 350 亿 m^3,调水对三峡工程影响不大。将中线调水链延伸到三峡水库不仅极大地提高了中线规划供水的可靠性和保证率,还为从怒江、澜沧江、雅江经三峡水库向北方调水创造条件,从而使这一地区国民经济后续发展对供水需求的不断增长,提供保障前景。

此外,长江干流是目前我国大江大河中受污染最轻的一条,有关监测资料表明,三峡库区重庆段水质很好,除大肠杆菌群超标外,其余指标均符合饮用水标准。同时按照国务院批准的《三峡库区及其上游污染防治规划》,随着国家对库区及上游干支流水污染防治力度的进一步加强,国家对三峡库区水质应达到Ⅱ类的要求一定能够全面实现。

(2) 三峡水库是关中地区供水和提供渭、黄两河冲沙用水的最佳选择。黄河流域当前最缺水的是陕西关中地区、渭河下游和黄河中下游的河道造床输沙用水。从我国两大巨龙长江与黄河的相对位置看,长江自西向东,在三峡库区重庆市云阳、奉节、巫山附近是个向北凸起的弓背,与黄河干流相隔最近。利用长江向北延伸的支流——小江,调水到渭河支流——丰河,距离最短。从三峡水库取水翻巴山、跨汉江、穿秦岭、入渭河,入水点在渭河支流丰河,既能较好地解决关中地区城市、工农业和生态用水,也可通过在丰河上修

建平原水库,与渭河来水相结合,加大对渭河下游河床冲沙能力,并由潼关进入黄河,入水点在三门峡、小浪底水库以上,可以充分利用其调节能力,通过"人造洪峰"冲刷黄河下游主槽的泥沙淤积,改善下游河道生态环境。可见,三峡水库的地理位置、高程与水源特性十分优越,是从长江向黄河调水的最佳水源地。

(3)三峡地区水能、水资源丰富,可有力地支撑我国水资源合理配置格局的实现。三峡水库位于长江干流上中游结合部,也是水量丰富的西南诸河和资源性缺水的黄河流域、华北地区的联结纽带,是目前我国最大的淡水资源库。三峡电站又是我国西电东送中部通道的电源联络点,稳定电网安全的支撑电源,国家最大的电力基地。这里同时具备水资源丰富、动力条件充裕的优势,将三峡水库建成我国淡水资源和清洁能源调节中心,可以有力地支撑我国水资源南北调配,东西互济合理配置格局的实现。

(4)南水北调三峡水库引水有利于进一步发挥和扩大三峡水库的综合效益。三峡工程蓄水运行的实践和最近国家批准的《三峡工程后续工作规划》表明:三峡工程原设计方案具有潜力;近年来实际运用和上游干支流控制性水库群建设,增加了优化调度的空间,运用条件朝着有利于拓展效益方向变化;水情预报和自动调控技术发展,为水库科学调度、提高效益提供了科技支撑;三峡水库泥沙淤积少于设计预期,增加了方案优化的余地,拓展三峡工程综合效益具备很大的空间。从三峡水库向中线补水和引水入渭济黄是三峡工程继防洪、发电、航运三大功能之外,向供水和生态环境保护方面拓展的又一重大功能延伸。同时,三峡工程调水沿线途经我国重庆、陕西、四川、湖北交界区域连片贫困山区,工程建设可以带动这一连片贫困地区的经济发展,具有显著的社会效益。有利于进一步发挥和扩大三峡水库的综合效益,也进一步提升和加强三峡工程的战略作用。

5.1.2 三峡引水是根治渭河、黄河的重大战略措施

(1)调水是根治黄河的根本措施。黄河及主要支流渭河为资源型缺水河流,其供水范围和供水人口早已远远超过黄河水资源的承载能力。生态环境用水被大量挤占,致使河道泥沙淤积严重、主槽萎缩,下游"二级悬河"日益加剧,随着黄河上中游用水量的进一步增加,黄河向内陆河演进的趋势将越来越明显。历代治黄和新中国成立后黄河治理的大量实践表明:"增水减沙""调水调沙"是根治黄河的基本方略。

无论是应对黄河当前面临的水资源短缺的严峻形势,还是从根治黄河的长远目标着眼,跨流域调水入黄是维持黄河健康生命的根本措施。

(2)黄河急需治理河段是中下游及其主要支流渭河下游。黄河也是世界上最复杂、最难治的一条多泥沙河流,其特点是水少沙多。中下游河段历经几千年的河道淤积,日积月累,使之成为横贯于华北平原的地上悬河。河床的频繁决口、改道,危及到两岸无数人的生命财产安全,一直是中华民族的心腹之患。

潼关位于黄河中游,渭河进入黄河的入汇口,其河床高程是黄河上游和渭河的侵蚀基准面。潼关河床高程升降,直接影响到潼关以上黄、渭两河的河床冲淤变化,对于河床比降平缓的渭河下游影响尤为突出。三门峡水库修建前潼关河床高程为323.5m,修建后至1969年汛后上升为328.65m。三门峡枢纽工程虽经两次改建,又受上游龙羊峡、刘家峡水库汛期蓄水及黄河上中游地区用水增长,来水量锐减的影响,潼关河床高程自1992年

至今，一直在 328.5m 左右，居高不下，致使三门峡水库潼关以上库区淤积严重，1986—1999 年共淤积泥沙 13.8 亿 t，给山西、陕西两省近百万群众和上百万亩耕地带来了重大损失和灾难。

历史上渭河下游是一条冲淤基本平衡的地下河，洪涝灾害并不严重。1960 年三门峡水库投入运用后，受泥沙淤积上延的影响，临潼以下渭河下游河道发生了严重淤积，使长期稳定的渭河下游变成了强烈堆积的地上河。截至 2000 年，已淤积泥沙 13 亿多 m³，造成西安草滩到渭河入黄口的渭河下游河段全部变成了临背差 1～4m 的地上河，全靠两岸堤防约束，保护沿河两岸安全。由于泥沙淤积，渭河下游河槽日趋萎缩，行洪能力大大降低，洪涝灾害频繁发生。三门峡水库兴建以前，渭河为地下河，发生 5000m³/s 左右的洪水流量可以不出槽，如今当发生 2000m³/s 左右的小洪水，渭河滩地大片农田受淹，洪涝灾害损失严重。据统计，自 1961—1992 年中，渭河下游共发生洪水灾害 20 余次。20 世纪 90 年代以来，来水剧减，泥沙淤积加重，渭河下游决口灾害相应加重，1992—2000 年中，6 年决口共 22 处。渭河下游频繁发生的洪涝灾害给沿河的 200 万人口，250 万亩耕地的安全造成了极大的危害。

由此可见，黄河流域河道泥沙淤积、主槽萎缩、"二级悬河" 日益加剧，水环境恶化危及河流健康生命的主要河段，是黄河中下游及其支流渭河下游。

（3）三峡调水能有效治理黄河中下游和渭河下游泥沙淤积。目前正在实施的东、中线工程。东线工程位置偏下，不能解决黄河下游河道淤积问题；中线工程与黄河在小浪底水库下游立交而过，虽然在规划中设有安全门，可用于向黄河补水，但入水口以下已没有像小浪底这样的大型调蓄水库，不能以 "人造洪峰" 形式冲沙，难以取得冲沙减淤效果。西线调水虽可解决治黄问题，但因社会质疑太多，一时难于实施，难解燃眉之急。三峡引水径丰河进入渭河，可与渭河来水汇合，加大渭河下游河床的冲沙能力。根据 "长江技术经济学会三峡引水工程研究组" 的分析，如引江入渭年平均水量 50 亿 m³，在来沙量 3 亿 t 左右的条件下，有可能使渭河下游基本不发生淤积；如引江入渭年均水量 100 亿 m³，将使渭河下游发生明显冲刷，从而彻底改变渭河下游面貌。经初步计算，10 年内可基本上将三门峡建库 40 年来淤积在咸阳至渭河口 211km 河槽内的 3 亿 m³ 泥沙冲走，使渭河下游逐渐恢复天然冲淤平衡，解除悬河状态，解除洪涝灾害，对渭河下游防洪减灾有着重要作用。

同时，三峡引水经渭河由潼关附近的渭河口进入黄河后，与黄河干流的来水相加，可使潼关站造床流量显著提高，并可稀释黄河水，这将有利于潼关以下黄河河床的冲刷，使多年来居高不下的黄河潼关河床高程逐渐冲刷下降。根据 "长江技术经济学会三峡引水工程研究组" 的分析，在三门峡水库合理控制调度运用水位及对潼关至大坝间河道进行整治的配合下，年均调入长江水 120 亿 m³，用 10 年或再多一点时间有可能使潼关河床高程下降 4～5m，恢复三门峡水库修建前的状况。由此将产生向上游发展的溯源冲刷，使三门峡库区原受淤积影响的地区因河槽冲刷下降，低滩变为高滩，再配合护滩控导河道整治工程及滩区水利设施建设，可以使原受影响的近 100 万亩土地变成高产农田，使原移民近 70 万人得以重建家园，安居乐业。

另外，三峡引水工程安排给黄河下游的冲沙生态用水量，可充分发挥小浪底水库调水调沙作用，冲刷黄河下游主槽的淤积泥沙。根据小浪底水库调水调沙试验运行成果，如每年泄放一次流量为 $5000m^3/s$ 流量的人造洪峰，其冲沙效果可以使黄河下游 800km 的河段全程冲刷。粗估每年汛期，如利用长江水 30 亿 m^3 配合黄河水泄放一次人造洪峰，减少泥沙淤积约 0.7 亿 t，汛期排沙用水 15 亿 m^3，减少泥沙淤积约 1 亿 t，两项共用长江水 45 亿 m^3，可减少黄河下游主槽泥沙淤积约 1.5 亿 t、折合 1 亿 m^3，就能使黄河下游主槽基本不再淤高，确保黄河下游长期安澜，实现我国几千年治黄史上一直梦寐以求的目标。

5.1.3 三峡引水工程可替代一时难以实施的西线工程

南水北调西线规划从长江源头通天河、雅砻江、大渡河及其支流调水 170 亿 m^3 入黄河，覆盖面广，可以向青海、甘肃、宁夏、内蒙古、陕西、山西 6 省（自治区）的西北主要缺水区供水，也可以通过黄河干流若干大型水库调蓄，冲刷黄河中下游河道，从根本上解决黄河缺水和河道严重淤积等生态环境问题。2005 年，有关专家指出西线调水的基本目标有三：①缓解黄河流域生活和生产用水压力。②遏制西北生态恶化的趋势。③冲沙。同时还表示，西线更重要的意义是对黄河中下游的冲沙和保持生态水量作用。现在黄河一年产生的泥沙有 13 亿 t，其中将近有 4 亿 t 要冲到海里去，如果按 $30m^3$ 水冲 1t 沙子计算，需要 120 亿 m^3 水。可见，解决黄河中下游的泥沙淤积和保持生态水量是当前西线调水的重中之重。然而，西线工程存在的调水对生态脆弱的水源调出区影响、可调水量、地质稳定、工程安全、地震冻土等重大风险、可能涉及的民族宗教、补偿机制以及工程建设、运行的艰巨性等诸多方面的问题，受到社会各界的质疑，短期内难于解决当前用水的燃眉之急。

三峡引水工程经沣河进渭河，通过沣河平原水库，以"人造洪峰"形式冲刷渭河下游淤沙，并用一部分水量供目前缺水形势十分严峻的关中城市和农业用水；从潼关入黄河，水进黄河后，通过与三门峡水库的合理控制调度，冲刷三门峡库区的河槽淤积，降低潼关高程。通过小浪底水库调水调沙，冲刷黄河下游主槽的泥沙淤积，同时补充河道的生态基流水量。

对于黄河上游西北地区的干旱缺水问题，由于黄河的河川径流量 86% 来自三门峡以上的西北 6 省（自治区），近期可以通过调整 1987 年国务院批准的近期黄河水资源分配方案解决。即将目前分配给河南、山东及分配给河北、天津的水量，改由得到三峡水库补水后可调水量增大的新中线供水，而将这一部分置换出来的水量归还上游，让黄河上中游来水就地留用；远期用水的解决措施，本书将在后续章节中专门论述。至于黄河上游宁蒙河段的泥沙淤积问题，完全可以通过改变龙羊峡水库的运行方式，扩大汛期下泄流量加以解决。

同时，从三峡水库引水还可减少对长江上游梯级开发的水电损失。原规划南水北调拟从长江上游通天河、雅砻江、大渡河及其支流，海拔高程 3000m 以上调水 170 亿 m^3，将影响长江上游干支流已建和规划拟建的梯级水电站 69 座。三峡调水入黄的引水高程从西线的 3500m 高程取水，降到三峡水库的 100 多 m 高程引水，避开了对长江上游干支流许多水电梯级的影响，提高了长江上游水资源开发的整体经济效益。

此外，若实现从怒江和澜沧江引水，自然落差 1750m，可增加开发水能蕴藏量约

1500 万 kW；从金沙江至三峡水库自然落差 1775m，增加可开发的水能蕴藏量近 2000 万 kW。这对我国经济建设，特别是西电东送将起着极大的支撑作用。而且西南江河少部分水资源进入三峡水库，可有效改善和扩大长江内河航运。大家知道，长江上游金沙江通航条件差，制约长江航道发展，随着金沙江水量的增加，加上人工治理，发展金沙江航运就有更好的发展前景。

5.1.4　新 "四横三纵" 可为顺利完成《南水北调总体规划》目标赢得时间

三峡水库的巨大调节能力和将长江干流三峡河段水位抬高到 145~175m，为向中线水源地丹江口水库补水和引江济渭入黄创造了有利条件；从三峡水库向中线补水直线距离约 100 多 km，正常水位比丹江口水库高 5m；引江济渭入黄工程调水线路总长不足 400km，引水线路以利用天然河道和隧洞为主，对自然环境干扰少，有利于调水区和调水沿途的生态保护，也有利于工程运行安全维护和水质保护。工程均处于工程建设成熟的渝、陕、川、鄂地区，施工条件好，气候温和，社会经济比较发达，开发程度较高，无生态脆弱和民族宗教等社会敏感问题之忧；没有工程建设及运行条件艰苦和环境复杂之虑。三峡调水区地壳比较稳定，根据有关专家对该区域地震构造环境的研究，认为"三峡调水区不论深部抑或地壳浅层，都缺乏孕育和发生强震的构造环境，预估未来的地震活动仍然是以弱震活动为主……"。可见三峡调水区地震强度不大，一般都在 6 级以下，工程设防难度较小。说明工程穿越的秦巴山区，地质结构稳定，地质条件清楚，不会有冻土、地震等重大工程安全风险方面的质疑。应该说从三峡水库引水避开了调水中许多复杂的稳定、安全、环境和社会问题，也解除社会各界的种种疑虑，同时降低了工程造价。从而使因质疑和争论太多而变得遥遥无期的西线工程任务转由给丹江口水库补水的"新中线"和向黄河及其支流渭河调水的"引江济渭入黄小江调水"承担，得以尽早开工建设，为南水北调总体规划目标的实现赢得时间。

5.1.5　实施三峡引水不存在建设的制约因素，并可分期逐步完成

调水工程的主要技术难度是穿越大巴山、秦岭的深埋长隧洞、跨汉江的高架大跨度渡槽和大宁河、小江的大容量高扬程提水泵站。大宁河和小江调水的穿越大巴山和秦岭的最长深埋隧洞分别为 15km 和 23km。目前国内外已有修建数十公里乃至上百公里隧洞的经验。就在国内秦岭地区，多条穿越秦岭的公路、铁路长隧洞已有建成先例，如西康铁路特长隧道长 18.46km；西康高速公路特长隧道 18.4km；西安至南京铁路隧道 12.7km 等多条铁路、公路深埋长隧洞均已建成运行。隧洞设计专家认为：隧洞设计与施工的关键是摸清地质情况，查明重大地质构造和不良地质问题（如岩爆、坍塌、热害、漏水等）。而我国铁道、交通部门在秦巴山区进行了 40 多年地质勘探和科学研究，积累了丰富的经验，在设计和施工中有足够的能力和相应的措施来解决可能遇到的各种地质灾害问题。至于长隧洞的施工，还可以充分利用天然地形，通过支洞将隧洞分成若干个短洞，采取长洞短打进行施工。应该说，三峡引水工程输水隧洞不存在难以克服的困难和存在重大工程风险。

关于大容量高扬程抽水泵技术。目前，单级水泵扬程超过 600m、电动机容量超过 300MW 的水泵水轮机早已在世界许多国家运行，在我国大功率高扬程抽水设备也已在众多抽水蓄能电站运行。根据哈尔滨电机厂的初步研究成果，三峡引水工程最大抽水站水泵

设计扬程 380m，单机出水流量 75.6m³/s，单台电动机额定功率为 315MW。在国内正在运行的工程有：广东抽水蓄能电站，扬程 530m，单机容量 300MW；北京十三陵抽水蓄能电站，扬程 45m，单机容量 200MW；浙江天荒坪抽水蓄能电站，扬程 607m，单机容量 300MW 等均已建成运行。抽水泵站的技术难度较同扬程抽水蓄能电站的技术难度要小得多，因此，三峡引水工程，抽水扬程近 400m 的抽水泵站技术问题也不应成为建设的制约因素。

应该说，近年来大功率高扬程抽水设备运行实践；各地高架大跨度公路桥梁通车和多条穿越秦岭的深埋长隧洞在公路、铁路中建成的先例，都为三峡引水工程技术难题的破解，提供了技术支撑。三峡引水工程在技术上已不存在难以克服的障碍。

同时，新"四横三纵"格局具备视北方对水量需求和国家财力状况，进行分期分批建设的良好条件。例如：近期完成已开工的中线、东线一期工程；中期第一步建设中线三峡水库补水工程和中线二期工程，第二步建设引江济渭入黄一期工程和中线三期以及东线续建工程；远期则可视北方对水量需求的增加情况，适时启动"六横三纵"或"七横四纵"调配格局。

5.2 "四横一纵"新中线（南水北调中线向三峡水库补水）

新中线是指原南水北调"四横三纵"中的中线，将水源地从丹江口水库向南延伸至长江干流三峡水库的"一纵"（图 5-1）。

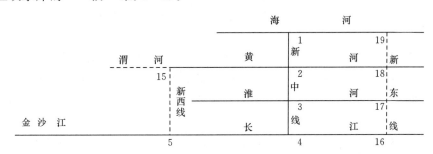

图 5-1 "四横一纵"新中线

5.2.1 调水目标

针对南水北调中线位置优越，供水范围广，水质好，还可向黄河下游补水的优势，新中线方案调水除保持原规划的从汉江丹江口水库调水 130 亿 m³ 外，延伸中线至长江干流三峡水库，拟从三峡水库补水 200 亿 m³ 左右，其中用于替代原东线引黄河量 38 亿 m³，其余水量主要保证黄河下游供水区用水，即负担国务院关于《黄河可供水量分配方案》中河南、山东 120 亿 m³ 和渭河冲沙用水的调水量。这与将要建设的西线调水大致相符。于是设想一旦实现，原计划修建的西线可以不建。节省大量人力、物力和财务，且赢得较多时间。

5.2.2 线路选择

新中线是在现有南水北调中线基础上，将水源地从长江支流汉江丹江口水库延伸到长江干流三峡水库。因而原中线规划和正在实施的调水线路、工程布局和主要建筑都没有变化，只增加从三峡水库向丹江口水库补水工程。为此文中也只论述南水北调中线三峡水库补水工程，没有变化部分本书不再赘述。

根据南水北调中线总体规划，其水源工程建设方案采取"先引汉、后引江"的顺序实施，由三峡水库向南水北调中线水源地丹江口水库补水，就是中线水源工程建设的引江方案。其他各类沿长江抽水等引江方案，其实质都是"引江济汉"措施。三峡水库向丹江口水库补水，先后有多家单位做过多方面的研究，主要是通过三峡水库的不同支流香溪河、龙潭溪、神农溪、大宁河等向丹江口水库补水的不同输水线路和高低扬程方面，提出了10余个均在技术上可行，具有风险小、建设难度低、调水量可靠、投资小、可持续发展前景广阔，也无工程建设制约因素等诸多优势的线路，其中以三斗坪、龙潭溪、香溪河和大宁河为相对较优的代表性线路，而香溪河补水（低扬程代表方案）和大宁河补水（高扬程代表方案）作为目前社会各界比较认可的比选线路，后文将作重点介绍。

（1）三斗坪线路：三斗坪线路早年由长江委在《南水北调中线水源方案选择》中提出，它从三峡水库坝区三斗坪取水，过莲沱河至南津关，经黄花、绕当阳，穿过漳河水库穿隧洞进入汉江流域的西山区，抵汉江边的黄家港，以下可入丹江口水库，全长418km，也可用渡槽跨汉江后，直接进入南水北调中线，总长466km，提水扬程55m。

（2）龙潭溪线路：该线路也是早年由长江委在《南水北调中线水源方案选择》中提出，它从三峡水库支流龙潭溪五相庙取水，分别在乐云溪、莲沱河建坝壅水，引水至沮河，然后由南向北在长江、汉江各支流建坝壅水，引水至丹江口水库，提水扬程75m。

（3）香溪河线路：该线路主要由中国科学院地理科学与资源研究所主持，武汉大学水利电力学院等参与研究后提出（图5-2）。

香溪河发源于湖北省神农架骡马店，地处兴山县城以北的香炉山一带，源地海拔1300m左右，流经兴山、秭归两县。干流由北向南经猫儿观，古洞口，兴山，于海拔120余m的香溪镇注入长江三峡水库，全长100余km，天然落差千米左右，流域面积约3099km²，年径流量12.97亿m³。

香溪河流域均系山区，河道坡大流急，河谷狭窄，宽谷很少，属于典型的山区性河流。在兴山县城以上，有古夫河和两坪河两条支流。兴山县城以下，河道右岸有台地，地势渐趋平缓，河谷略见开阔。两岸山势东高西低，不对称，高差约500m。下游左岸的大峡口，有高岚河汇入。香溪流域属于三峡地区，气候与三峡近似。

相邻汉江流域与香溪河隔山相望的南河，源于湖北神农架坡麓，由南向北折向东流，在马桥镇附近再折向南，经寺坪、码脑观、青峰岭，在大约海拔70余m的老河口镇注入汉江，全长300多km，流域面积5253km²，年径流量约19亿m³。

香溪河引水方案从三峡水库支流香溪河徐家院子取水，引水至兴山，穿越荆山山脉至汉江支流南河，再利用南河老鸦山筑坝建库，或穿隧洞抵寺坪水库，或提水至古洞口水库，或提水至阳日水库，然后穿洞至浪河一带入丹江口水库。

香溪河补水工程穿越大巴山脉，属中低山宽谷地貌，山体最高可达1500余m，区域地质构造主要由大巴山断裂（青峰断裂）、新华断裂控制的复式背斜，地质构造复杂，工程区域穿越大巴山及武当山地块两级大地构造单元。隧洞穿越大巴山主干断裂及其他主要

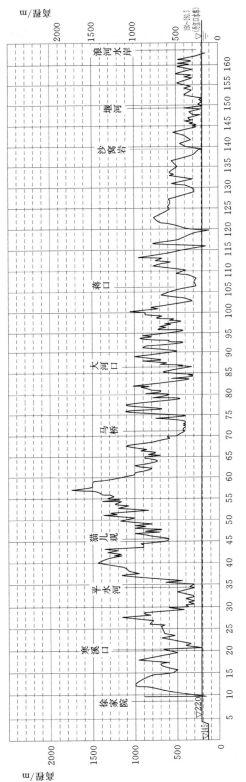

图 5-2 香溪河调水线路剖面示意图

断裂 10 余条，其中大巴山断裂（青峰断裂）、新华断裂、阳日断裂规模较大。

据 2001 年《中国地震烈度区划图》，区域内房县一带地震基本烈度属Ⅶ度区，50 年超越概率 10％地震动峰值加速度 0.1g；其他地段为Ⅵ度烈度区，50 年超越概率 10％地震动峰值加速度 0.05g。

引水隧洞基岩地层，自前震旦系至侏罗系（缺失泥盆系、石炭系），岩性主要为灰岩、白云岩、砂岩、页岩、泥岩、砾岩、片岩、变质岩浆岩，岩性复杂。其中碳酸盐岩段约长 90km，围岩主要为Ⅱ类、Ⅲ类，岩溶落水洞、溶洞发育，主要工程地质问题是洞室开挖将遇到岩溶突水及岩溶塌陷问题，特别是岩层陡倾，断裂发育，此类问题将更加突出；隧洞近丹江口水库段长约 45km 通过片岩段，隧洞埋深浅，岩体风化较强烈，主要为Ⅳ类、Ⅴ类岩体，隧洞围岩稳定性差，其余洞段为志留系砂页岩，主要为Ⅳ类，部分为Ⅲ类及Ⅱ类围岩，隧洞成洞条件较差。由于断裂发育，断层带附近岩体破碎，需采取特殊工程处理措施。

根据两河之间的地形、水情、建库条件和不同的提水扬程，又可以区分为高、低扬程及两级提水三个方案。

1）低扬程提水方案。低扬程方案的取水口暂定在兴山下游 5km 徐家院子，水面高程约 145m，经 75m 提水从徐家院子泵站入明渠、至兴山后山接渡槽，再经过隧洞进入丹江口水库。输水建筑物总长约 161.4km，其中隧洞长 150.25km。隧洞深埋段所占比重不大：埋深大于 1000m 的有 11km，大于 500m 的有 40km，其余的在 100～200m。

2）高扬程提水方案。高扬程方案：从取水口提水 240m，从徐家院子泵站入明渠至兴山后山，经过两节隧洞和一个渡槽进入古洞口水库，再经过三节隧洞，在高程 359.5m 处进南河，入寺坪水库，然后再经过隧洞和渡槽进入丹江口水库。输水道长 191km，其中利用河道、水库长度约 77.6km，隧洞长 112km。

水流从南河进入寺坪水库，具有 40 多 m 自然落差，可扩大或新建装机容量 10 万 kW 的水电站。水流进入丹江口水库具有 130 多 m 的自然落差，可新建一大型水电站，规模约 30 多万 kW。两地电站年发电量可达到 30 亿 kW·h。

3）两级提水方案。为利用古洞口水库（不加高）、平水水库（拟建）、马桥水库（已建）、寺坪水库（拟建）的联合作用，拟定两级提水方案。即：一级在徐家院子，扬程 194m；二级在古洞口库尾，扬程 165m，总扬程 359m。一级进水口高程 339m，二级进水高程 490m。水流从徐家院子泵站入明渠至兴山后山，经两节隧洞至古洞口水库，然后在库尾提水进马桥水库，再穿一节隧洞入南河到达寺坪水库。从寺坪水库连续穿四节隧洞和一段明渠抵达丹江口水库，输水线路总长 193km，其中利用河道、渠道、水库长 116km，隧洞长约 76.25km。

从马桥水库至寺坪水库，可利用发电水头约 160m，水流进南河入丹江口水库有约 130m 落差，可兴建一中型水电站。两处水电站发电能力接近 80 万 kW。

4）方案比选。各方案从地震地质条件、线路长短、扬程高低，投入与产出、施工难度等方面进行比较。

三方案地震地质条件相当；各方案扬程差别较大。低扬程耗电量小、两级扬程耗电量最大；高扬程与两级扬程相差不多；扬程越高，调水途中得到的发电能力越强。低扬程方案调水过程中基本不发电；高扬程方案和两级提水方案年发电量分别可达到30多亿kW·h和50多亿kW·h。发电与耗电相抵后，高扬程方案和两级提水方案耗电指标下降。

在地形复杂的山区调水，一般情况下，扬程越低，穿过的山体越厚，输水隧洞，特别是单洞掘进长度越长，工程难度越高，从一次投资和施工技术难度审视，高扬程比低扬程省时、省工、省投入、省占地，但是建成后需要支付的运行成本增加，需要消耗的动力资源也提高。目前从运行成本和稳妥度出发，则低扬程方案可靠，香溪河补水，暂以低扬程提水作为代表性方案，在今后的研究中可再与其他方案做进一步的深入比较。

（4）大宁河线路：大宁河调水方案主要由中国国际工程咨询公司牵头，清华大学、国电公司中南设计院、三峡总公司、重庆江河工程咨询有限公司、中国水利水电科学研究院等单位参加，在开展"南水北调中线三峡水库（大宁河方案）补水工程研究"时提出。同时还参考了巫山研究组的研究报告，在此表示谢意。

大宁河调水方案是从三峡水库支流大宁河抽水，可直接穿洞过大巴山或者经剪刀峡水库及堵河梯级电站调蓄后入堵河，进入丹江口水库，以补充丹江口水库后期南水北调水量不足。按照三峡水库与丹江口水库以及汉江支流堵河与大宁河，相互之间的地理位置、水位关系、地形、地质条件、不同提水高程和对堵河不同梯级水库调节能力的利用，其线路布置又可分为四个方案——东线龙背湾方案、东线潘口方案、东线黄龙滩方案和西线剪刀峡方案（图5-3）。

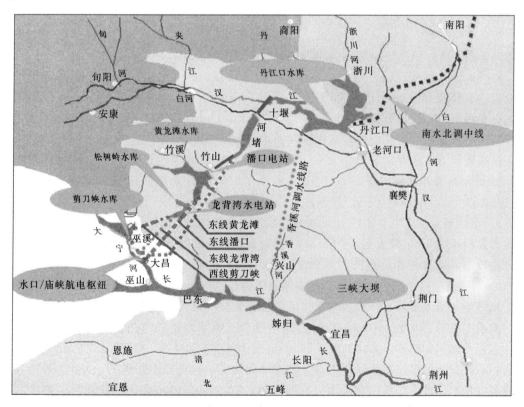

图5-3 大宁河调水线路方案示意图

1) 东线龙背湾方案。抽水泵站取水口设于大昌镇八角丘。进水段长约4km，其中隧洞长3.5km。泵站将三峡大宁河水提至椿树坪，高程587.4m，最大扬程462.2m。经过长约18km的明渠，在水田坪附近进洞。出口选在竹山县堵河支流官渡河龙背湾水库库尾的茅草坡，出口高程530.0m。然后经公祖河、官渡河和堵河一系列水库调蓄后进入丹江口水库，引水线路总长56.5km，其中引水隧洞长34.0km。

东线龙背湾方案大昌取水口泵站围岩主要为三叠系中统巴东组紫色泥岩、粉砂质泥岩，嘉陵江组白云质灰岩，巴东组地层段多属Ⅲ类岩体，嘉陵江组地层段以Ⅱ～Ⅲ类岩体为主；隧洞0～22.0km沿线地层为三叠系嘉陵江组白云质灰岩，大冶组灰岩、志留系徐家坝群砂页岩，最大埋深约1600m，岩体类型主要为Ⅱ～Ⅲ类；22.0～34.0km段最大埋深1800m，围岩为寒武系三游洞群、覃家庙群、石龙洞组白云岩，石牌页岩地层。具备成洞（室）条件，但存在涌水与岩爆的可能。

东线龙背湾方案主要建筑物由泵站、输水明渠和隧洞组成。其主要工程量为土方开挖254万m³，石方开（洞）挖1594万m³，混凝土102万m³，钢筋钢材62457t，帷幕灌浆54万m。

2) 东线潘口方案。东线潘口方案的抽水泵站设于大宁河大昌镇八角丘。将大宁河水提至高程438.3m，最大扬程313.0m，经过长约20.0km的明渠，在水田坪附近进洞。出水口选在竹山县堵河支流官渡河的松树岭水库大坝下游潘口水库库尾，出口高程350.0m。引水线路总长77.5km，其中输水隧洞长54.0km。最大单洞较长，达28km。

东线潘口方案取水口泵房围岩主要为三叠系中统巴东组紫色泥岩、粉砂质泥岩，嘉陵江组白云质灰岩，巴东组地层段多属Ⅲ类、Ⅳ类岩体，嘉陵江组地层段多属Ⅱ类、Ⅲ类岩体。0～21.5km沿线地层为三叠系嘉陵江组白云质灰岩，大冶组灰岩、志留系徐家坝群砂页岩，岩体类型主要为Ⅱ～Ⅲ类；21.5～54.4km段围岩为寒武系三游洞群、覃家庙群、石龙洞组白云岩，石牌页岩地层。最大埋深约1750m，洞向与岩层走向斜交，岩层倾角较陡，具备成洞（室）条件，同样存在涌水与岩爆的可能。

东线潘口方案主要建筑物由泵站、输水明渠和隧洞组成。其主要工程量为土方开挖292万m³，石方开（洞）挖1983万m³，混凝土153万m³，钢筋钢材94356t，帷幕灌浆72万m。

3) 东线黄龙滩方案。东线黄龙滩方案抽水泵站设于大宁河大昌镇八角丘，将大宁河水提至高程432.5m，最大扬程307.3m。经过长约20km的明渠，在水田坪附近进洞。出口选在竹山县堵河的青龙寨黄龙滩水库库尾，经黄龙滩水库，入丹江口水库，出口高程250.0m。引水线路总长121.5km，其中输水隧洞长98.0km。

东线黄龙滩方案取水口泵房与东线潘口方案处同一位置，至水田坪附近进隧洞自流到黄龙滩水库尾的青龙寨。0～21.5km沿线地层为三叠系嘉陵江组白云质灰岩，大冶组灰岩、志留系徐家坝群砂页岩；21.5～57.0km为寒武系三游洞群、覃家庙群、石龙洞组白云岩，石牌页岩地层，多为新鲜岩石，最大埋深约1950m，岩体类型主要为Ⅱ～Ⅲ类，具备成洞（室）条件，但应注意涌水与岩爆问题；57.0～98.0km段主要为震旦、寒武系与志留系地层，最大埋深约1250m，洞向与岩层走向夹角大，岩体类型主要为Ⅱ类、Ⅲ类，具备成洞（室）条件，但应注意涌水与岩爆问题。

东线黄龙滩方案主要建筑物由泵站、输水明渠和隧洞组成。其主要工程量为土方开挖335万 m³，石方开（洞）挖 2874 万 m³，混凝土 299 万 m³，钢筋钢材 195687t，帷幕灌浆129 万 m。

4）西线剪刀峡方案。西线方案设抽水泵站于巫山县大昌镇石滚槽，经明渠、隧洞，进大宁河剪刀峡水库。通过剪刀峡泵站再提水穿越大巴山，进入汉江堵河支流公祖河，出口为龙背湾水库库尾茅草坡。经堵河各梯级发电后，进入丹江口水库，输水线路总长约 60.4km。

西线方案大昌泵站地下泵房围岩主要为三叠系中统巴东组紫色泥岩、粉砂质泥岩，嘉陵江组白云质灰岩，巴东组地层段以Ⅲ～Ⅳ类岩体为主，嘉陵江组地层段多属Ⅱ～Ⅲ类岩体。

大昌输水隧洞主要围岩为嘉陵江组、大冶组灰岩、白云质灰岩，以Ⅱ～Ⅲ类岩体为主，洞线与岩层走向斜交，成洞条件较好，但应考虑地应力与地下水问题。

剪刀峡泵站地层为志留系徐家坝群砂页岩，多为中硬岩类，围岩类别主要为Ⅲ类，具备成洞（室）条件。

剪刀峡至堵河输水隧洞最大埋深约 700m，岩石为志留系徐家坝群砂页岩，岩体分类为Ⅲ类，占 70%，Ⅳ～Ⅴ类占 15%，Ⅱ类 15%，具备成洞条件。

西线方案主要建筑物由大昌泵站、剪刀峡泵站、剪刀峡水库、输水明渠和输水隧洞组成。大昌泵站及其输水隧洞主要工程量为土方开挖 105 万 m³，石方开（洞）挖 576 万m³，混凝土 62 万 m³，钢筋钢材 38541t，帷幕灌浆 30 万 m；剪刀峡泵站及其输水隧洞的主要工程量为石方开（洞）挖 525 万 m³，混凝土 91 万 m³，钢筋钢材 55664t，帷幕灌浆40 万 m；剪刀峡水库工程主要工程量为土方开挖 17 万 m³，石方开（洞）挖 115 万 m³，混凝土 279 万 m³，钢筋钢材 9826t，帷幕灌浆 12 万 m。

5）方案比选。大宁河补水各比较方案以取水水源和目标要求基本一致为原则，从地震地质条件、线路长短、扬程高低、投入与产出、施工难度等方面进行比较。四方案地震地质条件相当，且非控制性因素。由于各方案调节水库的调节能力存在差异，致使各方案从大宁河抽水的规模不同，补水流量存在较大差异，根据输水线路的地形地质条件，为便于分析比较，各方案的输水隧洞统一采用同一尺寸，通过调整输水隧洞坡降来适应输水要求。各方案主要规模参数见表 5-1、表 5-2。

表 5-1 各方案补水规模表 单位：m³/s

项 目	方案一	方案二	方案三	方案四
	东线龙背湾	东线潘口	东线黄龙滩	西线方案
最大抽水流量	430	450	530	380

尽管各补水方案设计规模和补水水量不一致，但经过剪刀峡水库和堵河各梯级水库调蓄以后，对于丹江口水库的补水水量和质量是基本相同的，为了便于比较各方案的优劣，采用同口径造价计算，作为经济评价比较依据，并采用投资费用现值法进行比选。各方案总投资见表 5-3。

表 5 - 2　　　　　　　　　　　大宁河补水方案规模参数表

项　目	东　线　方　案			西　线　方　案	
	龙背湾方案	潘口方案	黄龙滩方案	剪刀峡	大昌
抽水泵站	大昌	大昌	大昌	剪刀峡	大昌
最大抽水流量/(m³/s)	430	450	530	380	380
输水隧洞底宽/m	10	10	10	10	10
输水隧洞水深/m	9.7	9.7	9.7	9.7	9.7
输水隧洞长度/km	34	54	98	33	18
输水隧洞纵坡降/‰	1.16	1.265	1.76	0.905	0.905
泵站前池最高水位/m	173.2	173.2	173.2	360	173.2
泵站前池最低水位/m	143.2	143.2	143.2	335	143.2
隧洞出水口高程/m	530	350	240	530	355
隧洞进水口高程/m	557.5	401.3	364	552.4	367.2
输水明渠长度/km	18	20	20	0	6.1
输水明渠纵坡/‰	1.0	1.0	1.0	1.0	1.0
最大扬程/m	462.2	313.1	307.3	242.9	252.2
最小扬程/m	417.2	268.1	262.3	202.9	207.2
泵站装机容量/万 kW	220	150	176	100	100
机组台数	8	6	8	4	4
单机容量/万 kW	27.5	25	22	25	25

表 5 - 3　　　　　　　　补水工程各线路方案投资汇总表　　　　　　　单位：亿元

项　目	东　线　方　案			西　线　方　案		
	龙背湾	潘口	黄龙滩	剪刀峡泵站及其输水隧洞	大昌泵站及其输水隧洞	剪刀峡（双河口）水库工程
泵站工程	37.4	27.1	30.7	15.4	18.7	
明渠工程	6.4	7.3	8.2	0	1.7	
隧洞工程	38.1	54.5	85.7	26.4	14.1	
水库工程						14.8
合计	81.9	88.9	124.6	91.1		

投资费用总现值按社会折现率 10% 计算的各方案投资费用总现值见表 5 - 4。

表 5 - 4　　　　　　　　　补水工程各方案投资费用总现值　　　　　　　单位：亿元

序号	项　目	投资费用总现值	现值差值
1	东线龙背湾方案	57.18	3.67
2	东线潘口方案	62.45	8.95
3	东线黄龙滩方案	88.06	34.58
4	西线方案	53.51	0

由表5-3可见，从工程总投资来看以东线方案直接将大宁河的水调入黄龙滩水库投资最大，比其他3个方案的投资多42.7亿~33.5亿元，明显不具经济性。用投资费用总现值作比较，由表5-4可见，各方案的东线高、中、低和西线方案的投资费用净现值分别为57.2亿元、62.5亿元、88.1亿元和53.5亿元，以西线方案最低。同时该方案还具有单洞长度短、单级扬程低、直接抽调三峡水库水量较少，并可将调水与抽水蓄能结合为电网提供高峰优质电能等优势，是目前被普遍认为是南水北调中线三峡水库补水的最具代表性方案。

大宁河调水方案线路剖面示意详见图5-4。

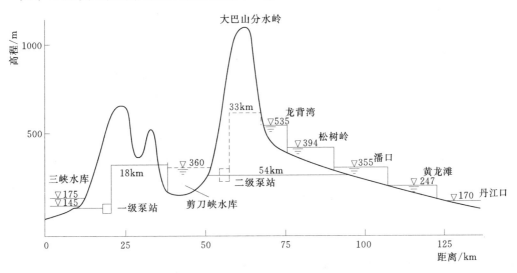

图5-4 大宁河调水方案线路剖面示意图

5.2.3 工程布局与主要建筑物

鉴于南水北调中线大宁河补水工程的实施存在建设时间和规模上的不确定性，致使大宁河丰富的水能资源和航运效益迟迟得不到开发，对当地社会经济的发展十分不利，故有必要考虑远期调水与大宁河水资源近期综合开发相结合的思路，有鉴于此，补水工程布局可以有以下三种安排：

（1）二级一库：从巫山县大昌镇提水，设抽水泵站于石滚槽，经过长约6km明渠，再通过输水隧洞，进大宁河剪刀峡（双河口）水库，通过剪刀峡泵站再提水穿越大巴山，进入汉江堵河支流公祖河，经堵河各梯级发电后，进入丹江口水库，整条输水线路总长约60.4km，其中大昌泵站至剪刀峡水库输水线路长26.3km，剪刀峡泵站至堵河龙背湾水库输水线路长34.1km。

（2）三级二库（1）：在巫山县大昌镇水口左岸下游约350m处布置大昌一级泵站，自三峡水库汛限水位145m（吴淞高程）提水60m后沿大宁河左岸，经8.12km的明渠、渡槽、隧洞进入庙峡水库，经该库15.2km回水，于巫溪县城下游的大宁河左岸支流龙洞河与大宁河汇合口处，布置龙洞河二级泵站，提水后继续沿大宁河左岸经4.56km隧洞进入剪刀峡（双河口）水库，在大宁河干流东溪河左岸支流白鹿溪出口下游约2km的马兰口附近布置三级泵站（地下），提水经32.5km隧洞，在杨寺庙附近入堵河支流渣渔河进入龙背湾水库，经堵河各梯级发电后，进入丹江口水库。输水线路总长约 45.2km，其中剪刀峡泵站至堵河龙背湾水库输水线路长仍为 34.1km。

（3）三级二库（2）：直接在巫山县大昌镇水口建坝以水口水库替代庙峡水库。通过水口一级泵站，从三峡水库汛限水位 145m（吴淞高程）提水进入水口水库，于巫溪县城下游的大宁河左岸支流龙洞河与大宁河汇合口处，布置龙洞河二级泵站，提水后继续沿大宁河左岸经 4.56km 隧洞进入剪刀峡（双河口）水库，在剪刀峡水库白鹿溪出口下游约 2km 的马兰口附近布置三级泵站（地下），提水经 32.5km 隧洞，在杨寺庙附近入堵河支流渣渔河进入龙背湾水库，经堵河各梯级发电后，进入丹江口水库。输水线路总长约 37km，剪刀峡泵站至堵河龙背湾线路长度不变。

在水口建库存在有电站经济指标差、库区淹没将产生二次移民等问题，但它对改善航运交通条件，解决消落区生态环境，促进区域经济发展具有显著作用：

1）解决巫溪县城直通三峡库区的航运问题。水口水库正常蓄水位拟定为 203m，回水直达巫溪县城，坝址处于三峡水库汛限水位 145m（吴淞高程）回水末端，解决了庙峡至三峡水库的航道梗阻段，极大地改善了大宁河巫溪段航运交通条件。

2）改善水口至花台河段的生态环境。巫山县大昌镇的大宁河水口至花台河段位于三峡库尾，由于三峡蓄水位的变化，该河段将形成 30m 的消落区，产生库区消落带的生态环境恶化问题。水口水库的修建，将使该河段常年维持在高水位运行，消落区不复存在，库区的生态环境问题迎刃而解。

3）促进区域旅游经济发展。水口水库修建后，可将长江三峡游的巫山小三峡景区，延伸到巫溪境内山水更为秀丽的庙峡，直至古老的盐文化遗址宁厂古镇，进一步丰富了长江三峡的旅游资源。同时，筑坝形成的大昌湖和调水建设的大昌泵站，又将形成新的人文景观，必然会极大地促进当地旅游业的发展。

4）兼顾了大宁河流域三峡库尾至巫溪县城河段的水电资源开发。综合考虑大宁河流域中下游河段的水资源开发利用、改善巫溪的航运交通条件和解决水口至花台河段的三峡消落区生态环境问题，拟结合大宁河补水，将上游庙峡梯级下移至水口，建设水口航电枢纽。因此，它对大宁河综合开发而言既是发电枢纽，也是生态治理工程，更是一个航运梯级，而对补水工程的调水而言就是输水通道。

三种安排的取舍只能等待下一步规划探讨。笔者对方案亲历较多，了解较深，有必要对有关的重大工程做较为详尽的说明以飨读者。大宁河西线补水工程总体平面布置（二级一库）如图 5-5 所示，主要工程有：

（1）泵站工程。

1）大昌泵站。大昌泵站是大宁河补水方案的渠首工程，是将三峡水库水源抽至大宁河中转水库的必要条件，用于抽取长江水入剪刀峡水库或庙峡水库（或水口水库）。可选位置有七里桥、八角丘和白沙坡 3 处：七里桥位于大宁河左岸，下距大昌镇约 5km；白沙坡位于杨溪河，下距杨溪河入汇大宁河口 3~4km；八角丘位于大宁河左岸大昌镇，为河道天然凹岸，取水条件好，目前以该取水口作为代表方案。

大昌抽水泵站枢纽进水口布置在大宁河大昌镇八角丘，基本垂直于大宁河。泵站厂房系统布置在石滚槽的山体内，泵站厂房采用地下式布置。

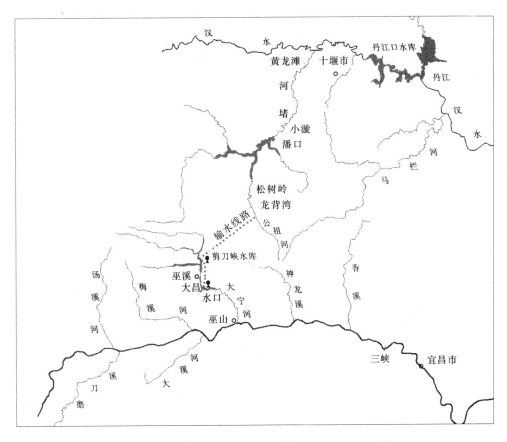

图 5-5　南水北调大宁河补水方案线路示意图（新中线）

抽水泵站通过有压隧洞至地下泵站，总装机容量为 100 万 kW，安装 4 台单机容量为 25.0 万 kW 的水泵电动机组。

2）剪刀峡泵站。根据抽水水量及工程布置要求，剪刀峡泵站总装机容量 100 万 kW，安装 4 台单机容量为 25.0 万 kW 的水泵电动机组。泵站位于剪刀峡（双河口）水库东溪河左岸神魔坪，进口为陡立岸边坡，进水口为有压隧洞。泵站厂房采用地下式布置。

泵站引水系统主要建筑物包括泵站进水口、引水闸门井、引水主洞、引水支洞；泵站尾水系统包括尾水支洞、尾水主洞、尾水调压补气井和出水口等。

（2）水库工程。剪刀峡（双河口＋四道桥借水）水库为三峡水源进入丹江口水库的调节中转站。

1）剪刀峡水库。剪刀峡水库坝址具备兴建高坝的地形地质条件，考虑补水工程对剪刀峡水库调节能力的需求并结合抽水泵站取水口布置要求，初拟剪刀峡正常蓄水位 360.00m，死水位 335.00m，调节库容 3.4 亿 m³，可实现年调节。

剪刀峡水库淹没影响涉及巫溪县的宁厂、白鹿、下堡、大河、后河、沈家、长度、胜利、天星、前河等 10 个乡（镇），初步调查需迁移人口约 10347 人，淹没耕地面积 4029 亩。

水库枢纽由碾压混凝土重力坝、河床坝身溢流表孔、坝身泄洪兼放空中孔、坝身引水建筑及左岸坝后式厂房组成。

碾压混凝土重力坝最大坝高 169.70m，坝顶宽 8.0m。坝体基本断面为三角形，坝顶轴线长 421.0m，泄洪建筑物采用坝身溢流表孔和坝身泄洪兼放空中孔。溢流表孔共 2 孔，泄洪兼放空孔紧靠溢流表孔左侧布置。发电厂房采用坝后式，单机单管引水。

根据重庆市旅游局和巫溪县政府要求，为保护巫溪县宁厂古镇不因修建剪刀峡水库被淹没，可以将剪刀峡水库坝址移至后溪河汇入口以上，用"双河口（大宁河与后溪河汇合口）＋后溪河四道桥"替代剪刀峡水库，规模作用相当。为方便叙述，以下仍称剪刀峡水库或剪刀峡（双河口）水库。

2）双河口（四道桥）水库。双河口水库拦河坝为混凝土重力坝，工程由首部枢纽、引水系统和厂区枢纽组成。"近期 315m 正常水位方案"最大坝高 99m（远期与剪刀峡水库规模一致，正常水位为 360m，最大坝高约 145m），坝轴线长 249m，坝顶高程 317.00m，宽 6m。

取水口布置于左岸，采用岸塔式结构，底槛高程 278.00m。引水隧洞长 2.03km，圆形断面，直径 8m。

替代方案"双河口＋四道桥借水"方案因避开宁厂古镇，淹没损失相应于剪刀峡水库一库方案有很大的改善。该方案淹没影响主要涉及 3765 人，房屋总面积 158964m²。

四道桥借水水库为双河口水库远期借水方案，其近期蓄水位 315m，远期蓄水位 360m，水库大坝采用重力坝形式，布置形式与双河口水库基本一致。

3）庙峡水库。从巫溪县城通航要求和防洪需要出发，庙峡水库正常蓄水位为 203.0m，正常库容为 2820 万 m³，汛期限制水位 200.0m，总库容为 3074 万 m³，总装机容量为 5 万 kW。

综合坝址地形、地质、航运要求及水工建筑物布置等条件，大坝坝型以重力坝为宜。大坝为混凝土重力坝，坝顶高程 205.5m，最大坝高 50.0m，坝顶轴线长 227.4m。坝体分为三段，两端为非溢流段，中间为溢流段，坝顶宽 7.0m。坝顶设置开敞式溢洪道。

发电厂房布置在左岸，为坝后式地面厂房。电站进水口布置在大坝前端，每台机组设置独立式进水口。厂内布置两台单机容量为 2.5 万 kW 轴流转浆水轮发电机组，最大设计水头 29m，最小设计水头 20m，平均设计水头 26m。

航运船闸布置在大坝右岸，船闸等级初拟为五等，单线一级布置。船闸主要由上游引航道、上闸首、闸室、下闸首、下游引航道等部分组成。

4）水口水库。水口坝址位于巫山县大昌镇水口村滴水岩附近，处于三峡水库汛限水位 145m（吴淞高程）回水末端。控制流域面积 2720km²，占大宁河全流域面积 4181km² 的 65.1%。多年平均流量 88.6m³/s，年来水总量 27.9 亿 m³。

根据调水及巫溪县通航等要求，水口水库正常蓄水位为 203m，相应库容 8680 万 m³，调节库容 2060 万 m³。水口电站总装机容量 6.8 万 kW，平均水头 46.4m，年发电量 2.1 亿 kW·h。

本航电枢纽主要由大坝、发电厂房及船闸组成。综合坝址地形、地质，水工建筑物布置等条件，坝址适宜作碾压混凝土重力坝。考虑调水及巫溪县城通航要求，拟于左岸布置提水泵站和船闸，发电厂房布置在右岸，为坝后式厂房。

左右岸重力挡水坝段长分别为 18.0m 和 30.0m，坝顶高程 208.0m，挡水坝段最大坝高 48.0m。厂房坝段长 76.0m，最大坝高 74.5m。溢流坝段长 715m，船闸及门库坝段长 66.0m，为两级船闸。

（3）输水隧洞。

1）剪刀峡—堵河输水隧洞。隧洞长 33km，从便于隧洞支洞布置和尽可能减少隧洞长度，减少工程投资出发，该隧洞采用从泵站出口到汉江堵河支流公祖河的布置，其中隧洞后半段基本沿公祖河方向走。从进水口到出口方向，依次在 15km、25km 和 30km 处布置有 3 条支洞，最大单洞长 15.0m，输水隧洞设计采用无压城门洞型。根据输水隧洞进出口地形地质条件，拟定的隧洞设计纵坡降为 0.0905％，隧洞设计底宽 10.0m，隧洞净高 12.2m，隧洞采用全断面钢筋混凝土衬砌。

2）大昌—剪刀峡（双河口）水库输水隧洞。隧洞长 22.5km，从进水口到出口方向，在 2.5km 和 16.5km 处依次与 2 条小溪相交，最大单洞长 14.0m，可方便工程施工。

输水隧洞设计采用无压城门洞形。

5.2.4 投资及经济性分析

（1）工程投资估算。以中国国际工程咨询公司提出近期多年平均年补水量 50 亿 m³，采用扩大指标法匡算的各分项投资，其中补水工程投资 91.10 亿元，堵河梯级电站增扩改造投资 61.93 亿元，补水工程总投资 153.0 亿元。

（2）补水工程抽水电量。抽水电量包括两部分，一部分为大昌泵站从大宁河抽水耗电量，另一部分为剪刀峡泵站从剪刀峡水库抽水的耗电量。根据抽水水量、扬程，计算的抽水耗电量为 66.8 亿 kW·h。

（3）效益。大宁河补水工程具有巨大的经济、社会和环境效益，主要包括供水和发电效益。

1）供水效益。根据《南水北调中线工程规划》分析，丹江口水库的水源成本水价为 0.449～0.842 元/m³，据此大宁河补水工程供水效益水价按 0.64 元/m³ 计。

2）发电效益。大宁河补水工程及其附属工程建成后，大宁河及汉江堵河干流装机容量和年发电量因水量增大而增大。由于补水工程及其堵河梯级具有调蓄性能，且其主要补水量在枯水年份，故增加的电量中 70％可在电网中进行调峰运行，同时增加的电量也主要是枯水年电量，因此其发电价值高。其变化情况详见表 5-5。

表 5-5　　　　　　　　大宁河补水后堵河各梯级电站扩容情况表

序号	电站名	补水前装机容量/万 kW	补水前年发电量/(亿 kW·h)	补水后总装机容量/万 kW	电站扩建工程投资/亿元	补水后年发电量/(亿 kW·h)
1	龙背湾	20	5.13	72	36.9	21.29
2	松树岭	5	1.54	15	2.29	6.63
3	潘口	50	10.36	75	5.56	20.41
4	小漩	5	3.07	15	7.9	3.56
5	黄龙滩	49	10.3	83	9.28	20.01
	合计	129	30.4	260	61.93	71.9

由表 5-5 可知，大宁河补水工程建成后，堵河梯级总装机可达 260 万 kW，各梯级增加装机容量 131 万 kW，可增加年发电量 41.5 亿 kW·h。

同时，本工程具有的抽水和蓄能发电综合功能，其产生的实际综合效益，将远大于单一的发电项目或纯抽水蓄能电站，但因其效益比较难以定量计算，本次计算暂不考虑。

（4）补水工程经济性分析。大宁河补水工程建成后，除可满足调水要求外，还可在剪刀峡调节水库安装容量为 7.5 万 kW 的发电机组，并带动堵河梯级的整体开发和增容改造，具有抽水-蓄能-发电的综合功能，能获得供水发电的双重效益。

经济性分析依据国家有关规定和评价方法，分析计算的本项目经济评价指标和敏感性分析计算结果见表 5-6。

表 5-6　　　　　大宁河补水工程国民经济评价指标及敏感性分析成果表

项　目	经济内部收益率/%	经济净现值/亿元	经济效益费用比
基本方案	14	52.6	1.39
投资增加 10%	13	41.6	1.29
投资增加 20%	12	30.6	1.2
供水量减少 10%	13.4	43.7	1.33
供水量减少 20%	12.8	34.9	1.26
投资增加 20%+供水量减少 20%	10.9	12.9	1.08

上述计算表明，本工程经济内部收益率达 14.0%，远大于 10%，经济净现值 52.6 亿元，大于零，经济效益费用比为 1.39，大于 1，说明工程建设在经济上是合理的。

5.2.5　结论及建议

通过分析认为，大宁河西线就是目前大家看好的新中线"一纵"。新中线解决原中线丹江口水量不足的同时，也基本替代了原西线的调水量。

中线得到水源补偿后，汉江中下游的水环境可进一步好转，同时，东线也可集中精力防污、治污。

新中线工程是新"四横三纵"调水格局的核心，也是后续"六横五纵"及"七横六纵"调水格局的着眼点，建议国家在进一步比较后早日纳入议程，及时实施。

5.3　"四横一纵"新西线（三峡水库引江济渭入黄小江调水）

新西线是指将现规划的南水北调西线，改变成从长江干流三峡水库引水的"引江济渭入黄"小江引水的"一纵"（图 5-6），也称"二横一纵"调配格局。

5.3.1　建设目标及战略意义

陕西关中地区人均水资源占有量约 380m³，相当全国人均水平的 1/8，耕地亩均水资源占有量 280m³，相当全国平均水平的 1/6，是全国主要缺水地区之一。近年来由于气候变化及上游各省区用水量不断增加，进入关中地区的水量不断减少，地下水严重超采，用水高峰季节，渭河下游断流，河道输沙用水、生态用水被挤占。加上 1960 年三门峡水库

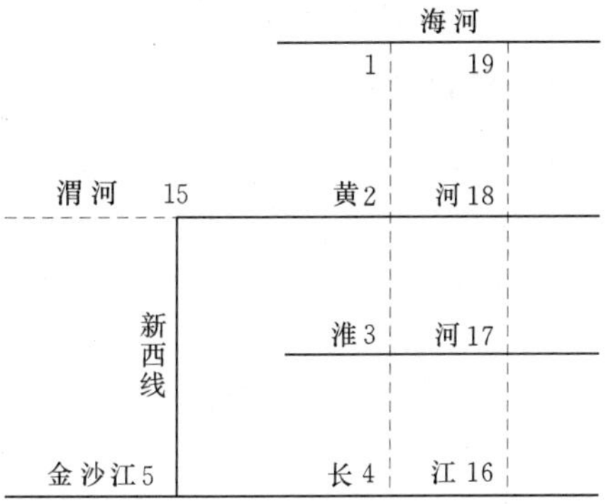

投入运用后，受泥沙淤积上延影响，临潼以下渭河下游河道发生严重淤积，致使历史上一条冲淤基本平衡的渭河下游，变成强烈堆积的地上河，又在干旱的基础上加重了洪涝灾害。

黄河下游河床持续淤积抬高是黄河治理的最大难题。要维持黄河的泄洪输沙功能，必需保留必要的造床输沙流量。按 1987 年国务院批准的近期（2000 年以前）黄河水量分配方案，其中有 210 亿 m^3 是黄河的生态用水，即用 150 亿 m^3 的水冲沙入海，用 60 亿 m^3 的水作为维持河道基流。但由于流域内外工农业生产及城市生活用水

图 5-6 "四横一纵" 新西线

量的不断增加，90 年代，国民经济用水年均耗用河川径流量已达 350 亿 m^3（其中流域外耗用 110 亿 m^3）。由于国民经济和社会的快速发展，用水量持续增加，挤占了输沙和生态环境用水，供需矛盾逐渐加剧，黄河下游断流日益严重，入海水量锐减，生态环境恶化。

正如以潘家铮为首的水利部引江济渭入黄方案研究咨询专家组指出：黄河及主要支流渭河为资源型缺水河流，河道淤积、主槽萎缩，水环境状况日趋恶化，制约了流域经济社会的可持续发展。在开展高效节水和加强治污的前提下，必须增加流域水资源总量。因此，实施外流域调水是十分必要和紧迫的。引江济渭入黄工程的目标首先是缓解流域资源型缺水，适当补充河道的生态与环境用水，结合可能的水沙调控措施，与渭河、黄河来水来沙有机结合，遏制流域生态与环境恶化的趋势，为最终恢复和维持河道基本功能创造条件。

可见，根据当前黄河流域和北方地区的缺水形势以及南水北调各项工程引水条件及布局，"四横一纵" 新西线即引江济渭入黄小江调水工程的调水目标宜确定为解决渭河、黄河中下游河道冲沙的生态环境用水，为根治渭河，拯救黄河创造条件；兼顾关中地区城市生活和工业用水；当遇黄河、渭河中下游严重干旱灾害时还可作为救灾应急用水。同时，还能通过调水，利用黄河上已建和拟建的三门峡、小浪底、西霞院水库回收电能，变三峡电站汛期、低谷电能，为北方地区提供尖峰电量。

根据黄委会和陕西省多年的治黄研究和近年来对渭河治理的研究成果，治理渭河近期每年需从外流域调水 30 亿～40 亿 m^3。关于黄河的治理，黄委会提出治黄三步曲：第一步，用好用活黄河现有水量，遏制黄河生态环境进一步恶化；第二步，从外流域年调水 30 亿～60 亿 m^3，改善黄河生态环境；第三步，维持黄河健康生命，需从外流域年调水 100 亿～200 亿 m^3。

参照《长江技术经济学会三峡引水工程研究组》的研究成果，从三峡水库引水同样可分三步走：第一步，在不影响三峡、葛洲坝电站发电效益的前提下，近期每年汛期（6—9 月）从三峡水库调水 40 亿 m^3（其中从三峡水库引水 31.6 亿 m^3，高山水库供水 8.4 亿 m^3）。第二步，待上游金沙江等大型梯级水库投入运行后，调水时间从 4 个月延长到 6 个月，再增加引水量约 16 亿 m^3，将引水总量扩大到 56 亿 m^3，达到治黄第二目标。第三步，待到实现怒江、澜沧江向金沙江补水后，实现全年调水，再将调水规模扩大，基本实

现维持黄河健康生命的引水目标。

5.3.2　线路选择

新西线——引江济渭入黄（小江方案）输水线路主要由魏廷铮等专家牵头，作者参与的 "长江技术经济学会三峡引水工程研究组" 在开展相关研究时提出，认为它是解决关中地区严重缺水、治理渭河和维持黄河健康生命的有效措施。

小江调水济渭入黄，是从三峡水库库区支流小江取水，穿大巴山跨汉江，过秦岭入渭河进黄河。其输水线路与方案是，小江提水 400m 左右，穿越大巴山进入汉江上游支流任河，再穿隧洞后跨汉江，然后通过汉江与渭河分水岭秦岭山脉入渭河，经潼关进黄河。小江河床比降小，当三峡水库降至最低水位——汛限水位 145m 时，小江回水向北深入达61.4km。从三峡水库小江取水北调是长江三峡水库至渭河的一条最短通道。全长约400km，其中隧洞长约 300km，并可利用汉江支流任河天然河道 20 余 km。输水线路可分为小江—任河和任河—渭河两段。

（1）小江—任河段。输水线路依据取水口不同位置的选择，研究过三条调水线路，分别为东线渠马河线路、中线白家溪线路、西线牛角直线路。

1）东线渠马河线路。取水口在云阳的渠马河镇，距云阳新县城 34.2km，提水泵站进水口设在小江左岸兰草沟。泵站扬程 415.8m 即可进入玉龙水库，高程 488m。从玉龙水库进洞到东河枫箱坪与关面水库相接，再经隧洞至前河明通水库坝前，接纳明通水库补水后，再穿隧洞到达岔溪口进入任河，出重庆境。线路在重庆境内总长 112km，其中隧洞长 107.9km。

2）中线白家溪线路。取水口在开县渠口镇白家溪，距开县县城 25km。提水泵站进水口设在李子沟，距开县县城 21km。从取水口白家溪到李子沟，须沿小江支流肖家沟逆流开挖疏浚河道 8.4km。李子沟泵站扬程 383.1m 进入兴隆水库，高程 441m。从兴隆水库穿四座隧洞至东河枫箱坪与关面水库相接，以后的输水线路与东线一致。该线路重庆段总长 114.2km，其中隧洞长 100.5km。

3）西线牛角直线路。取水口在白家溪上游 3km 的牛角直。提水泵站在白家溪上游33km 东河边的王爷庙，离开县县城 8km。从牛角直穿隧洞 14km 到王爷庙建抽水泵站，提水 380m 到龙王坪，该处地面高程 528m。从龙王坪进洞，到四川省宣汉县河口乡接纳明通水库补水后，经隧洞到岔溪口进入任河，出重庆境。线路重庆段长 113km，其中隧洞 105.5km。

现阶段多数专家倾向于以中线白家溪方案为代表性方案（图 5-7）。

（2）任河—渭河段。水进汉江支流任河后，如果需要向中线补水，则顺流而下进汉江经安康水库，向丹江口水库补水。如果需要向渭河和黄河调水，为防止所调水流进入汉江安康水库，需在任河干流麻柳河口上游建唐家湾闸坝控制，使所调水流进入左岸隧洞北去。唐家湾水库以后输水线路，也依据跨汉江过秦岭的不同情况研究过三条输水线路。

1）池河线路方案。从唐家湾水库坝址附近清岩溪进洞后，经高滩镇、向北过珠溪河、渔溪河、渚河，腊溪河，经双坪，再跨沽溪河、清溪河、渭公河，于漩涡上游 4km 附近，

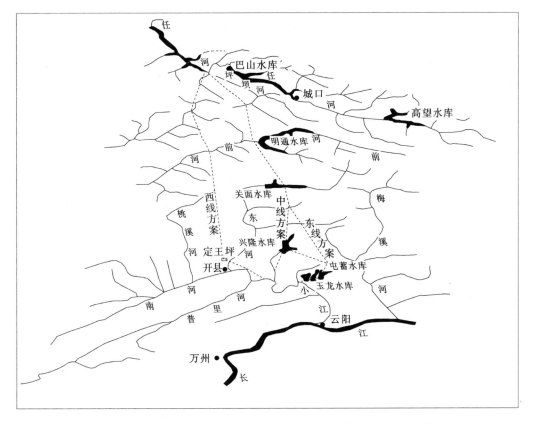

图 5-7 "四横三纵"新西线小江调水重庆段线路地理位置示意图

以高渡槽横跨汉江干流，经隧洞在汉阴县高梁铺下穿阳安铁路，继而折向西北进入池河，在青石北约 6km 的红花坪进洞，以 107km 特长隧洞穿越秦岭，沿新建、栗札，黄金，在黄金乡下穿旬河，于沙坪左 2km 穿秦岭主峰，在沣河祥峪口下游 2km 出洞，入渭河南岸支流丰河，在咸阳市附近进入渭河，顺渭河而下在潼关进入黄河。任河—渭河段线路全长 247km，其中隧洞长 204km，渡槽 8 座。

2）黄金峡线路方案。该方案自唐家湾水库引水后，与池河方案共线至双坪，再分道向西，经黎明、中坝，以渡槽跨富水河、白剑峡河、牧马河后下穿阳安铁路，再折向北，进入汉江上游第一个梯级电站黄金峡水库，利用黄金峡河道作为明流输水通道，至史家村附近进洞，以 104km 的特长隧洞穿越秦岭，于马召下游约 6km 处出洞，在周至县城西修 9.5km 自流明渠，于武功附近进入渭河。该方案无需修建跨汉江大渡槽，过秦岭特长隧洞从 107km 减至 104km，但调水线路全长增加 31.5km。

3）恒河线路方案。该方案自唐家湾水库后，与池河方案共线至汉阴县高梁铺下穿阳安铁路后分道向东，经八庙，跨观音河抵恒河，经大河、沙坝、太平达紫平，沿旬河北上，到黄金后又与池河方案共线，以 68.4km 特长隧洞穿秦岭。该方案与池河线一样需修建跨汉江大渡槽，但过秦岭特长隧洞可从 107km 减至 68.4km，调水线路总长则要增加约 46km。

现阶段多数专家倾向于池河线路方案为代表性方案，如图 5-8、图 5-9 所示。

图 5-8　"四横三纵"新西线——小江调水方案示意图

5.3.3　地质条件

调水区横跨大巴山系和秦岭山脉。大巴山简称巴山。广义大巴山为四川、甘肃、陕西、湖北、重庆5省（直辖市）边境山地的总称，为四川盆地、汉中盆地的界山。秦岭广义指西起甘肃、青海，经陕西省，东至河南省中部的山脉，全长1500km。狭义的秦岭指陕西境内一段，东西长400～500km，南北宽100～150km，属中高山，海拔2000～3000m左右。主峰太白山高3767m。

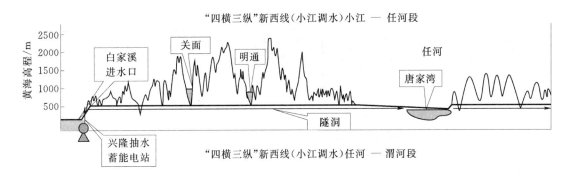

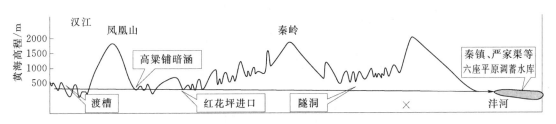

图 5-9 "四横三纵"新西线方案线路剖面示意图

　　秦岭是中国南北气候的分界线，同时也是长江流域与黄河流域的分水岭。燕山运动使秦岭在形成以断块活动为主的南北褶皱带构造格架后，秦岭又在喜马拉雅山运动的强烈改造下，经大幅度的块断式垂直升降运动而最终形成了现今秦岭的地貌格局。

　　中部的汉江河谷，两侧为大约南北向的支流，分别从大巴山流向汉江和从秦岭流向汉江。汉江发源于秦岭主峰太白山西麓，蜿蜒流经汉中、安康、丹江口，至武汉汇入长江，构成秦岭与大巴山的自然分界。

　　引水系统及调水沿线出露的地层繁多，从前震旦系至第四系，除缺失志留系上统、泥盆系下统及石炭系上统外，其他地层均有出露。引水的进水口一带，主要为侏罗系上统遂宁组、蓬莱镇组和中统沙溪庙组的红色砂岩、泥岩以及三叠系上统须家河组的砂岩、页岩；大巴山区为二叠系、奥陶系、志留系、寒武系、震旦系等的石灰岩和砂岩、页岩；汉江一带主要为寒武系到泥盆系的炭质硅质岩石、云英片岩、千枚岩及灰岩，汉阴附近有花岗岩及花岗闪长岩。以深埋长隧洞穿过的秦岭地区，主要地层岩性为花岗岩和下古生界的片麻岩等。

　　在大地构造位置上（图 5-10），本工程线路跨越了秦岭褶皱系和扬子准地台两个一级大地构造单元区，二者大致以镇巴—城口—镇坪—房县为分界线。自南而北有华南板块的扬子陆块、昆仑—秦岭活动带（南带）、塔里木—华北板块的华北陆块。

　　华南板块的扬子陆块，属长江干流到汉江水系的大地构造单元；昆仑—秦岭活动带（南带）属汉江水系与渭河之间的大地构造单元；华北陆块是供水区的大地构造单元，其中，西安到潼关的渭河段是汾渭地堑的一部分，潼关以下为华北平原。

　　工程区域主要断裂有大巴山断裂（F_1），湖北境内又称青峰断裂（图 5-11）；白河至谷城断裂（F_2），又称白河至十堰断裂、公馆至十堰断裂；新华断裂（F_3）；远安断裂带

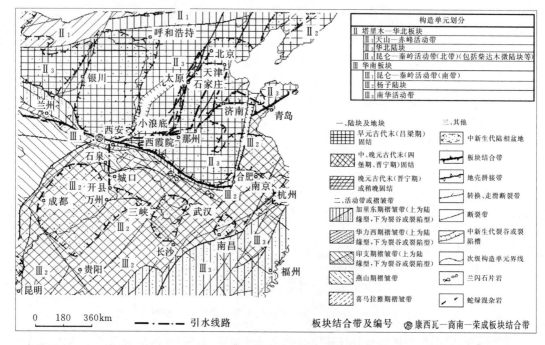

图5-10 小江引水方案所在的大地构造单元

（F_4）。

本区新构造运动特征，总体呈大面积抬升。区内各级夷平面及阶地轮廓清晰，未出现明显的解体现象，也未发现证据确凿的第四纪断裂。区域重力场所反映的中国东部巨型梯级带虽通过本区，但异常带宽大（100余km），异常等值线均一，梯度值0.9～1.1mGal/km，莫霍面亦显示呈0.9°向西微倾的斜坡。根据重力资料测量结果，本区大体处于相对均衡状态。

据地震资料统计，本区最早的历史地震为公元前143年湖北竹山西南5级地震，最大地震为788年3月12日湖北房山西北的6.5级地震。

1959年设立的三峡微震台网以来，在东经108°～113°，北纬29°～32°40′的范围内（包含本区域）共记录$Ms \geqslant 1.0$级地震700余次，$Ms \geqslant 3.0$级地震38次，其中有轻度破坏的中强地震5次，其中发生在区域内的两次，即1969年的保康马良坪4.8级地震，震中烈度Ⅵ度；1979年秭归龙会观5.1级地震，震中烈度Ⅶ度。上述地震主要沿黄陵地块东西两侧较大断裂集中成带分布。构成三个较为显著但规模较小的地震带。即：①远安—钟祥地震带。历史上有过三次5～5.5级地震，现今以频度较高的微震活动为主，1969年发生过马良坪4.8级地震。②秭归—渔洋关地震带。呈近南北向的狭长条带，该带历史上无中强地震记载，1961年发生过潘家湾4.9级地震，间有微震活动。③兴山—黔江地震带，呈北东向展布，该地震带历史上发生过5级以上地震3次，最大地震为1856年咸丰大路坝61/4地震，1979年发生龙会观501级地震，并时有微震发生。

综上，本区无论是断裂活动强度，新构造运动特点，还是深部地壳结构特征，均说明

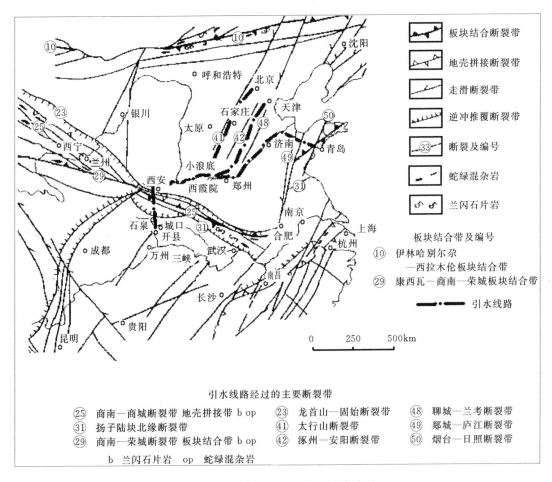

图例
	板块结合断裂带
	地壳拼接断裂带
	走滑断裂带
	逆冲推覆断裂带
③③	断裂及编号
	蛇绿混杂岩
	兰闪石片岩

板块结合带及编号

⑩ 伊林哈别尔尕
——西拉木伦板块结合带

㉙ 康西瓦—商南—荣城板块结合带

—— 引水线路

引水线路经过的主要断裂带

㉕ 商南—商城断裂带 地壳拼接带 b op	㉓ 龙首山—固始断裂带	㊽ 聊城—兰考断裂带
㉛ 扬子陆块北缘断裂带	㊶ 太行山断裂带	㊾ 郯城—庐江断裂带
㉙ 商南—荣城断裂带 板块结合带 b op	㊷ 涿州—安阳断裂带	㊿ 烟台—日照断裂带

b 兰闪石片岩 op 蛇绿混杂岩

图 5-11 小江引水主要断裂分布略图

区域稳定条件相对较好,主要为弱震活动环境,不具备发生强烈地震的地质背景。

据 2001 年《中国地震烈度区划图》,区域内竹溪竹山—房县一带地震基本烈度属Ⅶ度区,50 年超越概率 10% 地震动峰值加速度 0.1g;开县—城口—巫溪一带地震基本烈度属小于Ⅵ度区,50 年超越概率 10% 地震动峰值加速度小于 0.05g;其余地带地震基本烈度属Ⅵ度区,50 年超越概率 10% 地震动峰值加速度 0.05g。地震动反映谱特征周期 0.35s。

本区地震地质条件相对较好,发生强烈破坏性地震的可能性较小。据国家地震局汶川"5·12"地震等烈度线图,汶川地震波及到本区域其影响烈度小于Ⅵ度,西侧处于Ⅵ度区边缘。

区域自然地质灾害主要为滑坡及危岩崩塌、泥石流、岩溶塌陷等。

5.3.4 工程布局与主要建筑物

新西线调水,是依托长江三峡水库为水源地,在长江北岸利用流经重庆市开县、云阳的三峡水库支流小江,在水库的逆小江回水区开县白家溪或云阳渠马河提水 400m 左右,

125

通过长 110km 隧洞至重庆市城口县岔溪口入汉江支流任河，利用天然河道 30km，在任河干流麻柳河口上游建唐家湾闸坝，控制水流进长 58km 的唐家湾隧洞，经高滩，跨渚河、沽溪河，过大巴山于陕西省汉阴县漩涡上游 4km 附近，以长 1km，高 125m 的高架渡槽或倒虹吸跨汉江，又接隧洞穿秦岭至渭河南岸支流沣河入渭河，然后经潼关进入黄河。

在工程布局上为达到良好的调水效果和运行的经济性，"新西线"工程除引水隧洞、明渠、渡槽等建筑物外，还应包括在调水沿途增加的以下专设建筑物：

渠首抽水泵站按抽水蓄能电站建设：由于引江济渭入黄工程属于以生态补水为主的纯公益性项目，工程投入运行后每年提水运行费用都需要国家投入，根据调水工程的运行特点，为了提高渠首提水工程的设备利用率，拟将引水渠首的高扬程抽水泵站建成抽水蓄能电站，利用非汛期不调水的 6～8 个月时间和汛期调水中每天 3～6h 的电网用电高峰时段，利用设备闲置期进行发电运行，为电网提供宝贵的调峰电力，也可用其供电收入弥补抽水成本，降低运行费用，减轻国家负担。

在大巴山区建设高山水库：大巴山区是长江上中游的季风暴雨中心之一，多年平均降雨量在 1500mm 以上。山区森林植被好，人口稀少，农垦不发达，产流条件好，径流深也在 1000mm 以上。因此，利用好调水沿途的有利蓄水地形，建设高山水库，既可减少从三峡水库的调水量，又能做到高水高用，降低抽水费用，还可以在枯水期三峡水库非调水期为关中地区提供生产生活用水。

在渭河支流建设沣河调蓄水库：为了使引江济渭入黄工程调水达到对渭河泥沙淤积的冲沙效果，黄委会和陕西省的研究表明：其冲沙流量要在 1000m³/s 以上。直接从长江抽取和调引如此大的水流规模，无论从设备能力、工程难度和经济性来说都是不现实和不可取的，因此，需要在隧洞出口至渭河间修建调蓄水库，通过人造洪峰形式对渭河下游河床形成冲刷效应。经陕西省水利部门研究，可在渭河支流沣河上修建 6 座梯级水库，配合渭河自身的中小洪水，从而达到既能冲沙，又不至于使调水规模过大的目的。

（1）抽水蓄能电站。通过在三峡水库重庆库区小江取水河段，开展抽水蓄能电站的普查工作，选出有可能与引江济渭入黄工程调水结合的抽水蓄能电站站址有：兴隆、龙洞、明月、玉龙等 5 个站址。经过对这些站址的查勘和地形地质、水源、交通等工程建设条件的分析，并结合引江济渭入黄小江取水口及调水线路方案考虑，以紧邻东线渠马河取水口的云阳玉龙和紧邻中线白家溪取水口的开县兴隆两站址作为结合三峡水库引江济调入黄开发抽水蓄能电站站址为优。

兴隆抽水蓄能电站站址位于重庆市东北侧的开县境内，距重庆市中心城区直线距离约260km，距万州 500kV 变电站的直线距离约 55km，接入系统十分方便。上水库利用已建兴隆水库改扩建而成，下库为三峡水库，进水口、出水口布置在小江支流白家溪肖家沟口，工程水文地质条件较好。

从抽水蓄能电站的开发条件来说，玉龙站址建设条件较优、投资较低，同时该站址还具有电站取水渠道短、流态较稳定、水工布置紧凑等优点。但从引江济渭入黄调水来说则有扬程高，输水线路长度增加的缺点。作为调水与抽水蓄能结合的研究，暂以兴隆站址作为首期推荐站址。

兴隆抽水蓄能电站工程枢纽主要由上水库（坝）、下水库、输水系统、地下厂房及开关站等组成。

上水库（坝）位于金峰乡中包村，初拟坝址位于原兴隆水库大坝下游约700m处。根据地形地质条件，上水库大坝坝型为钢筋混凝土面板堆石坝，坝顶高程533.0m，最大坝高108m，坝顶长420m，坝顶宽10m。

大坝上游设置趾板连接地基与面板，拟将趾板置于弱风化岩上。对趾板下基础及两坝肩均进行固结灌浆与帷幕灌浆，形成完整封闭的大坝防渗系统。水库北、东、西三面环山，高程在600~800m，未发现大的断裂通至库外，不存在库水渗漏问题，无需库盆防渗处理。

输水系统采用尾部开发方式，水平总长度约5283m。地下厂房的主、副厂房和主变洞均为大跨度高边墙洞室，和尾水闸门洞三大洞室采用平行布置方式。开关站初步拟定采用地面500kV GIS开关站，位于下库进出水口右侧山坡。

兴隆抽水蓄能电站主要水能参数见表5-7。

表5-7   兴隆抽水蓄能电站主要水能参数表

项　目	数值	项　目	数值
上水库：正常蓄水位/m	528.1	单机容量/机组台数/(MW/台)	300/6
相应库容/万 m³	7216	年发电量/(亿 kW·h)	25.75
死水位/m	520	蓄能电站年抽水电量/(亿 kW·h)	35.27
相应库容/万 m³	5682	调水年耗电量/(亿 kW·h)	32.06
有效库容/万 m³	1534	年调水量/亿 m³	31.6
非汛期蓄能电站调节库容/万 m³	1423	最大净水头/m	384.2
6—9月蓄能电站调节库容/万 m³	670	最小净水头 H_{tmin}/m	335.8
6—9月调水调节库容/万 m³	864	最大净扬程 H_{pmax}/m	388.3
下水库：正常蓄水位/m	173.26	最小净扬程/m	349.1
死水位/m	143.26	额定水头/m	366
电站：装机容量/MW	1800	H_{pmax}/H_{tmin}	1.16

（2）输水线路。新西线—小江调水，引江济渭入黄工程输水线路布置如下：

长江双江口—小江白家溪，利用天然河道51km；

白家溪—李子沟泵站挖明渠8.4km；

李子沟泵站—兴隆水库抽水蓄能电站压力输水隧洞5.3km；

兴隆水库—岔溪口输水隧洞全长100.5km；

岔溪口—唐家湾水库利用天然河道长30km；

唐家湾—青石北隧洞长100km，在58km的漩涡处跨汉江，该段共有渡槽7座，总长2.25km，隧洞长度实为97.75km；

青石北—沣峪出口，穿越秦岭的隧洞长107km，其中超长深埋隧洞二段，每段最长26km，共计52km；

沣峪出口—渭河，全长36.3km，建调蓄水库6座，作调水调沙用。

其中穿秦岭深埋长隧洞比降1/2000，一般隧洞比降1/4000。

（3）大巴山区高山水库。

1）小江东河关面水库。关面水库位于开县东河上游关面、红园、满月三乡交界的双河口处，坝址河床高程446m，控制流域面积450km²，多年平均流量16m³/s。经典型年调节计算需调蓄库容27160万m³，库容系数0.539；多年平均调水量为31830万m³，调水系数0.632。

为满足北调输水隧洞在跨越关面水库段输水高程的要求，初选关面水库死水位为510m。加上调蓄库容，正常高水位为650.0m，相应库容29660万m³。

拦河大坝为混凝土重力坝，坝顶高程653.00m，坝高207m，坝顶长558m，坝顶宽度12m，采用坝顶溢流方式。在大坝中部设置坝顶溢流堰，由五孔露顶式闸门控制泄洪，采用挑流方式消能。在溢流堰的右侧设置放空底孔，作为大坝维修、放空水库之用。

2）嘉陵江前河明通水库。明通水库位于嘉陵江一级支流渠江上游州河支流前河的上游，前河自源头燕麦坝由东南向西北蜿蜒曲折流入蓼子口进入库区，于四川宣汉汇入州河、经达州至渠县三汇镇注入渠江。枢纽建在重庆城口县境内前河与汉川河汇合口燕子河口处，坝址地面高程640m，控制流域面积664km²，多年平均流量24.9m³/s。

明通水库经典型年调节计算所需调蓄库容约为42250万m³，库容系数0.539；多年平均调水量约为49510万m³，调水系数0.632。初选死水位为670m，加上调蓄库容，正常高水位为753.0m，相应库容44850万m³。

明通水库总装机容量95MW（2×47.5MW），水电站采用地下厂房布置方案，枢纽建筑物由大坝、泄水建筑物及地下厂房等组成。

拦河大坝为碾压混凝土面板堆石坝，设计正常高水位753.00m，坝顶高程756.00m，坝高139m，坝顶长415m，坝顶宽度12m。

泄洪建筑物采用左岸坝肩溢洪道设闸方案，设五孔溢流堰，采用挑流方式消能。

在汉川河支流寒溪沟内高程690m以上的二叠系强岩溶地层分布地段，为防止库水可能向下游盘龙洞方向渗漏，设置拦水坝，坝顶高程753.0m，最大坝高55.0m。

水电站厂房位于坝后靠右岸下游，为地下式厂房，电站尾水通过尾水调压室接入南水北调引江济渭入黄输水隧洞中。

3）汉江任河高望水库。高望水库位于城口县任河上游高观寺青龙峡，属任河梯级开发中的龙头水库，坝址处河床高程840m。高望水库坝址处控制流域面积597km²，多年平均流量14.9m³/s，经典型年径流调节计算，为满足供水需求，所需调蓄库容为22080万m³，库容系数0.471；多年平均可调水量为27870万m³，调水系数0.594。初选死水位为915.0m，死库容1800万m³，加上调蓄库容，正常高水位库容23880万m³，正常高水位为1001.0m。

高望水库工程电站总装机容量30MW（3×10MW），采用坝后式布置方案，枢纽建筑物由大坝、泄水建筑物及坝后厂房等组成。

拦河大坝为混凝土重力坝，坝顶高程1005.00m，最大坝高155m，坝顶长299m，坝顶宽度12m。

4）汉江任河巴山水库。巴山水库位于汉江一级支流任河上游，属任河梯级开发的控制性骨干工程，枢纽建在城口县巴山镇上游冉家坝处。枢纽坝址处河床高程536m，流域内森林植被较好，地下水丰沛。

巴山水库坝址控制流域面积 1712km², 扣除上游高望水库径流后, 得高望—巴山区间多年平均流量 （即区间径流） 27.7m³/s。

巴山水库位于高望水库下游, 考虑上游高望水库调节成果及结合区间径流过程, 采用典型年进行调节计算确定, 巴山水库调蓄库容为 40840 万 m³, 库容系数 0.304; 多年平均北调水量为 79220 万 m³ （高望和巴山水库联合调节后总调水量）, 调水系数 0.589。

死水位结合电站发电机组取水口的要求, 初拟为 650m。

按初选死库容 15000 万 m³, 加上调蓄库容, 得正常高水位库容为 55840 万 m³, 正常高水位为 716.0m, 总库容 57860 万 m³。

巴山水库总装机容量 150MW (4×37.5MW), 为引水式电站, 枢纽为混合式布置。枢纽建筑物由拦河坝、泄洪建筑物和发电厂房等组成。

拦河坝位于巴山镇上游 1.5km 的冉家坝处, 大坝为混凝土双曲拱坝, 坝顶高程 720m, 最大坝高 193m, 坝顶宽 10m。

泄洪消能建筑物拟采用坝身表孔和中孔结合的方式布置, 采用挑流方式消能。

厂房位于任河支流坪坝河右岸城口县坪坝镇林家坡, 尾水于岔溪口汇入任河干流。

5) 嘉陵江水系渠江上游支流的其他水库。渠江是嘉陵江下游左岸最大支流, 位于四川省盆地东北缘地区, 流域自上而下流经陕西、重庆、四川 3 省 （直辖市） 共 20 个县级行政区。

渠江上游分为巴河、州河两大支流, 在渠县三汇镇汇合后始称渠江。州河发源于大巴山南麓重庆城口县境, 上游又分为前河、中河、后河三条支流, 在宣汉城东汇合后始称州河。

州河位处大巴山和米仓山暴雨区, 洪水峰高量大, 是形成渠江和嘉陵江洪水的重要部分, 控制渠江洪水对嘉陵江乃至长江中下游防洪具有重要作用。渠江流域防洪可以与本调水结合的高山调蓄水库有上游州河三大支流上的后河鲜家湾、中河黄桷湾、前河土溪口三座水库, 其中土溪口水库位于嘉陵江、前河明通水库下游, 为同一条河上的串联水库。

通过在渠江上游州河修建以防洪为主, 兼有发电、灌溉、供水功能的明通、土溪口、黄桷湾、鲜家湾高山调蓄水库, 总控制水量为 20.51 亿 m³。根据流域规划对流域自身水资源供需平衡分析, 在不影响州河流域各乡、镇工农业和居民饮水的供水需求, 以及河道内外生态用水的前提下, 能为南水北调小江方案提供可调水量为 12.3 亿 m³。

通过上述分析可见, 小江调水沿线, 可充分利用发源于大巴山的小江、渠江、任河, 具备其水量丰沛、高水高用、建库修坝条件好等有利条件, 结合当地水资源综合开发利用, 建设关面、明通、土溪口、黄桷湾、鲜家湾、高望、巴山等 7 座高山调蓄水库, 共能为小江调水补充枯期北调水量 23.4 亿 m³, 同时也有利于免除当地洪水灾害和带动大巴山连片贫困山区社会经济发展。

（4） 在渭河支流建设沣河调蓄水库。如前所述, 新 "四横三纵" 调水格局中新西线拟通过引江济渭入黄工程 （小江线） 从三峡水库调水到渭河入黄河, 除部分水量用于关中地区工业和城市生活供水外, 还有一个重要的任务是冲沙。

为了使引江济渭入黄工程调水达到对渭河泥沙淤积的冲沙效果, 黄委会和陕西省长期的研究表明: 其冲沙流量要在 800m³/s 以上。直接从长江抽取和调引如此大的水流规模,无论从设备能力、工程难度和经济性来说都是不现实和不可取的,而为了减少小江引水工程的实施难度,控制工程造价,引江济渭入黄工程输水隧洞过水流量宜控制在 300m³/s 左右。

在引水流量 300m³/s 条件下,即使加上渭河本身的来水流量,也难满足造床流量 800m³/s 的要求。为解决这个问题,陕西省水利厅研究认为,可以通过修建调蓄水库措施,较好地解决冲沙所需的造床流量、冲沙历时及冲沙水量的问题。因此,为了利用来水对渭河进行冲沙,需在隧洞出口至渭河间建调蓄水库,以增大入渭冲沙流量。

为了取得三峡引水与渭河天然洪水配合冲沙的较好效果,调蓄水库的调度和运行原则是在水库泄放期间,通过 6 座梯级水库联合调度形成 700m³/s 的人造洪峰。加上三峡引水流量 300m³/s,以确保进入渭河咸阳断面的流量达到 1000m³/s,配合渭河自身的中小洪水,冲沙效果十分明显,从而达到既能冲沙,又不至于使调水规模过大的目的。

沣河发源于秦岭北麓,是渭河的一级支流,流域总面积 1386km²,多年平均径流量 4.38 亿 m³,干流长度 78km,平均比降 8.2‰。主要支流有太平河、潏河、高冠河,均发源于秦岭山区,源短流急,谷狭坡陡,径流较丰,含沙量小。

陕西省水利部门通过勘察研究,在调水隧洞出口至渭河的沣河口长 36.3km 的沣河干流共布置了 5 座梯级水库 (从上而下依次为秦镇、梁家桥、马王镇、严家渠及文家村水库),加上沣河支流的沙河口水库,共 6 座水库,总库容可达 2.89 亿 m³。水库大坝及坝堤均为碾压土坝,防渗采用复合土工薄膜铺盖加垂直铺塑。

5.3.5 问题与思考

新西线小江调水实施中能否解决好穿越秦岭的工程措施,调水入渭进黄的冲沙效果如何和如何减轻国家在工程运行期的长期负担,是大家共同关心的问题。

(1) 深埋长隧洞施工。鉴于本工程穿越秦岭隧洞较长,埋深较大,能否顺利实施穿越秦岭的深埋长隧洞,是关系到三峡水库小江引水工程成败的重大技术难题之一。笔者认为有必要对现行的深埋长隧洞施工经验做一定的介绍以供读者思考。

隧道设计专家认为隧洞设计与施工的关键是摸清地质情况,查明重大地质构造和不良地质问题,预设好相应的技术措施。目前国内外已有修建数十 km 乃至上百 km 隧洞的经验,在秦岭地区也有西康铁路特长隧道 (18.46km)、西康高速公路特长隧道 (18.4km)、西安至南京铁路隧道 (12.7km) 等多条铁路、公路隧洞建设的先例。

初步了解到,在引江济渭入黄 (小江调水) 穿越秦岭线路 40km 范围内,已建、在建或勘测隧洞已有 8 条,见表 5 - 8。

表 5 - 8　　　小江引水线路 40km 范围内已建、在建或勘测的隧洞情况

名　　称	埋深/m	长度/km	尺寸 (宽×高、直径)	条	备注
西安—安康铁路过秦岭隧洞	1600	18.45	φ8.8m	2	已建
西康高速公路终南山特长隧洞	1600	18	11m×7.7m	2	在建
引干济石终南山秦岭隧洞	1200	18	3.2m×2.8m	1	在建

续表

名　　称	埋深/m	长度/km	尺寸（宽×高、直径）	条	备注
西安—汉中高速公路秦岭隧洞	1000	19.7	4m×3m	1	在建
陕西宝鸡引红济石秦岭隧洞	1200	63	ϕ7.2m	1	勘设
引汉济渭秦岭隧洞	1200	11	11m×7.7m	1	勘设

三峡引水工程穿越秦岭的最长单洞为 23km，最大埋深 1000m。铁道第一勘测设计院在近 30 年中，为设计修建穿越秦岭隧洞，从 17 个越岭方案中比选出了现在西康铁路穿越秦岭的特长隧洞方案。又用近 5 年时间进行勘测设计，包括在 460km² 范围内进行了大量地质勘察工作，再经近 10 年施工，积累了大量资料和施工经验，从而在施工中没有出现重大的问题和伤亡事故。

西康铁路隧洞埋深超过 1000m 的地段长约 4000m，洞长 18.45km，以混合片麻岩、混合花岗岩为主，穿过 13 条断层，大多数以大角度相交，断层带最大宽度 250m，主要为碎裂岩及断层泥砾。地震烈度为Ⅵ度。隧洞最大总涌水量 3.7 万 m³/d，稳定漏水量不足 1 万 m³/d。洞内地应力，大部分属中等水平，少部分属高地应力水平。西康铁路隧洞北洞口高程 870m，南洞口高程 1025m，最大埋深约 1600m。

为了设计修建穿越秦岭的隧洞，我国铁路、交通部门在秦巴山区进行了 40 多年地质勘探、科学研究和工程建设，在设计与施工中如何解决地质灾害的相应措施方面，积累了丰富的第一手资料和施工经验。为了解决秦岭深埋长隧洞施工这个难题，根据铁道第一勘察设计院对西康铁路隧洞的设计施工实践，可以采用以下行之有效的措施予以解决：平导先行。先打平行导洞，利用它做沿程地质观察的勘探洞，还可作通风、排水、出渣及交通运输用，起到超前探明地质、处理涌水、岩爆等不良地质状况，给主洞施工起到先行一步的作用；采用 TBM 机施工。它适合于秦岭以硬岩为主地层，施工工艺简单，经济上合理；采用软化围岩、地应力释放等新技术；针对适合不同地质条件的断层较强结构、岩爆支护结构的开挖支护措施；采用复合衬砌，锚喷衬砌，钢纤维喷混凝土等多种衬砌方式和处理好出渣、通风、环保等强化管理工作，都为在该地区建设三峡引水工程创造了极其有利的条件。

综合前述，笔者认为新西线小江调水工程穿越秦岭地区，虽然存在地质条件复杂，深埋长隧洞施工技术难度大，但应该是可以克服的。

（2）调水结合开发抽水蓄能电站的经济合理性。新西线小江调水需在三峡水库左岸小江附近建设一座扬程约 382m 的高扬程泵站，将长江水提升至约高程 527m，再经输水隧洞、渡槽等穿越大巴山、秦岭，自流入渭河。为了调水入黄冲沙的需要和不影响三峡工程规划效益的发挥，近期工程每年仅 6—9 月从三峡水库引水，泵站每年只运行 4 个月。远期调水时间也仅 5—10 月 6 个月引水，其余 6～8 个月处于闲置状态，同时，在一天当中为避开电网用电高峰，抽水时间也局限在 16～18h，设备利用率低。为此考虑将高扬程泵站改建为抽水蓄能电站，这不仅能大大提高设备利用率，为电网提供宝贵的调峰能力，而且抽水蓄能电站的发电收益，还可用于补偿抽水及引水工程运行费用。

调水结合开发抽水蓄能电站需满足两个方面的基本要求：一是要满足年调水量和调水流量的需要；二是要符合电网对抽水蓄能电站的需求。

1）电网对抽水蓄能电站的需求。引江济渭入黄工程抽水蓄能电站属重庆电网范围，处于四川电网经重庆电网通向华中电网的西电东送中部通道内。它的调峰作用不但可有效服务于重庆电网，还可辐射至华中电网，地理位置十分优越。根据重庆和华中两个电网的负荷和电源发展预测，通过电网电力盈亏和调峰容量平衡计算分析，至2020年重庆电网系统容量缺额5372MW；华中电网系统容量缺额30770MW。

两个电网调峰困难主要体现在汛期，因此在调峰容量平衡计算时，以汛期8月为代表。至2020年，重庆电网调峰容量缺额为3419MW；华中电网调峰容量缺额为7784MW。电网调峰容量平衡计算在充分考虑发挥水电和火电装机的合理调峰能力，并考虑到抽水蓄能电站具有调峰、填谷的双重容量效益的条件下，到2020年，仅重庆电网对抽水蓄能电站的需求空间达到1800MW。如两个电网合计，需求空间将达到25600MW。

解决电网调峰容量缺额的措施，可考虑建设燃气火电站和抽水蓄能电站两种方案。通过重庆电网调峰电源选择的总费用现值计算结果表明，抽水蓄能电站总费用现值明显低于火电。在有条件修建抽水蓄能电站的地区，抽水蓄能电站不论在单位千瓦造价上和运行上都优于燃气电站；而且抽水蓄能电站具备的填谷调峰双重作用，还可起到缓解电网内电源允许最小技术出力超过电网最小负荷造成困难的作用，由此可见，建设抽水蓄能电站既是重庆和华中电力系统优化电源结构的需要，也是解决系统调峰问题的经济措施，并可大大提高电网的供电质量和可靠性。

2）调水与抽水蓄能结合电（泵）站运行方式。根据《三峡工程综合利用与水库调度研究》，三峡水库6—9月来水扣除电站满负荷发电流量，最佳6月上旬削落水量共有弃水252亿 m^3。说明从水量上来看，仅利用三峡水库汛期弃水，就能够既满足调水量要求，也可以利用弃水通过抽水蓄能电站，为电网提供高峰电量。

根据小江抽水蓄能电站具有蓄能发电和供水双重功能，它的运行方式有特殊性：

a. 汛期（6—9月），从重庆电网典型日负荷图来看，一般在上午和晚间有两个高峰期，共近8h，但突出的高峰时段是晚间的3～4h（18：00—22：00）。如引江济渭入黄工程调水仅考虑在负荷低谷抽水，抽水站规模较大，运行成本更高。根据三峡总公司的研究成果，每天抽水16h和20h对三峡、葛洲坝工程发电量的影响基本相同，故本阶段汛期抽水时间采用避开电网用电突出高峰期，每天抽水运行21h，其中为调水抽水运行16h，为蓄能电站发电抽水运行5h，发电运行3h；并保证24h均匀调水300m³/s。

b. 非汛期（10月至次年5月），因无调水需求，机组按电网对抽水蓄能电站要求运行，除检修机组外，其余机组蓄能发电抽水7h，发电运行5h。

以此计算，调水与抽水蓄能结合电站全年相当于每年发电运行1560h，与纯抽水蓄能电站年利用小时一般为1500h相近。

并以此计算调水结合抽水蓄能电站上库调节库容，通过保证24h均匀调水和保证3h发电用水所需库容的调节计算，按调水300m³/s和1800MW蓄能电站3h发电所需上库具备的调节库容为1534万 m^3。与前述5.3.4工程布局与主要建筑物一节中，抽水蓄能电站计算的水能参数（表 5-7）要求上库的有效库容一致。也说明抽水蓄能电站配置 6 台 300MW 混流可逆式水泵水轮机，其抽水能力即可同时满足调水和蓄能发电的双重任务。按照拟定的北调水量、抽水蓄能电站装机容量（1800MW）、电站运行方式，经上、下水库能量转换计算得出的调水量和上下库能量转换及水利动能计算结果表明：

在调水渠首将抽水泵站改建为抽水蓄能电站，即可同时满足从三峡水库调水和为重庆电网提供调峰容量的需要。调水工程中的抽水泵站抽水时间与抽水蓄能电站的抽水、发电时间是可以相结合的。它既可以提高工程机电设备的利用率，在考虑一定库容条件下，提水工程运行工况根据系统负荷情况灵活起亡，也是电力系统调整负荷的手段之一。因此，调水工程渠首提水工程和抽水蓄能电站结合不仅是可行的，也是资源优化配置措施。

因此，把抽水泵站改建成抽水蓄能电站既是提高调水工程经济性的要求，也是重庆和华中两个电网运行的需要。

3）调水结合蓄能电站经济性分析。

a. 工程投资。抽水蓄能电站投资包括上水库、蓄能电站和需要连通三峡水库的引水渠三个部分，初步估算成果详见表 5-9。

表 5-9　　　　　　　　　　　　兴隆站址投资总估算表

编号	工程或费用名称	投资/万元	占总投资比例/%
Ⅰ	枢纽建筑物	443867	77.5
一	施工辅助工程	23387	4.1
二	建筑工程（含下游河道改造工程）	187166	32.7
三	环境保护工程	8920	1.5
四	机电设备及安装工程	208446	36.4
五	金属结构设备及安装工程	15948	2.8
Ⅱ	建设征地和移民安置	13418	2.3
Ⅲ	独立费用	62141	10.9
	Ⅰ、Ⅱ、Ⅲ部分合计	519426	90.7
	基本预备费	53284	9.3
	工程静态投资	572710	100

b. 经济性分析。引江济渭入黄工程调水目的是为治理渭河、黄河提供河道冲沙生态用水，纯属公益性项目，无直接经济效益，其运行费用将由国家财政负担。结合开发抽水蓄能电站，则是针对该调水工程调水抽水时间只有汛期（6～9 月）的特点，利用调水运行以外的 8 个月，提水泵站设备处于闲置状态，进行抽水蓄能运行，为电网提供高峰电量。既提高了调水设备利用率，也为解决公益性工程国家出钱建成后，长期运行费用中的抽水电费的"买单"问题。因此，其经济性评价是为阐明用抽水蓄能电站的发电收益弥补引水工程抽水电费，能否在减轻国家长期负担中起到作用的问题。

费用效益：工程费用包括抽水蓄能电站建设投资 572710 万元（考虑工程建设资金全部由国家投资，不计算建设期利息）；经营成本暂按项目投资的 2.5% 计、折旧费按项目投资的 5％计 (蓄能电站经营成本和折旧费的分摊系数, 按汛期每天为抽水蓄能服务 8h, 每年为抽水蓄能服务 8 个月的比例计算为 0.778, 分摊经营成本和折旧费为 3.33 亿元); 抽水蓄能电站的抽水电费, 根据重庆电网实际低谷电价 0.18 元/(kW·h), 抽水蓄能年抽水费用为 6.35 亿元。

蓄能电站效益为电站销售收入, 采用峰谷价差 4∶1, 低谷电价 0.18 元/(kW·h), 则高峰电价取 0.72 元/(kW·h), 按此测算蓄能电站年销售收入为 18.17 亿元。

盈利能力: 蓄能电站作为引江济渭入黄工程的渠首部分, 其建设投资进入调水工程总投资, 建设任务以满足调水为主, 营运管理也是调水工程统一管理的一个组成部分, 因此折旧费和经营成本应纳入调水工程统一核算, 故蓄能电站收益为工程发电销售收入扣除蓄能抽水电费、销售税金附加后, 每年电站收益为 11.58 亿元。

蓄能电站的开发任务是调水和蓄能两项, 因而它既是引江济渭入黄工程的一部分, 又要在完成引水功能的同时, 为电网提供抽水蓄能服务, 其蓄能电站利润计算应是扣除蓄能抽水电费、销售税金附加之外, 还应承担按各自服务时间比例分摊的经营成本和折旧, 故蓄能电站利润为蓄能电站收益再扣除蓄能电站应分摊的经营成本和折旧费后每年利润为 8.25 亿元。

经济性: 引江济渭入黄调水抽水电费按年调水 31.6 亿 m^3, 调水年耗电量 32.06 亿 kW·h 计算。考虑 4h 用电网低谷电, 12h 用电网平段电, 按重庆电网低谷、平段电价 0.18 元/(kW·h) 和 0.45 元/(kW·h) 计算, 为 12.26 亿元。发电收益按重庆电网现行峰谷价差, 蓄能电站收益 11.58 亿元占调水抽水电费 12.26 亿元的 95％, 蓄能利润总额 8.25 亿元占调水抽水电费的 67％, 说明以抽水蓄能电站运行收益, 弥补调水提水工程大部分抽水运行电费的可能性是存在的。

由此可见: 本调水工程通过抽水蓄能开发, 为国家减轻公益性工程长期运行中的负担, 作用是明显的。而且由于其经济性主要取决于发电销售电价和抽水电价的价差, 发电销售电价和抽水电价差距越大, 其经济上优势愈大。从长远来看, 随着社会经济的发展和人们对用电质量要求的提高, 峰谷电价差距必将进一步加大, 抽水蓄能电站的经济优势也将更加明显, 再加上争取国家对事关我国水资源合理配置大局的公益性项目的政策支持, 做到用抽水蓄能电站的发电收益来弥补引水工程的抽水电费, 以此达到自己内部平衡, 是有可能的。

(3) 通过调水解决河道冲沙效果的有关研究成果和经验。引江济渭入黄工程调水的主要目标是解决渭河、黄河中下游河道冲沙的生态环境用水, 通过调水能否达到良好的冲沙效果, 这是大家普遍关心, 也是调水需要解决的关键问题之一。多年来黄河水利委员会和陕西省为此做了大量工作, 现将黄委会和陕西省研究的部分有关经验成果简单摘要如下:

1) 渭河冲沙效果分析。黄委会水科院按照有无三峡引水、不同引水流量、是否经水库调节、与渭河来水的不同组合以及冲沙时间等多种调水冲沙的运行方案, 提出调水运行 12 年对渭河及三门峡库区减淤、冲沙初步结果见表 5-10。

从表 5-10 可见:

a. 方案 0 的结果表明: 无三峡水库调水工程, 即现状条件下, 如三门峡工程采用汛期敞泄方式，在 12 年后，咸阳至潼关的渭河下游河段将增加淤积量 1.585 亿 t；三门峡库区将冲刷泥沙 0.306 亿 t，潼关河床高程将降至 327.84m。

表 5 - 10　　　　　　　　　　渭河下游及三门峡库区冲沙效果分析表

方案	咸阳—临潼/亿 t	临潼—华县/亿 t	华县—潼关/亿 t	咸阳—潼关/亿 t	潼关—三门峡/亿 t	咸阳—三门峡/亿 t	潼关河床高程/m
0	0.036	0.280	1.269	1.585	−0.306	1.279	327.84
1 - 1	−0.108	0.094	0.844	0.830	−0.566	0.264	327.51
	(0.144)	(0.186)	(0.425)	(0.755)	(0.26)	(1.015)	(0.33)
1 - 2	−0.13	−0.038	0.669	0.501	−0.633	−0.132	327.40
	(0.166)	(0.316)	(0.60)	(1.084)	(0.327)	(1.411)	(0.44)
1 - 3	−0.154	−0.08	0.604	0.370	−0.702	−0.332	327.35
	(0.190)	(0.36)	(0.665)	(1.215)	(0.396)	(1.611)	(0.49)
2 - 1	−0.194	−0.093	0.583	0.296	−0.831	−0.535	327.23
	(0.23)	(0.373)	(0.689)	(1.289)	(0.525)	(1.814)	(0.61)
2 - 2	−0.26	−0.223	0.332	−0.151	−0.919	−1.07	327.09
	(0.296)	(0.503)	(0.937)	(1.736)	(0.613)	(2.349)	(0.75)
2 - 3	−0.326	−0.275	0.29	−0.311	−1.025	−1.336	326.94
	(0.362)	(0.555)	(0.979)	(1.896)	(0.719)	(2.615)	(0.90)

注　1."—"为冲刷；括号内数字为与方案 0 相比的减淤数量，表明不同引水流量和调蓄方案的减淤效果。

b. 方案 1-3 的结果表明：在三峡水库调水，引水入渭流量 300m³/s 入渭河，再在沣河建调蓄水库，并相机在泾河出现高含沙水流时，将咸阳处冲沙流量增大至（并控制在）1500m³/s 的调度运行下，12 年后，咸阳至潼关渭河下游的泥沙淤积量为 0.37 亿 t，与方案 0 相比，减淤效果为 1.215 亿 t（括号内数）；潼关河床高程可降至 327.35m，与方案 0 相比，增大降低值为 0.49m；三门峡库区将冲刷 0.702 亿 t，与方案 0 相比，增大冲刷量 0.396 亿 t。冲刷减淤有所改善。

c. 方案 2-3 的结果表明：当三峡水库调水，引水入渭流量达 600m/s，加上沣河水库调节作用，经 12 年运行后，渭河下游河槽不仅减淤 1.585 亿 t 泥沙，河槽还冲刷了 0.311 亿 t 泥沙，冲沙减淤量共为 1.896 亿 t，冲刷减淤效果显著。

陕西省水利厅也按不调水和三峡调水引水流量 300m³/s 并有沣河调蓄水库两种情况，对渭河下游河道的冲淤过程、冲淤量、冲淤部位和冲淤范围做了计算，结果见表 5 - 11。

表 5 - 11　　　　　　　　　　冲 沙 效 果 计 算 成 果

潼关高程/m	1—5 断面	30—37 断面	冲刷量/m³	与不调水比较减淤/亿 m³
326	−1.0	−1.0	1.5	2.0
	−0.9	−0.9		
	−2.0	−1.1		

潼关高程/m	1—5 断面	30—37 断面	冲刷量/m³	与不调水比较减淤/亿 m³
	−0.6	−1.0		
327	−0.2	−0.9	1.1	1.7
	−1.1	−1.0		
	−0.2	−0.9		
328	−0.1	−0.9	0.5	1.5
	−0.4	−1.1		

从表 5-11 可见：按丰河调蓄水库 11 天蓄水，6 天放水（$Q=800\text{m}^3/\text{s}$）的蓄泄周期，在潼关高程维持 328m 时，年调水 40 亿 m³ 运行 14 年后，不仅可以相对减少 1.5 亿 m³ 淤积量，还可冲刷 0.5 亿 m³ 泥沙，减淤效果为 2.0 亿 m³；当潼关河床高程维持 326m 时，不仅可相对减少 2.0 亿 m³ 淤积量，还可多冲刷泥沙 1.5 亿 m³，减淤效果为 3.5 亿 m³。

综上所述，三峡引水工程调水入渭河、在渭河支流建调蓄水库，对渭河下游河道的冲沙减淤效果是显著的，过程也是长期的。

2）黄河下游冲沙效果分析。黄河水利委员会利用黄河小浪底水利枢纽工程建成的有利条件，根据黄河小水带大沙的实际，通过对天然状态下 397 次洪水挟沙状态的分析，于 2002 年 7 月、2003 年 9 月，两次利用小浪底水库搞人造洪峰的办法，对黄河下游河床进行"调水调沙"实验。第一次冲沙实验结果，用了 26 亿 m³ 水，把 6640 万 t 泥沙冲入了渤海；第二次冲沙实验，同样用 26 亿 m³ 水量，却冲走 1.2 亿 t 泥沙入渤海。实验证明：只要掌握好调水调沙的关系，解决黄河主河槽的泥沙淤积问题是完全可能的。因此，通过外流域水量的调入，加大黄河冲沙水量，是治理黄河必不可少的手段。

5.3.6 工程投资

全面完成引江济渭入黄工程，建设周期长、时间跨度大，工程建设将视国家社会经济发展需要和财政能力分期分批实施，因而不同建设时期的工程投资也将随实施时间的不同而变化。为了让读者对新西线调水的工程投资有一个量的了解，现谨就《长江技术经济学会三峡引水工程研究组》2004 年 6 月所做的一期工程投资匡算介绍如下：

引江济渭入黄工程第一期工程，由取水口和抽水蓄能电站工程、输水线路（含高山调蓄水库）工程及沣河调蓄水库工程三部分组成。

（1）取水口和抽水蓄能电站工程。据初步估计，兴隆抽水蓄能电站工程静态投资 80.54 亿元，其中：枢纽建筑物 64.19 亿元，建设征地和移民安置 0.98 亿元，平均工程造价 3356 元/kW。

（2）输水线路（含高山调蓄水库）工程。项目主体工程主要包括：小江—渭河段输水工程（含大巴山和秦岭的输水隧洞 305.5km，唐家湾控制闸坝，汉江输水渡槽，少量明渠和其他渡槽等）及关面、明通两个高山拦洪调蓄水库工程，第一期按建成一条隧洞和池河方案考虑。工程静态总投资为 465 亿元，年输水约 40 亿 m³。其中关面、明通两座水库输水 8.5 亿 m³，投资 25.75 亿元。

（3）沣河调蓄水库工程。调蓄水库的主要建筑工程量为水库库区的开挖，两岸及沣河河道的碾压式土堤坝的填筑，水闸的修建，堤坝及库区防渗等工程。沣河共6座调蓄水库工程，总库容2.89亿 m^3，静态总投资34.88亿元。其中水库主体工程投资约21.88亿元，水库淹没处理补偿费约13.00亿元。

以上三部分合计一期工程初估静态总投资为580.86亿元。

5.3.7 结论与建议

新西线——三峡水库引江济渭入黄小江调水工程建设的主要目标，是解决渭河和黄河河道淤积、免除洪水威胁、遏制生态环境恶化、维持黄河健康生命，还能兼顾严重资源型缺水的关中地区城市生活和工业用水，社会及生态效益显著。是一项治理渭河、黄河的重大战略措施，对统筹我国经济社会与生态环境协调发展、促进西部大开发具有深远意义。国家应从保护生态环境，造福子孙后代的长远利益出发来考虑本工程的建设。同时，工程通过自身的调水结合开发抽水蓄能、高山水库发电和黄河上已建电站电量增发等措施增加收入，做到工程运行费用平衡，免除国家长期负担。

引江济渭入黄小江调水工程中近期初拟从三峡水库调水56亿 m^3 到渭河入黄河。其中15亿 m^3 供陕北关中地区城市和农业用水；41亿 m^3 用于渭河和黄河的河道生态用水，它与渭河和黄河的汛期来水汇合，经水库调节后用以河道冲沙。同时，多余水量也可以通过已有引黄系统，汇合新中线入黄水量，共同向黄河中下游地区供水。

全面完成三峡水库引江济渭入黄小江调水工程，建设周期长、时间跨度大，工程建设将视国家社会经济发展需要和财政能力分期分批实施。

5.4 "四横一纵" 新东线

5.4.1 概论

"四横一纵"新东线（图5-12），是在现有东线一期工程和"四横一纵"新中线实施的基础上对原东线的改进。大家知道，南水北调东、中、西三条路线，早在20世纪70年代就已经逐步形成。它们的共同任务是向我国黄河、海河、淮河、长江以北及东部沿海部分地区供水，其中西线向黄河流域；中线向华北平原中上部地区；东线向华北平原中下部及东部沿海地区供水，各有各的补水范围。从当时的国情出发，提出先东线、后中线再西线的建设时序，无疑是正确的，受到社会好评。但是随着北方和黄河流域干旱的进一步发展，90年代已危及到京广铁路以东一线地区的安全，特别是北京、石家庄、保定、邯郸、安阳等地。为此专家们又提出了先中线、后东线，加强西线前期研究的建议。同时，在深入讨论中人们还发现，东线虽然从长江干流抽水北上，水质是好的，进入大运河以后，水质越来越差。资料表明，在骆马湖以南，基本为Ⅲ类水；骆马湖至东平湖，多项指标超过Ⅲ类水；过黄河以后进入海河流域，水质多为Ⅴ类水。2004年淮河流域一场暴雨，使淮河突发有史以来最大的污染团，全长约150km，总量达5亿t的污染带横扫千里淮河，使淮河流域经济、生态遭到巨大损失和破坏。这又充分说明，已经被污染的河流，想恢复原貌不是一件容易的事。水污染成为东线调水的制约因素。东线受水区河北、天津明确表示，近期内不要东线供水。为此，原中线又不得不从河北徐水向东兴修分干渠至天津。加上引黄入冀工程建成，江水北调能力提升，实施泰州工程引水等措施，大大削弱了东线的作用。如何显示东线的地位和战略意义，本文提出在新中线得到西南诸河水量补充的基础上，应考虑调整改进东线功能的战略地位。

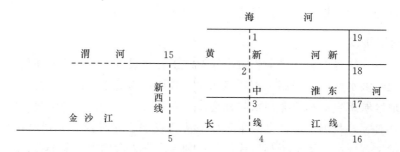

图 5-12　"四横一纵"新东线

5.4.2　调整东线功能

调整东线功能把全面恢复京杭大运河作为首要任务。众所周知，运河的功能和作用随时代变迁而斗转星移（详见《京杭大运河的历史与未来》），公元前 486 年吴王夫差开凿邗沟，加强了吴国与中原的联系；公元 7 世纪初，隋朝开凿了以洛阳为中心，西至长安、北至涿郡、南达余杭的南北大运河，开创了唐宋帝国的繁荣；元明清定鼎北京，大运河改线由北京直达杭州；近代中国内外交困，备受侵略与欺凌，大运河随之衰败，黄河以北全线断流；新中国成立后，大运河逐步复苏，至今济宁以南全面得到改进，形成北自济宁，南至杭州的 900km 的黄金水道。由此可见，大运河是中国古代劳动人民的伟大创造，它不仅推动了南北经济社会发展，也促进了南北文化交流，加快了中华民族的融合与形成，在中国历史上发挥了极其重要的作用。

时至今日，我们也应该清醒地看到，我国目前多种交通运输方式尚缺乏有机协调，水运特别是内河运输的发展严重滞后。1995—2005 年，我国铁路运输线路长增长 26.3%，公路增长 66.9%，民航增长 77%，运输管道增长 155.5%，而内河运输线路仅增长11.5%。同时水运客运量由 2.37 亿人次下降到 2.02 亿人次，占客运总量的比重由2.04% 下降到 1.1%，内河水运完成的货运量还不到全社会货运总量的 1/10，与发达国家相比存在很大差距。目前美国 2.9 亿人口，拥有 4.1 万 km 的内河航道，每万人平均1.41km；法国每万人平均 1.42km；我国每万人平均只有 0.95km。在现有内河航道中，等级航道很少，多数在 4 级以下。其中 2 级以上仅为 3860km，只占全部航道的 3.1%。为此我国大量物资运输不得不依靠铁路、公路，导致运行成本居高不下。美国全社会物流成本占 10%，日本占 8%，我国则高达 18%～20%。由于大量燃油、燃煤、燃气，带来大气污染，雾霾横行，且严重依赖外国石油、天然气进口。1995—2005 年，每年消耗石油由 1683 万 t 增加到 9708.5 万 t，10 年间增加了 5 倍多。因此，发展水运，不仅可以降低运输成本、减少能耗，还能改善大气环境、减轻对国外依赖，也是当前建设综合运输体系的要求。2007 年国家召开了全国水运工作会议，确定我国 2020 年内河水运航道发展目标，即要求形成长江干线、西江干线、京杭运河、长江三角洲高等级航道网、珠江三角洲高等级航道网和 18 条主要干支流高等级航道（简称"两横一纵两网十八线"）和 28 个主要港口的布局，构成我国各主要水系以通航千吨级及以上船舶航道为骨干的航道网络。由此可见，运河是国家内河航道建设中"两横一纵两网十八线"的"一纵"，也是我国水运网络中唯一的南北向水上大通道，是中国水运交通的主骨架之一。进一步加强京杭大运河的现代化建设，恢复京杭大运河北段 800 多 km 的航道，是沟通长江干线、长江三角洲高等级航道网和其他主要干支流的桥梁，也是直接连通长江三角洲与环渤海湾地区的通道。它不仅可以有效增加环渤海湾地区的水运资源，提高北方国际航道中心的集疏运能力和整体竞争能力，促进环渤海湾地区的开放开发和北方地区的经济发展，而且有利于我国整体水运资源布局的改善，加快构建全国现代化水运体系。

所以把东线功能向全面恢复京杭大运河通航的拓展与延伸，不仅是东线地区人民用水的要求，更是全国内河航运发展的支撑。绝对不能把航运与供水对立起来，只有两者并重考虑才能促进东线的建设，扩大东线建设的战略意义。

5.4.3　改进东线水源位置，降低运行成本

原东线工程是从长江下游（海拔 2～4m）抽水，通过 13 级泵站，总扬程 65m，向北送入东平湖（海拔 40m 左右），然后在东平湖穿越隧洞过黄河，自流入天津；由于东线取水口距长江入海口较近，加上长江枯水期水量有限，而扬州至入海口两岸用水户很多，如调水量再增加（指枯水期）就可能加重海水入侵程度，影响河口地区用水安全。因此东线引水受到约束。同时为了抽水北上，输水干渠沿线布设大量泵站，其中现有泵站 16 座，装机容量 14.9 万 kW、新规划泵站约 51 座，新增装机容量约 52.9 万 kW，两者合计 67.8 万 kW。水电从千里之外输入，来之不易；当地缺煤，少油，采用燃煤、燃油发电，不仅成本高，还会带来环境问题，增加了地方节能减排的任务。

研究后认为，当新中线得到西南诸河的水量补充后，后期水源完全可由新中线在郑州预留口门放水（河道、明渠、管道）东下，至东平湖，然后再分三路：第一路去胶东；第二路去天津；第三路南下至骆马湖。三者均为自流。这样原东线供水区除苏北和山东局部地区外，其余多由新中线供水。新中线虽然也要抽水北送，但它在总抽水量中占的比例很小，而且在抽水过程中还可利用输水线路上的自然落差发电和增加丹江口水电站高水位运行时间，更重要的是可在三峡谷荷时抽水，极大降低用电成本。水流进入东平湖以后，沿京杭大运河顺水南下，不再需要提水。加上与原东线补水方向反向，又较多地节省了能量，促进东线的建设与发展。

总之从全国和长远的角度出发，上述变革是为了更好、更快地建设东线工程。变则活、不变则等；变则省，不变则费；变则多（指功能），不变则少。当然全面恢复运河通航，工程难度和复杂程度会有所增加，但这些工作迟早要做，晚做不如早做。

5.4.4　全面恢复大运河航道

恢复大运河全线通航，主要是修复北段近 900km 的河道。这段线路当前的情况《京杭大运河的历史与未来》有比较详细的记述。作者们做了大量工作，他们认为："由于大运河完全断航的时间不很长，因此，尽管遭到了比较严重的破坏，但从总体而言，目前大部分河段的基础仍然存在，一些河段近年来还得到整修，只有少部分河段被农田或村庄所占用。各段的情况如下：

从北京的东便门至通州的通惠河，长 22km。目前河道仍然存在，并得到了一定的整修（作者按：近几年北京做了很多工作，有的且已通航）。现在只是东便门属于北京中心城区，京杭大运河的入京口不宜再放在这里，可从南面的永定河和北面的温榆河连接入京。

通州至天津的北运河长 167km。此河段在 20 世纪 40 年代还可通航。自潮白河改道之后，运河水源不足，只有杨村以下到天津，在雨季汛期尚能通行木帆船。目前，通州和天津两端结合城市建设进行了一定的整治，但中间河段淤积严重。

天津到临清的南运河长 480km。这一段河道弯曲，河水流动较慢，容易淤积，不利于航运，故一直是疏浚的重点河段。20 世纪 60 年代治理海河，开挖自西向东的减河，在穿越运河时建立闸坝，使得运河不再贯通。1965 年由于岳城水库建成，卫运河严重枯水，1980 年完全停航，但河道仍在。

临清至济宁的会道河长约 230km，其中临清至聊城段河道基本还在；聊城以南至黄河岸边，因受黄河影响，部分河道已成为农田；黄河以南至济宁，因地势较高，运河利用部分湖泊作航道，现河道破坏较大，但东平、马踏、蜀山、南旺等湖泊仍可利用。

由此可见，京杭大运河北段近 900km 航道的恢复具有较好的基础。目前山东省已投资 14.7 亿元整治东平湖至济宁的 98km 运河航道，近期为三级航道，预计 2009 年竣工。这样黄河以南的京杭大运河就全线恢复了。黄河以北，根据东线工程的规划，南水北调工程穿越黄河后沿小运河，南运河至天津。第三期工程将拓宽和扩建小运河，南运河。这就意味着 900km 的航道，恢复了 700 多 km，对剩下不足 200km 的北运河整治和恢复就不是什么难事。"

当然这是 2008 年《京杭大运河的历史与未来》以前的资料。事过境迁，恐怕又有不少新变化，需要尽快组织人员重新进行调查研究，并尽早加以规划和控制，以免河道的进一步破坏和占用，给日后恢复重建增加困难！

该书同时也指出："京杭运河如何穿越黄河，这是一个难题。明清两代为此伤透脑筋。南水北调采取在黄河底下开凿涵洞穿越方式。航道穿黄必须另辟途径。传统方式是修建船闸，这在新中国成立后的运河治理工程中，曾做过尝试，修建了一条长 120m、宽 12m，年通过能力 300 万 t 的过黄船闸，但不久便被黄河泥沙淤堵，宣告报废。另一种方式是在黄河上修建架空河道，立交穿黄。法国的米迪运河就有段河上河。当然穿黄跨度大，修建架空河道有一定技术难度，但是就已有的现代技术水平而言，是能够解决的，当然还可以想别的办法和方案。现今跨越黄河的建筑物已经不少了。"

作者们还强调："至于京杭大运河复航的必要性和经济性是不容置疑的。据山东省的测算，济宁至东平湖段复航，将直接带动沿线地区旅游、航运业发展，济宁将增加 1000 万 t 货运量，直接增加就业岗位 5 万多个。其实京杭大运河的全线恢复是必然趋势，因为全国南北之间的水运通道仅此一条。"

5.4.5　发展大运河畅想

本书涉及大运河不仅是为了通航、供水、发电，它还是唯一一条串联我国南北江河的水运大通道。当前已经有学者和专家提出，在一定的时间伺机把大运河向两端延伸："向北由天津出发沟通永定新河、蓟运河、滦河直至秦皇岛通入渤海。如有可能再北上沟通大凌河、辽河直达沈阳；在运河另一端从杭州沿富春江南下经桐庐，到达浙江南部，进而继续南下，进入福建连通闽江、九龙江可分别通达福州、厦门之后进入东江、珠江流域直抵广州。这样便形成一条北起沈阳南至珠江三角洲核心城市广州，流经我国东北地区、中部地区、东部地区，全长 3000 多 km 的大运河。它将跨越九大区域，八大水系，并通入我国渤海、黄海、东海、南海四大海洋，宛如一串绚丽璀璨的珍珠项链，展现在人们眼前。"如确有必要和条件许可，也不失为传承古老运河文化的一种创新。

第6章

"六横五纵" 调配格局研究

构建"六横五纵"调配格局，实质上是在前章新"四横三纵"调配格局研究的基础上，通过增加澜沧江、怒江"两横"，和从怒江上的沙布（海拔 1830m）至澜沧江上的那石（海拔 2080m）、从澜沧江上的军打（海拔 2030m）至金沙江上的达拉（海拔 2050m）"两纵"。将澜沧江、怒江的北调水量经由金沙江虎跳峡等一系列拟建、在建的约 10 个梯级水电站发电后，自流向长江三峡水库补水，然后沿新"四横三纵"的中线调水链，济黄河送华北，或进北京、天津。因此，本章研究的内容实际上为"六横三纵"（图 6-1）调配格局研究。还可以根据实际需要，如果暂不考虑从怒江引水，则变为"五横二纵"调配格局。这也正是本研究提出的调水总体格局实施和适应的灵活性。

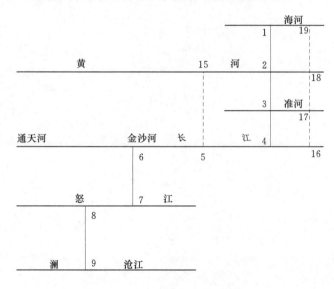

图 6-1 "六横三纵"调配格局

6.1 研究目的与战略意义

怒江、澜沧江向长江三峡水库补水，是通过江河连通，构建我国水资源配置新格局的重要组成部分，起着承上启下的作用。它的主要目的是消除增加新中线调水量和提高南水北调中线调水层次带来的负面影响，扩大南水北调的正面效益，充分发挥水资源的自然功能，实现调水南北双赢的局面，并为较全面解决我国北方缺水甚至缓解全国可利用水资源不足的长期困惑。

6.1.1 进一步提高南水北调的水源保障

南水北调是我们党和国家领导人高瞻远瞩的范例，早在 20 世纪 50 年代初，毛泽东主席在听取治黄工作汇报时提出来的。从此南水北调工作就载入我国水利史册。为了论证调水规模，不少单位和个人纷纷提出研究成果：有单位在 50 年代就提出中线 4 个量级的调水方案。调水规模为 190 亿～290 亿 m^3；随后有专家提出循序渐进的调水设想，初期规模为 100 亿 m^3，后期规模 180 亿～240 亿 m^3。事物总是变化的，上述数据只能说明过去，不能代替现在，更不能表示将来。当前华北用水量越来越大。1981 年《华北地区水资源评价》一书中指出：华北地区 1980 年实际用水量已相当本地区多年平均水资源总量的 90%，并预测该地区今后用水还会更大些。2005 年华北地区海河流域全年来水量（水资源总量）仅有 267.1 亿 m^3，而总供水量则高达 379.1 亿 m^3（考虑了外来补水），水资源利用率达到 140%。由此可见，华北平原缺水已成定局。即使南水北调中线实现年调水 130 亿 m^3，也只能保证海河流域 2005 年用水水平。同时，南水北调中线的水源点是长江支流汉江丹江口水库。汉江虽然水量比较丰富，但中下游用水量大，来水又十分不均匀，调水的保证程度不高。按中线规划的调水量逐年统计演算，在 35 年系列中，调水的保证程度还达不到中等干旱年的水平，且有多年调水量小于 100 亿 m^3。由此可见，如能从怒江、澜沧江向三峡水库补水北上，是提高南水北调供水能力的最佳选择。

6.1.2 降低三峡水库向中线补水带来的负面影响

三峡工程是当前世界上最大的水利枢纽工程。坝顶高程 185m，最大坝高 181m，大坝长 2335m，正常蓄水位 175m，总库容 393 亿 m^3，其中：防洪库容 221.5 亿 m^3，兴利库容 165 亿 m^3。电站总装机容量为 2250 万 kW（含地下厂房和电站自身 2×5 万 kW 机组），保证出力 499 万 kW，多年平均发电量 874 亿 kW·h，目前年发电量已达 1000 亿 kW·h，相当于我国 1992 年全年发电量的 1/7。三峡电站将和华中、华东地区的已建、拟建的火电站群及水电站群相结合，有效地支援华中、华东和华南地区快速增长的电力需求和"西电东送"的需要，成为我国的电力核心。三峡工程亦是治理和开发长江的关键性骨干工程，具有防洪、发电、航运等巨大的综合效益。如果考虑向中线补水的任务过大，就一定会对三峡电站带来多方面的影响，特别是对保证出力和发电量的影响更为突出。影响的程度随来水与北调水量的大小而变化。如果调水量不大，年调水按 50 亿 m^3 计，通过粗略估计，年损失发电量大约在 1%～2%；如果调水量增加到 200 亿 m^3，其影响程度就可能会大些。同时其影响的大小，还随季节变化而变化。汛期特别是每年的 6—9 月的某些时段，长江来水大于过机流量，调水基本上没有影响；但在枯水期调水，天然来水已小于过机流量，调水影响比较明显。由此可见影响最大的时期，往往出现在用电、用水的高峰期。这个时期无论是增减调水，对用户来讲，影响是雪上加霜；如果在这个时期补水，对电站又是雪中送炭。为此本书提出从长江西部怒江、澜沧江，通过调蓄调出少量洪水，在平水期、枯水期向三峡水库补水。从而既减轻三峡电站向北方补水的压力，又能充分发挥江河水资源的功能。

6.1.3 力争调水南北两利

传统的水电开发，对调出区移民仅予一次性补偿，且金额不可能很大，移民又无其他经济来源。因此调出区群众得不到长期稳定的收入来源。此次调水能否逐步实现双赢，即实现调出区和调入区共同发展，关键取决于能否实现以下两点：①调入区充分发挥水资源的供水功能，优化产业结构，发展能矿工业、原材料工业及农牧业，大幅度增加人民收入和地方财政收入，提高人民生活水平。②调出区在输水过程中，可利用地形地势条件，充分发挥水能资源的优势，利用金沙江梯级电站扩容发电。本研究做了粗略估算，金沙江虎跳峡水库至三峡水库，河道长近2000多km，水面落差约1750m。如果调水按200亿m^3计，增加水能蕴藏量近1000万kW。这部分电能若能得到合理开发，一方面可为华东、华中地区供电，提供持久、稳定的电量保证；另一方面可将调水增发的电量收入返还一部分给调出区，增加调出区财政和当地群众的收入，实现调入和调出的双赢。

（1）调入区。

1）发挥水资源的供水功能。从怒江、澜沧江向三峡水库调水后，可有效增加南水北调中线的水源，提高西北、华北地区的水资源供给，给当地的经济发展注入新的生机与活力，较大促进西北、华北地区工农业生产的发展和人民生活水平的提高。

实施从怒江、澜沧江补水后，还可使西北、华北地区增加水域，导致水圈和大气圈、生物圈、岩石圈之间的垂直水气交换加强，有利于水循环，改善调入区大气环境，缓解生态缺水。调水后增加调入区地表水补给土壤含水量，有利于净化污水和空气，补偿调节江湖水量，对改善西北、华北地区人民生活环境有重要作用。生活用水有可靠保证，饮用水质大幅度提高。

2）发展工农业用水改善环境。从怒江、澜沧江向三峡水库补水，基本缓解调入区水资源供需紧张局面，将有效地解决非农产业与农业、城市与乡村的争水矛盾，在缓解城市供水矛盾的同时也缓解农村的干旱问题。这将极大地改善调入区工农业生产条件，增强抗御干旱灾害的能力，发挥土地、光热资源优势，对促进缺水地区工农业稳定、高产、健康发展，保障粮食安全有着重要意义。同时，农业和农村经济的发展将会进一步增加农民收入。

（2）调出区。

1）改善金沙江航运条件。众所周知，长江上游金沙江通航条件差，多处于自然状态，在一定程度上制约了长江航运的发展。从怒江、澜沧江向三峡水库调水，有效增加了金沙江枯水期的流量，有力改善和扩大金沙江部分河段的航运条件，并可大幅度提高长江的航运能力，提高长江航运的竞争能力。

2）政策倾斜利国利民。国家可通过一定的补偿政策，把税收或收取的电费中的一部分划拨地方财政，真正起到调水富国富民（指调出区）的双重目的。同时调出区利用水电工程的大量投资，推动贫穷山区致富，为长远发展奠定基础。

a. 水电工程是富民工程，水电开发应更新移民安置思想观念，引入经济效益共享机制，使移民真正能够"搬得出稳得住、逐步能致富"，力争达到"在共建中共享，在共享中共建"的各方利益均衡局面。

b. 在收取的电费中，按比例提取一定资金，作为水能资源、环境保护、生产扶持基金和移民补助的资金，只要电站运转，上述资金就要按期提取和支付，有效地解决环保资金的稳定投入和移民致富资金的稳定来源。

c. 在电站总发电量中，留出一定比例作为扶贫电量低价供给，有效解决移民生活能源问题，提倡以电代柴，保护当地生态环境。

3）带动相关产业的发展。西南地区资源丰富，人口相对稀少，自然条件良好，又处于国家贫困地带，兴建大型工程可拉动内需、扩大就业、振兴山区经济。因此，该工程是一项很有综合价值的民心工程、环境工程。

水电工程建设规模大、建设工期长、材料用量多、人工需求量大。开发水电必然带动建筑、建材、制造业以及第三产业的发展。水电站建设和投运后，都将直接和间接地提供相当数量的就业机会。同时水电的开发还可带来防洪、灌溉、航运、旅游等综合效益，对当地经济、社会的发展起到了较大的拉动作用。

6.2 调配方案研究

6.2.1 水源选择

（1）水源的确定。怒江、澜沧江二江总来水量为 1429 亿 m³，是黄河年来水量的 2 倍多，其中怒江为 689 亿 m³，澜沧江为 740 亿 m³。水量丰富、水质良好，且水资源开发利用率低，存在较大的开发利用空间。

从地形地势分析，怒江和澜沧江、澜沧江和金沙江仅一山之隔，由西向东排列（图 6-2）。在横断山区，"三江"几乎平行南流，山脉高大、山脊单薄，三江相距最窄处仅 60～70km，如选择恰当，只需要通过 2～3 节不长隧洞和 1～2 个不太高的水坝，便可把怒江水调到澜沧江，再把澜沧江的水调至金沙江。工程量不大，调水线路可行，且有些毋须提水工程即可实现补水。可见，从怒江、澜沧江向三峡水库补水具有较好的地理条件。

若从雅鲁藏布江调水，则必须配合提水工程，成本和难度将随之增加。若从红水河调水，海拔太低，难以实现。

（2）水源点选择。

1）位置。横断山地区是我国十分独特的地理单元，来自青藏高原的巨川大山几乎并排南下。根据自然条件，横断山区可大致分为三段：①北段地形起伏小，高原面保持比较完整，岭谷宽厚，地面海拔多在 3000m 以上。由于海拔高、气温低，人类活动很少。②中段地形被强烈切割，高原面已退缩为成排的山脊线，大部分属高山峡谷地貌。最高的梅里雪山海拔 6740m，山高谷深。由于地形起伏大，仅有为数不多的山间盆地有人类从事农事活动，工业不发达，人烟稀少。③南段山势逐渐低平，河谷不断展宽，气候转向潮湿多雨。降水量一般为 1000mm 上下。农业生产、中小城镇不断兴旺发达起来。

怒江、澜沧江水资源丰富，且坡大流急，汹涌澎湃。水源点只能通过对上述三段进行比较分析后确定：①北段相对而言水源偏小，更主要的是调水距离过长，显然不合适。②南段虽然水资源丰富，但"三江"谷坡增厚，且金沙江不断折向东流，同样拉长了调水距离。③只有中段具有足够的调水量，且三江谷坡单薄，水面差又不大。如果位置选择适当，调水完全可以自流。为此三江补水点宜选在中段。

怒江在中段两岸支流短小，产水量有限，只在沙布附近有一条大支流玉曲汇入。它的

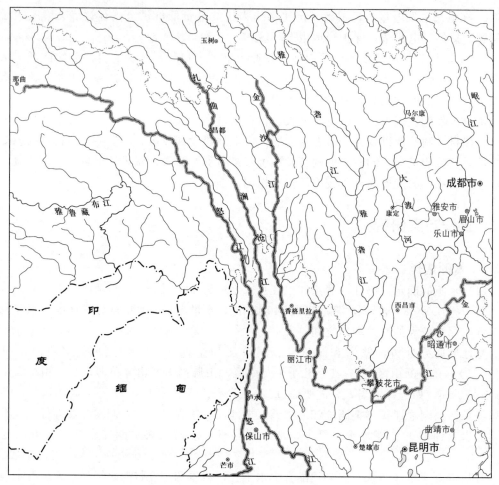

图 6-2 "三江"位置示意图

集水面积近万平方千米，多年平均入怒江水量近 30 亿 m^3。所以怒江水源点应选在玉曲汇入口以下沙布附近，海拔高程大约为 1830m。澜沧江在中段地区几乎没有大型支流汇入，水源点位置主要取决于金沙江和怒江的位置与海拔。因为"三江"水面同一纬度大致由西向东升高，与地势反向。澜沧江处于中间，因此澜沧江的水源一般高于怒江；相反该点对金沙江而言，最好选在中段的上游。因为在上游高程差相对较小。除了考虑高程以外，还要注意地形，即"三江"之间的距离要尽量缩短。因为距离长短决定输水隧洞的规模，所以澜沧江水源点只有在怒江、金沙江水源点决定之后再确定。同一纬度金沙江海拔比怒江水面海拔高 300～400m，比澜沧江海拔高 50～150 多 m，且有由上向下增加的趋势。因此应在中段上游寻找合适的调水点。根据上述地形地势规律，文中利用中小比例尺地形图进行排查，最后找出 6 个水源点：即怒江的沙布、双拉，澜沧江上的军打、拉八科，金沙江上的达拉或泽木通。

2）年径流。

a. 参证站选择。怒江调水量的主要参证站系嘉玉桥（二）站；道街坝站作为一般分析站。嘉玉桥（二）站具有较好的代表性，对怒江总调水量起着控制作用，可满足前期研究的需要。

根据怒江嘉玉桥站 21 年逐月平均流量资料,可求得多年平均流量和多年平均径流量的数据。

澜沧江干流主要有昌都站、旧州站、戛旧站和允景洪站。根据现有测站分布及资料情况,选择昌都站作为澜沧江调水量的主要参证站,允景洪站作为一般分析站。昌都站有较长的径流资料,成果可靠,能满足前期研究的需要。

根据澜沧江昌都站 33 年逐月平均流量资料,可求得其他一般分析站多年平均流量和多年平均径流量。

b. 水源点年径流的推算。本书根据现有资料采用水文比拟法进行推算,计算出各水源点的可调水量。

设计年径流的水文比拟法是把参证站的年径流统计参数移用到设计站的一种方法。此法要求参证站应具有较长的实测径流资料,参证流域与设计流域应位于同一气候区,即气候条件相似,且流域下垫面情况类同。按水文比拟法推求设计年径流时,当参证站与设计站满足上述条件且控制面积相差不超过 3% 时,一般可直接移用参证站成果;当流域面积相差在 3%~15%,但区间降雨和下垫面条件与参证流域相差不大时,常按面积比修正的方法推求设计站多年平均流量,从而计算出各水源点的年径流量。计算成果见表 6-1。

表 6-1　　　　　　　　　各水源点年径流量计算成果表

河名	水源点	多年平均径流量/亿 m³	多年平均流量/(m³/s)
怒江	沙布	346.13	1097.55
	双拉	353.76	1121.77
澜沧江	军打	223.76	709.15
	拉八科	229.71	728.4

3) 调水区需水量分析。

a. 水资源利用现状。调水区人烟稀少,经济发展不平衡,工农业不发达。人口和耕地主要集中在中下游。怒江流域,人口约 200 多万人,第一、第二产业总产值约 200 多亿元。澜沧江流域,人口约 700 万人,第一、第二产业总产值近 500 亿元(统计不全,仅参考)。

以怒江、澜沧江流域人口及第一、第二产业总产值为基础,结合有关水利方面资料,分析估算得现状用水:怒江流域现状用水大于 10 亿 m³(指河外用水,下同)澜沧江流域现状用水小于 30 亿 m³。调水区现状用水主要在流域中下游,中下游地区有支流不断汇入,水资源丰富,且降水充沛。当地径流可以基本满足中下游地区生产生活用水的需要。

b. 需水量预测。对怒江、澜沧江 2040 年水平年需水量预测结果分别为 25 亿 m³、50 亿 m³。这两条河流远景上游以人畜需水为主,中下游工农业生产需水所占比重大。该区农业生产不发达,且耕地分散,主要分布于中下游的河谷平原。因此估计今后农业灌溉面积不会有大的发展,其用水量也不会有太多增长。工业方面,随着流域内矿产资源和水电资源的开发,工业的发展将随之加快。根据国内外工业用水发展资料分析,加之工业设备、工艺流程的改革,工业节水的潜力很大。工业用水量虽有增加,但其增长率是逐步下降的。城镇生活用水,随着工业的发展,城市建设规模的扩大和生活水平的提高,用水量也将有所增加，但这部分用水量比较有限。综合分析，预测两江调水后远景产水量完全能够满足发展要求，且通过调水工程的径流调节，枯期水量不但不会减少，还会有所增加。

6.2.2 调配线路方案的拟定

根据横断山地区的地形地势特点和6个调水点的位置，采用引、蓄结合方式将金沙江、澜沧江、怒江联通，先将怒江100亿 m³ 的水调至澜沧江，然后再从澜沧江将约200亿 m³ 的水（含怒江100亿 m³）调至金沙江。水流从虎跳峡沿金沙江各梯级电站扩容发电后，自流至三峡水库。形成以三峡水库为核心，以怒江、澜沧江、金沙江为输水廊道，与前述新"四横三纵"一起构建"六横五纵"的调水格局。

根据现有条件、国情与水情特点，通过分析调研，按照采用的不同工程措施，可以有三种调水方案。分别是：隧洞为主的北线方案、河道为主的中线方案和明渠为主的南线方案。

（1）隧洞为主的北线调水方案（图6-3）。方案特点是调水线路除利用一段很短的天然河道外，全部采用隧洞输水。怒江取水点位于沙布附近，海拔1830m。从地形图分析，水流可通过隧洞引至澜沧江的那石，直线距离约35.8km（为了缩短单洞长，初步打算在扎玉曲的后山处打竖井）。由于出水口比进水口高250m，所以在取水口沙布处必须兴建水库，抬高水位。坝高相当于我国二滩水库的坝高，不过这里山高谷深，工程量小于二滩，工程艰巨程度大于二滩。水流引至那石后，沿澜沧江干流顺河而下至军打附近。在军打筑坝，抬高水位，通过长30.1km的两节隧洞把水调至金沙江达拉。调水至达拉后，水流就可沿金沙江经过拟建、在建水电站扩容发电后注入三峡水库。

这里要特别说明一点：经从地形图上观察，该方案不需要与其他两方案比较，应该说是最好的。但经复查后认为，达拉段地形高程标注可疑点较多，如果误差太大，方案可能会变化。因此，待进一步落实后再定，为此又提出了两条比较或替补方案。

（2）河道为主的中线调水方案（图6-4）。采用大型隧洞输水，过去在工程上应用较少，主要原因是人工打洞速度慢、难度大，而且洞身越长，问题越多，如通气、通风、排渣、岩爆、涌水等。随着科学技术的进步，上述问题正在不断地得到解决，所以隧洞工程正朝着长而深的趋势发展，而且凿洞技术也由人工转向机械施工。但是一般来说隧洞输水比明渠投资高，若遇到大规模的涌水、岩爆问题，处理起来也更加困难。因此从减少隧洞长度，特别是深埋长隧洞考虑，中线方案采用以河道输水为主。方案取水点仍在怒江沙布，水流通过隧洞引至澜沧江那石后，顺江而下至巴东（海拔1840m），引程80余km，在巴东筑坝抬高水位，坝高暂定145m。然后沿澜沧江东岸大约1980m等高线开渠引水，至拉八科后，再通过总长38km的隧洞和一段天然河道，调水至金沙江泽木通（海拔1950m）。然后水流沿金沙江通过8个梯级水电站扩容发电后注入三峡水库。

（3）明渠为主的南线调水方案（图6-5）。方案特点是以明渠输水为主。对一般地区而言，明渠输水往往是最佳的选择，因为便于使用劳动力，有利于就业，操作简易，管理方便，且投资少。但对高原地区，气候条件差，冬季慢长，又不利于人工施工，明渠的优势就往往难以发挥。为了尽可能减少隧洞长度和深埋长隧洞的单洞长，从方案比较出发，

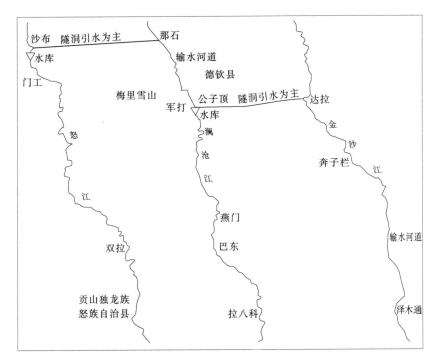

图 6-3　从怒江、澜沧江向三峡水库调水的北线线路示意图

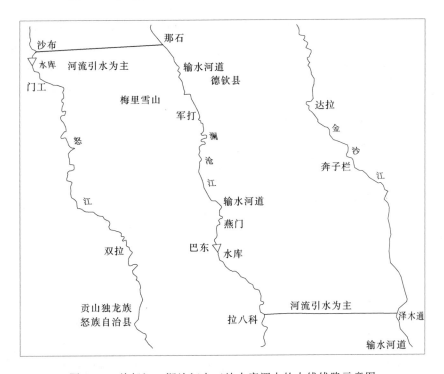

图 6-4　从怒江、澜沧江向三峡水库调水的中线线路示意图

本书提出了以明渠为主方案，供下一步比较参考。

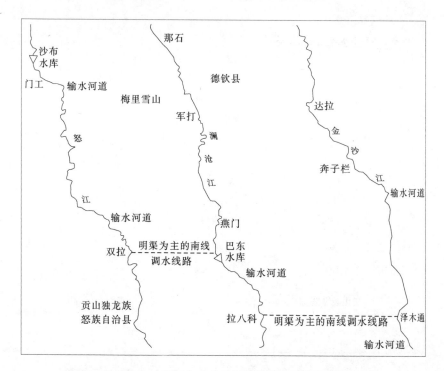

图6-5 从怒江、澜沧江向三峡水库调水的南线线路示意图

该方案仍需在沙布建坝抬高水位，考虑到沿程和局部水头损失、坝高拟定为240m，引水起点高程大约在2040m，并沿左岸山麓开渠引水至怒江双拉附近再进洞至澜沧江的巴东水库，通过巴东水库调节后，再沿左岸开渠引水至拉八科附近进洞，经全长约38km隧洞和一段天然河道，纳入金沙江泽木通（海拔1950m）附近。水流经过虎跳峡等一系列水电站扩容发电后，再进入长江三峡水库。

6.3 工程布局及主要建筑物

6.3.1 隧洞为主的北线方案

隧洞为主的北线方案（简称北线方案）工程布局呈Z形，两端为隧洞，连接线为澜沧江一段河流。

沙布水库：由于隧洞出水口比进水口高250m，所以在取水口沙布附近必须兴建水库，抬高水位。坝高暂定280m或290m。

沙布至那石隧洞：长35.8km，隧洞入口高程约为2092m，出口高程约为2080m，坡降约1：3000。

为了长洞短打，隧洞用竖井分节，竖井设在后山，深约343m。第一节长15.5km，从沙布到后山；第二节隧洞长20.3km，由后山至那石（隧洞底部高程为2080m或略高）。后山为怒江支流扎玉曲河入河口前的拐点，比引水隧洞水面约高300m。扎玉曲河在此处的多年平均流量约90m³/s。为了降低隧洞造价，充分利用水资源，文中建议在此处修建一座水力发电站（地下厂房）。水头大于 300m，容量下一步选定。

军打水库：澜沧江军打（高程约 2030m）与金沙江达拉隔山相望，海拔高程相差很少（应进一步核查）。为引水方便，需在军打建库，坝高暂定 50m。出水高程暂定 2050m，水流便可沿隧洞至达拉入金沙江。

军打至达拉隧洞：长 30.1km，坡降约 1∶3000，隧洞入口高程约为 2060m，出口高程约为 2050m。

竖井（公子顶）：为了长洞短打，军打至达拉段隧洞用竖井（公子顶）分节，竖井深约 296m。第一节长 3.4km，第二节隧洞长 26.7km。

该方案隧洞总长约 65.9km，最大单洞长 26.7km。顶覆盖层深基本上在 3000m 以下、500m 以上，其总长度占隧洞总长的 70% 以上，属于深埋型隧洞。

6.3.2 河道为主的中线方案

河道为主的中线方案（简称中线方案）亦成 Z 字形，两端为隧洞，连接线为澜沧江一段河流和沿澜沧江左岸一段明渠。

沙布水库：沙布—那石隧洞；后山竖井与北线方案相同。

巴东水库：水流沿澜沧江顺江而下，经军打至巴东（高程 1840m）。为了满足高程的需要，必须在巴东兴建水库抬高水位。坝高暂定约 145m（根据水情可升可降）。

巴东—拉八科明渠：水位抬高后，从巴东左岸沿山坡开凿输水明渠至下游拉八科附近。明渠长约 37km，坡降为 1∶3000。明渠入口高程约为 1980m，出口高程约 1967m。

拉八科—泽木通段：全长约 38km，分二段：上段为隧洞长约 25km，入口高程约为 1967m；下段为利用金沙江支流支巴洛河道，长约 13km。

该方案中共计 3 节隧洞，总长约 60.8km，最大单洞长 25km。顶覆盖层深基本上在 3000m 以下、500m 以上，隧洞总长和最大单洞长均少于北线，属于深埋型隧洞。

6.3.3 明渠为主的南线方案

明渠为主的南线方案，简称南线方案。

沙布水库：从怒江沙布建库取水，为了下游高程的需要，沙布水库引水位拟定为 2040m，大坝高约 240m（根据调节水量可升可降）。

沙布—双拉明渠：在沙布附近沿怒江东岸修明渠至双拉，长约 117.8km。其中明渠入口高程约 2040m，出口高程约 2002m。

双拉—巴东隧洞：长 23.1km，隧洞入口高程约为 2002m，出口高程大约在 1995m上下。

竖井（八湾）：为了长洞短打，隧洞用竖井分节：第一节长 2.5km，从双拉到八湾；第二节隧洞长 20.6km，由八湾至巴东。

巴东水库：水流沿澜沧江顺江而下，经军打至巴东（高程 1840m），为了满足高程的需要，必须在巴东兴建水库抬高水位至 1985m，坝高约 145m（根据调节水量需要可升可降）。

巴东—拉八科明渠：水位抬高后，从巴东左岸沿山坡开凿输水明渠至下游拉八科附近，明渠长约 37km，明渠入口高程约为 1980m，出口高程约 1967m。

拉八科—泽木通段：全长约38km，分二节输水：上节为隧洞，长25km；下节为利用金沙江支流支巴洛河道，长13km。入口高程约为1967m，出口高程为1950m。

该方案中共计3节隧洞，总长约48.1km，最大单洞长25km。覆盖层深基本上在3000m以下，500m以上，隧洞总长度小于以上两方案，最大单洞长度与中线一致少于北线，属于深、中埋型隧洞。

6.4　线路方案评价

为了优选最符合横断山区实际情况的调水方案，将怒江和澜沧江水流横贯横断山脉输送到金沙江。从地质条件、建坝条件、隧洞难度、隧洞顶覆盖层深、隧洞单洞长、明渠长和工程造价等方面，对上述三条调水路线的技术经济分析和比较简述于后，以便择优推荐本阶段的代表性方案。

6.4.1　地质条件

"三江"并流区处于板块与板块碰撞挤压带东南缘，属于强烈挤压带。以澜沧江深大断裂和金沙江断裂为界将该区构造分为3个区（带）。西区：澜沧江以西属于冈底斯—念青唐古拉褶皱系；中区：澜沧江—金沙江之间属昌都—兰坪—思茅褶皱系；东区：金沙江以东属松潘—甘孜褶皱系。

"三江"并流区地质构造复杂，构造线呈南北向展布。出露的地层主要为元古界、古生界和中生界地层。

岩石以变质岩为主。主要有泥盆系、二叠系、三叠系的板岩、片岩、片麻岩、大理岩等。岩浆岩分布与构造线一致。沉积岩主要有泥岩、粉砂岩、砂岩和碳酸盐岩等。

三个调水方案地质环境类同，地质条件大同小异。三个方案中都有隧洞近似垂直于澜沧江深大断裂或金沙江断裂，横穿冈底斯—念青唐古拉褶皱系（澜沧江以西）和昌都—兰坪—思茅褶皱系。这里的地质条件虽然不算好，但处在我国南北构造地震带以西，喜马拉雅地震带以东的中间地带，历史上在这一带发生的大和特大地震不多，未出现过山体开裂，江河横断的记录。

6.4.2　建坝条件

拦河大坝指的是拦截江河以抬高水位或调节径流的挡水建筑物。拦河坝按建筑材料可分为混凝土坝和当地材料坝（土石坝）两大类。根据坝址的自然条件、建筑材料、施工场地、导流、工期、造价等综合比较选定。

当今拦河大坝的发展趋势是高土石坝和薄拱坝将会继续较快发展；重力坝和支墩坝向简化和方便施工的方向发展；钢筋混凝土面板堆石坝、碾压混凝土坝已成为极有发展前途的新坝型。

目前，我国已建、在建和待建的主要高坝有：182.3m的洪家渡面板堆石坝、185.5m的三板溪面板堆石坝、233m的水布垭面板堆石坝、181m的三峡混凝土重力坝、216.5m的龙滩碾压混凝土重力坝、250m的拉西瓦拱坝、278m的溪洛渡混凝土双曲拱坝、292m的小湾混凝土双曲拱坝、305m的锦屏一级双曲拱形坝等（表6-2）。

表 6-2　　　　　我国已建、在建和待建（坝高大于 180m）的主要大坝

坝名	建成投产年份	河流	省（自治区）	大坝类型	坝高/m	坝长/m	装机容量/10^3kW
三板溪	2006	清水河	贵州	混凝土面板堆石坝	186	434	1000
瀑布沟	2009	大渡河	四川	心墙堆石坝	186	574	3300
水布垭	2009	清江	湖北	混凝土面板堆石坝	233	584	1840
糯扎渡	待建	澜沧江	云南	心墙堆石坝	258	—	5500
三峡	2006	长江	湖北	混凝土重力坝	181	2335	18200
龙滩	2009	红水河	广西	碾压混凝土重力坝	261.5	837	5400
德基	1974	大甲溪	台湾	混凝土变厚度双曲拱坝	180	290	234
构皮滩	2011	乌江	贵州	混凝土重力拱坝	232.5	553	3000
二滩	1999	雅砻江	四川	抛物线形混凝土双曲拱坝	240	775	3300
溪洛渡	2015	金沙江	云南	双曲拱坝	273	—	12000
小湾	2012	澜沧江	云南	抛物线形混凝土双曲拱坝	292	923	4200
锦屏一级	2012	雅砻江	四川	双曲拱坝	305	—	3000

注　资料源于网络。

　　紫坪铺水库面板堆石坝，坝高 156m。2008 年 5 月 12 日四川汶川发生 8.0 级大地震，大坝距地震震中很近，约 17km，也是规模最大的一个高坝水库工程。受地震影响，大坝产生了一定的变形破坏，引起学术界和工程界广泛关注。大坝变形特征以沉降为主，水平位移相对较小，大坝整体处于收缩挤压状态，最大沉降发生在大坝顶部，量值为 900～1000mm，沉降与坝高之比约为 0.6%。大坝坝体和下游坝坡没有产生显著破坏，大坝结构功能受地震影响较小。为从怒江、澜沧江向三峡水库调水积累了科学的资料，为在相同复杂地形、地貌和地质条件相似地区，解决同类型工程的安全问题提供了关键性的经验。

　　从澜沧江、怒江向金沙江调水研究中，大坝主要作用是抬高水位。

　　隧洞为主的北线调水方案中，共有 2 座大坝。沙布水库，坝高 280～290m；军打水库坝高约 50m。

　　河道为主的中线调水方案中，共有 2 座大坝。沙布水库，坝高 280～290m，巴东水库，坝高 145m。

　　明渠为主的南线调水方案中，共有 2 座大坝。沙布水库，坝高 240m，设计水位 2040m；巴东水库，坝高 145m，设计水位 1980m。

　　由上可见，各方案均有拟建大坝 2 座，其中都有高度超过 200m 的高坝，坝高最大高达 280～290m，建坝难度大同小异。

6.4.3　隧洞难度

　　随着科学技术和经济的发展，隧洞朝着长而深的趋势发展。据不完全统计，我国已建成长度在 2km 以上的隧洞比较多，20 世纪 80 年代初完成的四川渔子溪一级水电站引水隧洞长 8.6km，隧洞最大埋深 800m，洞径约 4.8m；1983 年修建引滦入津工程的输水隧洞全长为 11.38km；1995 年我国在西安—安康铁路上建成了单洞长 18.46km 的秦岭隧

洞；2003 年完成的山西万家寨引黄一期工程南干线 7 号隧洞长达 43.5km，内径 4.2m，为我国已建成的最长水工隧洞。

国外长隧洞施工已有丰富的经验，瑞士在建穿越阿尔卑斯山长 57km 的新哥特哈特隧道工程；英国已建成约长 50.7km 的英吉利海峡隧道；日本建成的青函海底隧道长 53.85km，最深处在水面以下 140m，施工中断层破碎带较多，但也很好地解决了通过破碎带和涌水问题；法国承建的印度尼西亚苏门答腊 16km 输水隧洞，为处理活断层问题，提供了较好的解决方案。

从澜沧江、怒江向金沙江调水，隧洞是主要的输水工程。所以隧洞的总长度、单洞长度、顶层覆盖厚度等成为主要评价指标。

（1）隧洞长。

1）隧洞长度比：隧洞为主的北线调水方案隧洞总长 65.9km，河道为主的中线调水方案总隧洞长 60.8km，明渠为主的南线调水方案隧洞总长 48.1km。隧洞以北线方案最长。

2）隧洞分节比：3 个调水方案中隧洞均为 3～4 节，竖井均为 2～3 处。

（2）隧道单洞长。隧洞为主的北线调水方案最大单洞长 26.7km；河道为主的中线调水方案最大单洞长 25km；明渠为主的南线调水方案最大单洞长 25km，以北线最长、中、南两线较短。

（3）隧洞顶覆盖层深。三个调水方案的隧洞埋深基本上都在 3000m 以下，500m 以上，均属于深埋型隧洞。

由此可见，三个方案的输水工程均属施工难度特别大的深埋长隧洞，其总长度北线最长，南线最短；施工更为困难的单洞长度，也以北线最大为 26.7km，中、南二线相同为 25km，从隧洞难度评价以南线较优，北线较差。

6.4.4 渠道工程

明渠是人们最早用来输送水流的人工水道，用以连通调入调出区的水源点，把河流、水库、隧洞沟通起来，将水量从水资源丰富地区调入缺水地区，实现水资源的区域重新配置。

国内外、古往今来，对明渠施工已有很多实例。苏伊士运河位于埃及东北部，是有名的国际通航运河，全长 195km，水面宽度 365m，平均水深 20m，于 1859 年开凿，1869 年竣工通航。通航后，苏伊士运河成为世界上运量最大、运输最繁忙的运河；巴拿马运河也是重要的国际通航运河，于 1920 年正式通航，全长约 81.3km，宽 152～304m，水深 13.5～26.5m；京杭大运河，世界古代水利史上的奇迹，全长 1794km，北起北京，南至杭州；"人造天河"红旗渠，在国际上被誉为"世界第八大奇迹"，是 20 世纪 60 年代河南省林州市人民在国家极其困难时期，依靠自力更生，依靠人力在太行山腰上修建的引漳入林水利工程。总干渠长 70.6km，渠底宽 8m，渠墙高 4.3m。

隧洞为主的北线调水方案中，基本无明渠。

河道为主的中线调水方案中，从澜沧江上的巴东至拉八科，沿等高线修建坡降约为 1/3000、长约 37km 的明渠。

明渠为主的南线调水方案中，需修建 2 段明渠，总长约为 154.8km。一处是从怒江上的沙布至双拉，沿等高线修建，坡降为 1/3000、长约 117.8km 的明渠；另一处是从澜沧江上的巴东至拉八科，沿等高线修建，坡降约为 1/3000、长约 37km（在进一步研究中，还可考虑部分用隧洞代替）。

可见，以明渠为主的南线调水方案，明渠约为河道为主的中线调水方案长的 4.2 倍。从渠道开挖工程量和高海拔、坡度大、高边坡的施工及运行维护难度衡量，南线方案比中线方案和北线方案都大。

6.4.5 工程造价

为了让读者对引怒（江）入澜（沧江）和引澜入金（沙江）工程有一个量的概念，本文对上述三个调水方案的工程量和投资做了粗略匡算，并利用南水北调西线概算成果作了比照推测，以供日后规划参考。

（1）主要工程投资匡算成果。

根据同类型工程类比法推算工程量估计：

1）隧洞为主的北线调水方案：隧洞共计 4 节，总长约 65.9km，2 处竖井、2 座大坝。

2）河道为主的中线调水方案：隧洞共计 3 节，总长约 60.8km，2 处大坝、1 段明渠，总长约 37km。

3）明渠为主的南线调水方案：隧洞共计 3 节，总长约 48.1km，2 座大坝、2 段明渠，总长约 154.8km。

三个调水方案的年调水量：怒江至澜沧江 100 亿 m^3，单洞无压输水；澜沧江至金沙江 200 亿 m^3，双洞无压输水。

根据以上三方案主要工程建筑物推算出的工程量，粗略估算出工程投入：隧洞为主的北线调水方案，总投资约为 211 亿元（只计算到三峡水库且未修正仅供参考，下同）。

河道为主的中线调水方案，总投资约为 248.2 亿元。

明渠为主的南线调水方案，总投资约为 216 亿元（以上均为当时价格）。

（2）利用现行南水北调西线工程成果类比法推算。南水北调西线工程，开展了大量室内外研究，较详细地计算了隧洞工程的投资。文中 7.3.4 作了详细介绍：西线隧洞工程断面积 57.55 m^2，每公里投资约 1.216 亿元。采用类比法，并考虑洞身断面积和施工环境等因素的修正系数，每公里投资大约为 2.273 亿元，计算结果表明：

北线方案隧洞投资：大约为 218 亿元。

中线方案隧洞投资：大约为 193 亿元。

南线方案隧洞投资：大约为 166 亿元。

三个方案的大坝投资中线和南线均比北线略高。再加上明渠投资，南线方案虽然隧洞短，但明渠漫长，约 154.8km，总投资应为三者中最大者，约为 371 亿元；中线约为 280 亿元，北线约为 266 亿元。

6.4.6 推荐方案

通过以上分析可以看出：中线方案比北线方案隧洞总长减少 5.1km，但巴东水库比军打水库坝高高出近百米，大坝从低中坝跨入高坝，产生量级的跨越。同时，中线需要多修明渠37km，北线较中线隧洞增加的长度与中线多修的明渠之比（简称洞渠比）很小。通常情况下，洞渠比超过5，最多到8，明渠就不具备与隧洞的可比性。更何况对山高坡陡、交通不便的横断山地区来说，修明渠不一定比打隧洞容易；南线方案与中线方案大坝高度相差不大，隧洞总长比中线少12.7km，而明渠长度多117.8km，洞渠比达到9.3，显然不如中线优；再与北线相比，沙布大坝约低50m，属同一量级，但巴东比军打坝高要高出近百米，产生量级的跨越，洞渠比也比较大，显然也不及北线。可见，隧洞为主的北线调水方案在三个调水方案中具有较为明显的优势。

从横断山区地处高原，海拔高、山高坡陡、高边坡施工及运行维护困难、气候条件差，冬季慢长等实际情况出发，对地形复杂，岩石风化作用强烈，调水量大的明渠来说，开挖工艺要求较复杂、施工难度较大；反之，隧洞工程则具有保温性能较好，适宜于高原地区通水使用，而且本工程隧洞均为东西向修建，与澜沧江深大断裂和金沙江断裂近似垂直，对隧道施工，运行较为有利。同时，考虑到隧洞施工技术进步和机械化水平不断提高的发展趋势，建议引怒入澜进金工程采用隧洞为主的北线调水方案应该是优先推荐方案。

还需要补充说明两点：①以上工程造价匡算，只能从定性意义去理解。因为匡算中有很多重要因素未参与比较，如自然条件（气候、坡度、湿度）、社经条件、材料比选、运距、单价分析……如果考虑上述因素后，实际造价可能相差很多，但三者的可比性不会有颠覆性的变化。②作者最后审查三个方案时发现，北线金沙江达拉的高程尚存疑点。目前的数据是根据中小比例尺地形图上达拉附近三个水面点的高程比较而来，与等高线不太一致。建议进一步研究时重点核查，并到现场实地测量。如果高程有太大的变化，整个方案必须调整，甚至改变调水方式，如在东巴修高坝（190m左右）抬高水位至2030m，然后从东巴穿隧洞直抵金沙江，或者用中线替代，都是比较好的。

第7章
"七横六纵"调配格局研究

在"七横六纵"总体调配格局中，水流从11号点到10号点怒江，顺江而下，经9、8、7、6、5、4、3号点到达黄河2号点，走低线，又称"七横四纵"（图7-1）调配格局；如果水流从11号点雅江北上，经10、12、13号点到达14号点黄河上两湖，走高线，又称"七横一纵"调配格局。由图可见"六横五纵"已在前文中研究过了，只有"七横四纵"特别是"七横一纵"要在本章中重点研究。

"七横四纵"研究的最大特点是把七大江河通过中线延长线向南、北串联起来，可由两个方向把水送到西北内陆河流域。

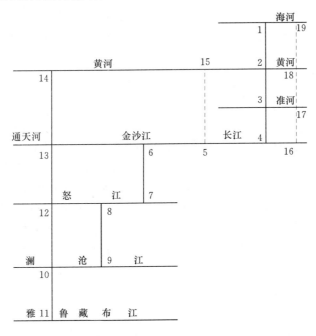

图7-1 "七横四纵"调配格局示意图

7.1 调配目的及战略意义

"七横四纵"调配格局的主要任务是向中国北方内陆区供水，力争给黄河上游补水，促进那里的社会经济稳定持续发展。根据我国水利部门划分南北地区的标准与要求，我国北方内陆区应包括内蒙古西部内陆河流域、河西走廊内陆河流域、准噶尔盆地内陆河流域、中亚细亚内陆河流域、塔里木盆地内陆河流域、青海内陆河流域等6片。《中国北方地区水资源合理配置与南水北调综合报告》一书在分析水资源时，把羌塘高原内陆河流域列入中国北方内陆区。如果这样考虑，中国北方内陆区就变成了 7 片。它的总面积达到 274.7 万 km²（还有 57.5 万 km² 未列入其中），占我国南水北调地区面积 418.9 万 km² 的 65.5%，占我国陆地面积 960 万 km² 的 28.6%，除了水少外，山地少，平原多，光热条件又比较好，可利用面积辽阔，是我国农牧业进一步拓展的少有的后备资源基地。北方内陆区人口稀少，1997 年总人口达到 2670 万人，占全国 13.7 亿人口的 1.9%，占中国北方地区总人口的 5.9%（指南水北调调入区），平均每平方千米不到 10 人，地旷人稀，且分布又十分集中。人口主要居住在新疆天山南北和河西走廊少数绿洲上，人口达到 2100 万人，占总人口的 78.7%，可见其他地区人口更少，至今还有不少无人区。因此，我国北方内陆区有可能成为扩大我国人口生存活动空间的有效和理想的区域。此外，我国北方内陆区稀有与贵金属资源、原材料资源以及能矿资源比较丰富，不少品种位居全国榜首，如钠、钾、锂、硼以及煤炭、石油、天然气和稀土元素等，开发前景广阔，也是我国经济社会全面复兴的重要支撑之一。

但是，内陆区属于干旱气候，年平均降水量一般少于 200mm，不少盆中地区不足 50mm，一年的来水量不足一月的水面蒸发量。所以水资源成为制约一切事业兴旺发达的瓶颈。

1949 年以前，全区绿洲面积约 3 万 km²，人口不到 1000 万人，耕地约 2000 万亩，工业十分薄弱。内陆区年用水量不多，全年约 200 亿 m³，不足全区来水量的 1/5，所以用水矛盾亦不突出。1949 年以后内陆区发展加快，到 1995 年全区绿洲面积达到 8 万 km²，人口达到 2000 多万人，耕地扩大到 5400 万亩，粮食总产量约为 1100 万 t，人均粮食约 400kg，超过全国人均水平，工农业欣欣向荣，一派繁荣兴旺的景象。在经济全面增长的同时，用水量也不断加剧，至 1997 年全区用水提高到 547.1 亿 m³，占全区年来水量的 52%。超过了人们公认的一般地区用水极限。更主要的是，由于地旷人稀，降水的利用率极低，相当一部分径流很难用于人类的生产与生活，或无法聚集使用，更谈不上大量引走外援。正因为这样，不少地区集中开发使用后，引起了生态环境问题。从当前实际状况来看，维持地方可持续发展，保证干旱区生态环境沿着良性循环方向演化，还需要部分外援水量，才能有力保证地区社会经济可持续发展，支援全国社会主义建设。

7.2 调配区水环境状况

调水区应包括调入区，即主要指我国北方内陆区；调出区，即主要指西藏自治区（除藏北外）及其周边少量地区。据专家们分析，自青藏高原隆起以来，干旱与增温就一直成为调水区水循环形成与演化的主导因素。

7.2.1 调入区水环境状况

调入区地处欧亚大陆腹部，属于大陆性温带荒漠气候，主要受蒙古高压大陆气团控制。从地中海往东的水汽、沿横断山脉北上的印度洋、太平洋的暖湿气流，都被东西、南北向的高大山脉阻隔，难以到达本区。因此年降水量远比同纬度的其他地区为小，成为我国干燥、少雨、多风的最干旱区域。

1. 内陆区河流、湖泊与水资源状况

内陆区有很多河流，而且河湖相通。河流产水量一般很少，若以出山口前的径流为据（出山口后往往不产流），年径流大于 1 亿 m³ 的河流约 70 多条，大于 5 亿 m³ 的河流约 28 条，大于 10 亿 m³ 的河流约 17 条。

如果按 7 大片统计，我国北方内陆区多年平均降水约 5113 亿 m³（表 7 − 1），年平均径流 1063.7 亿 m³，单位面积产水量约 3.8 万 m³/km²，仅相当长江流域平均值 53.2 万 m³/km² 的 7%，海滦河流域平均值 13.3 万 m³/km² 的 29%，黄河流域平均值 9.4 万 m³/km² 的 40%。从我国水资源统计中还可看出，单位面积产水量小于 20 万 m³/km² 的地区，多属于资源型缺水的地区。

表 7 − 1 我国北方内陆区河流水资源分布

分区 相关参数	多 年 平 均			不同保证率年径流量/亿 m³				评价面积 /km²
	降水 /mm	径流量 /亿 m³	径流深 /mm	20%	50%	75%	95%	
中亚细亚内陆区	436	193	207.2	219	189	169	146	93130
塔里木河（以下简称塔河）	1096	347	32.3	37.4	347	322	291	1074810
准噶尔河	532	125	39.5	139	124	113	100	316530
羌塘河区	1226	246	34.1	273	244	221	197	721182
青海	441	72.4	22.7	82.7	70.9	63	54	319286
河西	599	68.6	14	74.8	67.9	63.1	56.9	488708
内蒙古内陆河	783	11.7	3.8	14.6	10.9	8.71	6.51	308067
全区	5113	1064	32	1134	1060	1104	928	3321713

注 资料源于《中国水资源评价》《内陆河流域地表水资源》。

内陆区水资源多注入湖泊中，形成向心水系（表 7 − 2）。入湖径流一般等于湖泊水面蒸发与湖面降水之差（图 7 − 2）。这又说明，内陆区每条河流都有一个最大的用水户——湖泊水面蒸发。虽然年与年之间有差别，但波动幅度不大，对多年平均而言基本处在水平衡之中（实际上处在缓慢消退中），从而维持了湖泊水面基本不变（平衡方程：$W_1 + W_2 + W_3 = W_4$ 暂不考虑渗漏）。如果人类活动用水过大，势必加速湖泊与河流的消亡。

表 7 − 2 中国西北内陆区主要湖泊分布

省（自治区）	湖泊面积 /km²	湖 泊 个 数/个					湖泊蓄水量 /亿 m³
		1~10km²	10~100km²	100~1000km²	>1000km²	合计	
新疆	5250	42	25	11	1	79	5566
青海	10624	146	34	21	1	202	1640
羌塘	21396	497	186	11	4	608	3350
内蒙古	3480	166	11	5	1	183	889
合计	40750	851	256	48	7	1072	6455

注 资料源于《中国内陆河流域水资源调查评价初步分析报告》，统计不全。

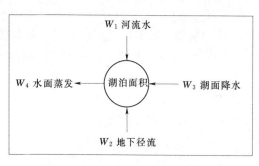

图 7-2 湖泊水平衡

2. 内陆区河湖演变实例

大家知道,气候变化、地质变迁,相对人类活动来说,是极其缓慢的,而且正负交替,波动前进。目前内陆区气象、水文要素如此迅速变化,应该是人口大量增加和发展工农业用水的结果。据不完全统计,60多年来,内陆区人口增加了1.7倍,耕地增加了4.4倍,用水量增了2.7倍,且开发利用率已经超过了一般地区许可的上限值(干旱区的上限远比一般地区为小)。所以水环境问题比较普遍。罗布泊古称蒲昌海,湖水浩渺,面积浩瀚。近100年来,下降速度惊人。1942年罗布泊水面面积还有3006km²,1972年就全部消失了。平均每年消减水面面积约100km²。青海湖是目前内陆区最大的湖泊。据杜乃秋等通过孢粉分析研究,其中乔木花粉占绝对优势,充分反映了中全新世期间,湖滨为森林环境(距今8000~3500年)。自距今3500年起,花粉中草木和灌木的成分增加,其地理环境由森林草原向疏林草原过度,乃至目前为草原景观。随着周围环境的变化,湖水位不断下降,湖水浓缩变咸。据专家们推算,全新世以来的10000多年中,青海湖水面缩小2150km²,水量减少20多亿m³。这样的实例很多,据史料记载,秦汉以来,河西额济纳河及下游居沿海地区,一直是沙漠中一片绿洲,水草丰美,随着绿洲的开发与扩大,额济纳河下游开始出现断流,紧接着居延海水消失,河两岸胡杨大面积死亡,风沙四起。从1993—1998年间,特大型沙尘暴袭击5次,经粗略统计,危害面积24万km²。阿拉善仅有的9万km²草场受灾。沙尘直奔河西走廊、宁夏平原,咆哮西北、华北,影响半个中国。

甘肃境内石羊河下游原名青土湖,相传为苏武牧羊的北海。近几十年间,由于上游用水增加,下游农耕水量锐减,耕地用水被迫减少,不得不开采地下水。由于过采,引起地下水位下降,地面植被退化,沙漠南侵。

新疆博乐地区套屯河下游艾比湖不断缩减。由20世纪50年代初期1200km²,缩小到近年的523km²。因此沙尘暴频启,浮尘天气骤增,飞沙走石遮天蔽日。阿拉山口周边日益严重。西北最大内陆淡水湖博斯腾湖,由于盆地过量引水,入湖水量减少,矿化度明显增大。50年代湖水矿化度为0.333g/L,1975年为1.58g/L,1985年为1.78g/L。水质的变化说明湖水在减少。为了进一步分析这个问题,下面就内陆区最大的河流,塔里木河演变过程,做些剖析。

由于人类活动用水过多,导致水源减少,河道萎缩。塔里木河就是一个典型的代表。塔河❶是我国内陆区最大的河流,也是世界上最大的内陆河之一。它位于我国新疆境内,东西横穿全自治区5个地州的42个县(市)。从历史上看,塔河由开都河-孔雀河水系、迪拜河水系、渭干河水系、库车河水系、喀什噶尔河水系、叶尔羌河水系、河田河水系、克里雅河小河水系、车尔臣河小河水系等九大水系构成。按地理原则,在整个南疆源

---

❶ 资料源于网络。

自天山和昆仑山区的水流，都可归为塔河水系，总流域面积约为 102 万 km²，大致相当塔里木盆地的面积，占全疆面积的 64%。可以断言，历史上的塔河水资源十分丰富。正如有文字记载的：干流沿岸胡杨浓荫蔽日，形成一道绿色的天然走廊。随着人类用水不断加剧，气候逐渐旱化，导致塔河日益萎缩。大约在清朝以前，中、下游就有 3～4 个小水系，失去水源补给，脱离塔河干流。至清朝后期，塔河就只有 5 源流了，即阿克苏河水系、喀什噶尔水系、和田河水系、叶尔羌河水系和渭干河水系。随后绿洲面积进一步扩大，引水干渠增至 563 条，农田灌溉面积升至 1170 万亩。结果导致喀什噶尔河断流，同样失去补给干流的能力。由于用水量过大，至解放初期，渭干河补给干流的能力也消失了，从此塔河就变成今日三源补给干流的状态。至 1995 年三源流年引水量达到 148 亿 m³，占三源流年来水量的 75.5%，这就使叶尔羌河从 20 世纪开始，平时也基本无水补给干流，和田河季节断流时间延长，阿克苏河只有洪水期才有水下泄，枯水期全部通过塔河拦河闸引水阿拉尔灌区。从此塔河干流枯水期全部都是回归水和农田排水。洪水期的水只能流到恰拉和大西海子水库。水库以下 320km 基本成为干河床。今日塔河水源仍然可说有三支，即阿克苏河、和田河、叶尔羌河，它们的补水比例大致为 72%（阿克苏河）、22.5%（和田河）和 5.5%（叶尔羌河）。三者在阿瓦提附近相汇，后始称塔河。塔河全长 2179km，流域面积 19.8 万 km²，仅相当唐代以前的 19%，大致由西向东流，横贯塔里木盆地，大约在库尔勒以南折向东南至铁干里克后进入大西海子，注入台特马湖。

从 9 源补给演变成 3 源流的真正原因，可以说主要是人类用水量增加太快太多造成的。

因此，北方内陆区解决可供水源的方法，只有两个：①减少人类活动用水。从当前来看很难。②从邻近流域，更确切地说，从它的南部大江大河适当调水调济。从长远或综合的观点出发，这是可行的。因为这类地区，发展是硬道理，不发展问题会更多，更复杂。同时它的南部，具备外援的条件，且对调出区、调入区都有好处。调水双赢，否则必遭洪灾、旱害的困扰。那么北方地区（适当考虑黄河上中游地区），需要调多少水？专家们说法不一：有的认为调 2000 亿也不多，因为那里有荒地、无水草场、能矿资源、原材料资源。有的认为调水是需要的，但一定要从长计议，综合考虑留有余地，建议在现有南水北调规模的基础上翻一番，即维持现有可持续发展规模，全面恢复北方生态环境的用水需要。也有专家主张靠当地节水，退农还林，维持干旱区的自然景观。这种想法，如果在 60 年前，可以考虑，时至今日"维持"不能长治久安。而且这些目前最贫穷地区，不仅不能发挥他们的潜力为国家兴旺发达出力，还会拖住全国经济发展的后腿，影响西部大开发，更何况黄河上中游还需要补充少量水资源。

3. 黄河流域水资源供需问题

黄河的河川径流主要来自大气降水。冬半年，流域内受极地大陆冷气团（以蒙古高压为主）控制，多西北风，气候寒冷干燥，雨雪稀少；夏半年（6—10 月）蒙古高压逐渐北移，流域大部分受西太平洋副热带高压影响为主，盛行东南季风，带来大量水汽，雨水较多，雨量从东南向西北递减。由于气候的影响，所以降水量在时间上分布很不均匀，年内变化大，其特点导致年径流形成明显的汛期与非汛期。

黄河流域天然河川径流量 580 亿 m³，地下水可开采量约 110 亿 m³。具有年际变化大、年内分配集中、空间分布不均匀等我国北方河流的共性,同时还具有水少沙多、水沙异源等特有的个性。

1986—1997 年,黄河流域花园口站以上地区降水多年平均值偏少 6.7%,天然年径流多年平均值减少 11%。20 世纪 50 年代国民经济用水平均耗用河川径流量 122 亿 m³,而到 90 年代,年均耗用河川径流量已达 307 亿 m³(其中流域外耗用 106 亿 m³)。

入海水量减少,排沙水量和滨海地区生态及环境需水严重匮乏。据黄河近海河段的利津水文站实测径流量,1950—1959 年年均 480 亿 m³,1960—1969 年年均 492 亿 m³,1970—1979 年年均 311 亿 m³,1980—1989 年年均水量更少。入海水量越来越少,维持河流水沙平衡和生态用水的缺口越来越大。经济社会的快速发展,用水量持续增加,黄河水资源承载力难以满足日益增长的用水需求,造成黄河下游和支流河道断流加剧,水环境日趋恶化。这是黄河水资源失衡的集中表现。同时,据近 10 年来的资料统计,黄河上游扎陵湖和鄂陵湖之间的河段多次断流,1998—1999 年,断流时间长达 7 个多月;2001 年和 2002 年,也出现断流。黄河源头第一县——玛多县,境内湖泊众多,原来共有大小湖泊 4077 个,称"千湖之县",湖泊总面积达 1673.8km²。目前,已有很多湖泊干涸。

2001 年以来,黄河上中游出现连续枯水。2002 年唐乃亥水文站来水量为 105.8 亿 m³,为多年平均径流量 204 亿 m³ 的 52%,是有实测记录以来的最小值。头道拐、花园口水文站实测径流量扣除水库补水后也为实测资料以来的历史最低值。主要支流渭河、汾河、伊洛河、沁河、大汶河等都出现断流。其中沁河、汾河 90 年代平均年断流 228 天和55 天;大汶河曾出现全年断流的情况。

黄河下游持续断流,黄河下游除 1960 年因三门峡工程截流及凌汛期间蓄水发生过断流外,经常性断流的出现始于 20 世纪 70 年代。在 1972—1998 年的 27 年中,黄河下游共有 21 年发生断流,平均 5 年中就有 4 年断流。2000 年以来,由于水利部对黄河实行流域水量分配管理以及小浪底水库工程完工,黄河虽未再断流,但黄河地区不断扩大的供水范围和持续增长的供水要求,使水少沙多的黄河实难承受。河川径流的过量开发,造成部分地区出现严重的环境地质危害;上中下游之间、地区之间供水矛盾加剧;工农业用水与河道内输沙、防凌、环境、发电、渔业、航运用水之间矛盾日趋突出;水污染日趋严重,从而使沿黄河地区出现缺水现象。

7.2.2　调出区水环境状况

本书调出区主要指青藏高原的东南部,即包括西藏自治区和区外部分横断山脉。

西藏自治区是我国最大省(自治区)之一,东西向最大长约 1900km,南北向最大宽约 1000km,大致跨越 10 个纬度,20 个经度,总面积达 120.1 万 km²,是我国乃至地球上海拔最高、形成时间最晚的巨大高原,平均海拔高程在 4000m 以上。在这辽阔的高原上,分布着我国许多著名的山脉。由于各地山脉的阻隔和地理位置、海拔高程的不同,西藏各地的自然条件差异极大,归纳起来,大致可以划分成四大片(图 7-3),其中藏北片与阿里部分地区处于调出区的边缘。

(1)自然概况。

1)藏东片:该片指的是洛隆—类乌齐—尚卡一线以南的"三江"地区,土地面积约

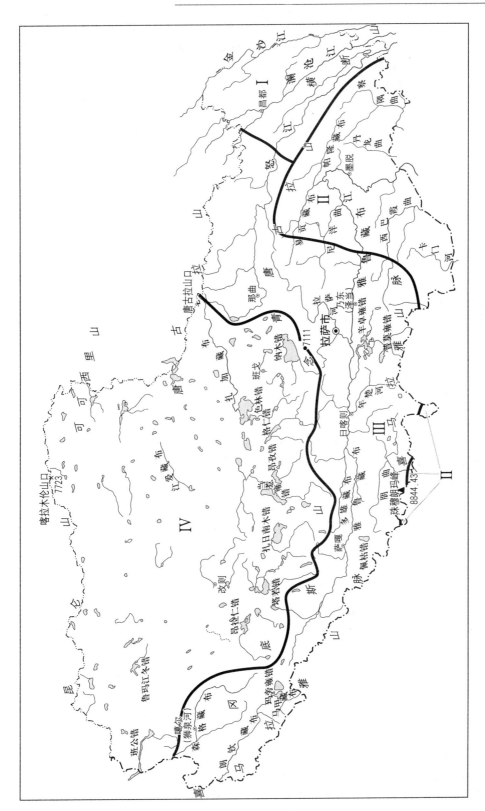

图 7-3 西藏自治区概貌图

I—藏东片；II—藏东南片；III—藏南片；IV—藏北片

8 万 km²。"三江"在这里切割很深，山峰海拔多在 4000m 以上，江面海拔高程在 2000～3000m，相对比高 1500～2500m，由于山高谷深，加之山体单薄。因此河流与河流之间距离很短，只需开凿不长隧道，便可把西边江河的水调到东边江河上，然后顺江而下，沟通南北江河。这里的自然景象有明显的垂直地带性规律。谷底海拔高程低，四周高山环绕，在下沉气流的影响下，气温高，降水少，气候干燥。年降水量在 300～450mm，且 80％以上的集中在 6—9 月。其他月份降水极少，成为干季。年平均气温在 6℃以上，春夏秋冬四季较明显。随着海拔高程的上升，降水不断增大，在林线或冰川附近降水达到最大，然后随海拔高程的上升，又急剧减少。气温随海拔上升而下降，其递减规律，大致每上升 100m，年平均气温下降 0.5～0.7℃。由于气候条件不同，山地的下部即河谷的底部，农作物可以两年三熟，但天然植被稀疏，多为草原或灌丛草原类型，并广泛发育有带碱性的草原土。山地的中部，气候较湿润，气温又不太低。因此，天然植被良好，不少地方有森林分布。农作物虽然只能一年一熟，但农田较多，生产比较发达，生产潜力也较大。山地的上部，气候严寒，人类活动少。总之，藏东地区属于高原温带半干旱，半湿润地区，农业生产虽然需要水利灌溉，但用水不会太多。

2）藏东南片：该片主要指的是察隅、墨脱、错那、林芝、波密、米林地区以及朗县的部分地区，土地面积约 14 万 km²。这里正处在西藏东西向与南北向山脉的交汇复合处，峰顶附近广泛发育着现代海洋性冰川。年补给量大，消融快。该片气候温暖湿润，年平均降水量一般大于 1000mm，南部最大的达到 5000 余 mm，为我国降水最大地区和最大径流区之一。雅鲁藏布江在这里作马蹄形大拐弯，形成世界有名的大拐弯河段，不仅水资源丰富，水能资源也特别巨大而集中，且开发条件良好，开发前景广阔。河谷底部气温较高，年平均大于 10℃，不少地区在 20℃左右，主要属亚热带气候。农作物可以一年两熟，海拔 2200m 以下种有水稻，芭蕉、香蕉生长良好。森林茂密，热带雨林、常绿阔叶林和针叶林分布面积很广，是我国重要的原始森林区。这里的土壤，主要有漂灰土、棕壤、黄壤等。由于土壤质地较黏，又经常被水分饱和，因此，保水性能差，雨后易于形成径流。

3）藏南片：该片指的是冈底斯—念青唐古拉山脉的西段以南和当雄—安多—唐古拉山口一线以东，藏东片以西，藏东南片以北的广大地区，土地面积约 35 万 km²（扣除阿里部分土地）。这里河谷宽广，地形起伏较小，谷底海拔多在 3000～4000m，山峰海拔多在 5000m 以上，构成中低山宽谷湖盆地形。目前"七横四纵"的起水点就在曲水上游永达峡谷内。由于南侧喜马拉雅山脉的屏障作用，境内气候比较寒冷干燥。年平均水量多在 500mm 以下，且向西北减少，最西边在 100mm 左右，是西藏比较典型的干旱半干旱地区。年平均气温，基本上在 0℃以上。拉萨—日喀则一带，年平均气温 5～8℃，农作物一般一年一熟，海拔较低的河谷地区，可两年三熟。这里发育的土壤多为偏碱性的草原土、草甸土。这类土壤质地较轻，颗粒较粗，便于水分下渗，有利地下水的储藏。

4）藏北片：该片指的是藏北内陆区，即辽阔的羌塘高原，基本不在调出区内。

（2）社会经济概况。调出区主要属昌都、那曲、山南、拉萨、日喀则、林芝 6 个地区管辖，人口约 303 万人。到 2000 年为止，现有耕地面积约 344 万亩，占土地面积的 15％，主要种植春播作物青稞、小麦、豆类、油菜。越冬作物主要种植在 4200m 以下，且单产较高。此外，藏东南地区还种有少量的水稻、玉米和其他一些杂粮。2010 年粮食生产总量为 9.1 亿 kg，平均单产 357kg。在春播作物中，以青稞为主。青稞种植上限已经达到海拔 4700m。2010 年播种青稞面积占西藏当年播种面积的 49%，单位面积产量 341kg，小麦播种面积占 15.4%，豆类占 2.8%，油菜籽占 9.5%。越冬作物每年 8—9 月播种，翌年 6—8 月收获，生育期 300～330 天。2010 年冬小麦 42 万亩，占西藏总播种面积 11.6%，平均单产达到 470kg，目前种植上限已超过海拔 4200m。

西藏畜牧业比较发达，2010 年牧业收入占农林牧渔总收入的 40% 左右。草场面积广阔，缺乏人工管理。因此，草场生产能力极低。所以，加强牧区水利建设，发展草场灌溉，是促进畜牧业生产的关键措施。

西藏的森林主要分布在藏东南和藏东地区，总面积约 615 万 hm²。木材蓄积量仅次于我国东北，居全国第二位。不仅如此，西藏的森林还具有生长迅速、生长的持续时间长与单位面积蓄量高的特点。随着国民经济的发展，天然林的开发逐渐增加。为了加速森林工业的发展，西藏必须大力开发电力。

西藏有丰富的矿产资源，现已查明的有铁、铜、铬铁、重晶石、煤、铅、钼、硼和其他一些稀有金属。特别是藏北的硼、藏南的铬铁、藏东的铜矿，不仅在西藏，而且在全国都占有很重要的位置。但是，开发利用很少。重工业和大部分轻工业产品依靠内地供应。

过去西藏对内、对外交通均异常闭塞，运输全靠人背马驮，十分落后。近些年来，交通有比较大的改善，铁路、公路、航空都发展很快。西藏内部的公路网已基本形成，但用油完全靠内地供应，代价高昂。由于用油量大，也给运输带来很大压力。西藏的水路运输很少。到目前为止，只有雅江干流拉孜—日喀则—大竹卡段，曲水—泽当段，米林—则拉—派段以及支流拉萨河上墨竹工卡—拉萨—曲水段的局部河段运行牛皮筏，且只能单程下驶，因此，不能发挥水运的巨大作用。随着河道的开发，西藏的水运会得到相应的发展。

（3）河湖概况（包括毗邻地区部分主要河流）。西藏是我国河流、湖泊分布最多的省区之一。据初步统计，流域面积大于 10000km² 的河流有 20 余条，大于 2000km² 的河流在 100 条以上。亚洲和我国许多著名的大江大河都发源或流经西藏。从东到西，主要河流有金沙江（长江的上游）、澜沧江（湄公河的上游）、怒江（萨尔温江的上游），察隅曲、丹巴曲、雅鲁藏布江、西巴霞曲（布拉马普特拉河的上游）、朋曲（恒河上游的支流）、森格藏布（印度河的上游）。

从河流的归宿来分，西藏的河流可以分为外流出海、内流入湖两大水系区。外流水系区，一部分注入太平洋，有金沙江、澜沧江，总流域面积 61360km²，分布在西藏的东部边缘；另一部分注入印度洋，主要有雅江、怒江、察隅曲、丹巴曲、西巴霞曲、朋曲、森格藏布等，流域面积 527398km²，占西藏总面积的 44%，占我国注入印度洋河流流域面积的 90.5%，主要分布在西藏的南部和东北部。其中雅鲁藏布江最大。河长 2057km，流域面积 240480km²，分别居我国河流中的第 6 位和第 5 位。雅江支流众多其中拉萨河、迫隆藏布、多雄藏布、尼洋河、年楚河 5 条最大。这五大流域不仅自然条件比较好，而且土地资源、水力资源较丰富，适宜发展工农林牧业生产，也是西藏政治、经济、文化的中心地带。其次是怒江，它在西藏境内长 1393km，流域面积 102500km²。此外流域面积在 1 万 km² 以上的河流还有 11 条（表 7-3）。

表 7 - 3 西藏外流区主要河流分布

参　数	金沙江	澜沧江	怒江	察隅曲	丹巴曲	雅江	西巴霞曲	(卡门河)鲍里河	朋曲	朗钦藏布	森格藏布
流域面积/km²	23060	38300	102500	17827	11270	240.48	26664	10790	25307	22760	27450
河长/km	509	509	1393	295	178	2507	406	236	376	309	430
落差/m	1059	1263	3697	4785	4064	5435	5090	4240	3325	2400	1264
平均坡降/‰	2.08	2.48	2.65	16.2	22.89	2.64	12.54	17.97	8.84	7.77	2.94
多年平均径流量/亿 m³	75	114.9	358.8	252.3	259.2	1395.40	293.3	129.5	49.2	9.1	6.9
多年平均流量/(m³/s)	238	364	1138	800	822	4425	930	411	156	28.9	22
天然水能蕴藏量/万 kW	374.9	729.2	2009.6	680	967	7911.60	1046.40	158.4	257	23.8	10.4

注　资料源于《西藏水利》。

　　西藏的湖泊星罗棋布,总面积 24183km²,约为我国湖泊面积的 30%。这些湖泊除了少数零星分布在喜马拉雅山脉北坡外,主要集中在藏北高原上。分布在藏南的湖泊,有两种情况:一种为内陆湖,来水量相当于湖面蒸发量,湖水基本处于相对平衡状态。因此,湖水水质略偏咸,可以利用。但由于水源所限,在开发利用时要全面比较,综合平衡,否则,会加剧湖泊的消失。一种为外流湖,规模都不大,湖面积一般只有几平方千米或十几平方千米。它们均处于河流的上游,位置高,又都有冰雪融水补给,水质良好,就地利用价值大。

　　(4) 水利现状。西藏有利用江河的悠久历史。据了解,很早以前,拉萨—日喀则一带,就已利用河水浇地,利用水力磨面。1975 年,为了解决彭波农场的灌溉问题,在拉萨河的支流上修建了虎头山水库,预计蓄水 1500 万 m³;为了解决农田灌溉问题,1968 年建成拉萨北郊干渠。为了解决拉萨地区的工业、城镇居民用电,1958 年在拉萨河上动工修建纳金水电站,随后又建成羊八井地热电站、满拉水库(坝高超过 100m),直孔水库(库容大于 1 亿 m³)等一系列大、中、小型水利水电工程,到目前为止调出区已蓄水超过 20 亿 m³。

　　随着国民经济的发展,水资源将得到进一步的开发利用。但用水量受自然条件和耕地面积的约束,比例不会太大,外援的能力是很强的。

　　此外,雅江干流属国际河流,出国境进入印度,改称布拉马普特拉河(以下简称布河)。根据国际水法和我国对外睦邻友好、互谅、互让、和平共处、共同发展一系列外交政策,我们有责任介绍那里的主要有关水环境问题,使读者有所了解。

　　布河北侧为喜马拉雅山脉,高大的山脉阻挡了南来水汽北上,使布河两岸成为世界最大降水中心之一。由于降水量大,河川径流非常丰富。我国雅江巴昔卡附近,年平均径流量为 1654 亿 m³。单位面积产水量 69 万 m³/km²,高于长江流域的平均值。雅江出境后再下行 30 多 km 与我国东来的察隅曲、丹巴曲相汇后,总称布拉马普特拉河,由东向西流,经过孟加拉国时,改称贾木纳河。贾木纳河与西来的恒河在孟加拉国的戈阿隆多市附近并流后,统称恒河,注入印度洋。雅江—布河全长约 3087km,流域总面积(只统计到潘杜水文站）约 64 万 km²，多年平均径流量大约为 5100 多亿 m³（1955—1970 年统计数），单位面积产水量高达 80 万 m³/(km²·a)，是我国长江流域平均产水量 1.4 倍。又据潘杜站 1956—1979 年资料介绍，年平均流量为 18100m³/s（此数据未经核对，仅供参考）。由此可见，雅江—布河无论是当前还是今后，流域内可用水资源是丰富的，不会出现水资源短缺。但由于年际、年内分配不均，局部地区可能在干旱季节出现用水紧张形势，只要适当调节径流，便可缓解上述矛盾，所以蓄水是必不可少的措施。同时由于丰枯相差太大，洪水成为河流下游地区的心腹大患，缓解或消除洪灾成为该地区的紧迫任务。此外雅江—布河水能资源极为丰富，兴修条件好，特别是雅江得天独厚。开发水利不仅可满足当地社会经济发展的要求，还可支援南亚地区社会经济稳定持续发展用电，并可极大地节能减排，改善当地的大气环境。这是国际社会关注的热点问题，是自然界赋予社会致富的条件。

7.3　调配格局设计研究

调配格局设计研究是指制定"七横四纵"中的水源点、入水点、输水点以及输水线路所组成的框架。

大家知道，在调配格局中，往往有多个水源点、输水点、入水点以及相应的输水线路。因而制定上述点、线，一定要根据它们在调水格局中的地位与作用、自然条件、社会经济条件、科学技术水平，综合分析来选定。这是规划前的主要工作，也正是我们过去工作中所缺少的一环。本书"七横四纵"调配格局的制定，主要是根据我们长期野外考察、总结前人经验加上大量图片分析而来。由于人力、物力、财力所限，工作深度（主要指点、线实地核查）还很不够。但江河串联的走向是可信的。为了增加研究工作的可信度，就我们已经掌握的资料，做一些梗概介绍。尽管这些内容还可能有变化，但对进一步研究规划是非常有益的。

7.3.1　水源点的选择

水源是设想研究中制定的目标。这里的水源点就是指取水主点。在本文研究工作中，取水主点为（图 7-1）中的 11 号点。

11 号点处于雅江中游段，因为上、下游段不具备选点条件。雅江中游段全长 1293km。目前 11 号点初步定在中游中上段的永达峡谷，距下游曲水即拉萨河汇口约 30km。如果选在 11 号点以上，显然格局的引水渠加长，可调水量减少，水源走线抬高，增加了工程难度，更重要的是找不到更合适的坝址；如果选在 11 号点以下，整个线路降低，增加提水扬程，而且线路要通过冰川泥石流地带，降低了工程的安全度，还会扩大淹没损失，减少工程效益。多方比较后认为 11 号点是最合适的。

7.3.2　入水点选择

这里指的入水点即调水格局的进水主点，也称入水主点或主入点。在自流灌区，入水主点是控制调入区的高程和水量点。本文中入水主点有两个，即低调入黄河的 2 号点。水流入黄河后，再根据黄河水资源调配要求，与黄河水置换。把置换出来的水，从黄河上中游"两湖"或刘家峡，或大柳树水利枢纽调入我国北方内陆地区。从目前来看，黄河流域真正缺水的地区，表现在下游河南、山东，以及黄河下游生态用水。根据水沙平衡的计算，保持黄河不淤的冲沙水，年平均约 200 亿 m³ 左右。如果这部分水由长江来水替代，黄河上中游来水便可他用。由于黄河上中游水库很多，而且调节库容大，加上黄河河床多数时间水流很小，有能力根据需要调配，使河床更有序地输水，保持河道内外用水与安全。

另一个是高调入黄河的 14 点（指黄河上游两湖），入水点高程约为 4260m。水流经过调节后，由东北部的人工调节闸注入人工水道，并于楠木塘或兴海水电站发电后泄入黄河龙羊峡或引水绕青海湖南部过湟水，跨大通河引入河西走廊。

7.3.3　其他调水点选择

调水格局中点号很多，其中 10 号点是输水点，也有水源副点的性质。它主要受 11 号点高程的控制，又受 11 号、10 号点补水的影响。在高调格局中，它与 12、13 号点类同。在低调格局中，它与 3、4、5、6、7、8 号点类同❶。通过多方比较，10 号点选在怒江上给以（低调）或甘达（高调），12 号点选在澜沧江上的囊谦，13 号点选在金沙江上的军打，9 号点选在怒江上的沙布，8 号点选在澜沧江上的那石，7 号点选在澜沧江上的军打，6 号点选在金沙江上的达那，5 号点选在三峡水库小江，4 号点选在三峡水库大宁河附近，3 号点选在京杭大运河与中线交汇处。怒江，澜沧江，长江输水经过三峡，沿中线方向到达黄河。

7.3.4　输水线路选择

1. 概论

概括地讲输水线路的选择就是在调水主点、终点（即入水主点）之间寻求一条最佳的输水线路。

念青唐古拉山（指范围内），立于雅江中游北侧，近东西走向，延至东经 96°急转向南折，成为横断山系。平均海拔 5800～6000m，构成雅江和怒江水系分水岭。它的西段山势高峻，如色荣藏布、血弄藏布上游一带平均海拔 5000m 以上，从南向北引水困难。它的东段由于受印度洋暖湿气流影响，降水较多，现代海洋性冰川十分发育，冰川面积可达 5000km²，冰舌下线伸至 3000m 以下，冰川活动强烈，消融量大。冰川泥石流爆发频繁，漂砾物的破坏作用极大。但在东段与西段之间的娘曲、朱拉曲、哈曲上游一带，因东来的印度洋暖湿气流减弱，海洋性冰川不甚发育，冰川面积小而分散，冰川活动不如东部强烈。河间山体较窄，是雅江输水北引的较好通道。

唐古拉山横于青海和西藏的交界处。在本范围内呈近东西走向，延至东经 96°左右转向南折，成为横断山系。它是长江、澜沧江和怒江的分水岭。山体宽大，山脊平均海拔 5500m 左右，山顶大陆性冰川发育。山势由西向东降低，现代冰川也由西向东减弱。到东经 96°附近，山峰降至 5100～5200m，山势排列舒展，山顶残存高原夷为平面，山坡较缓。河谷海拔多在 4000～4400m，河流两侧阶地发育，形成许多大小不等的宽谷盆地，这

---

❶　高调即从图 7-1 中 11 号点经 10 号点北上，再沿着 12、13 号点到达 14 号点（黄河上游两湖）。由于走线高，称高调；低调即从 11 号点到 10 号点再沿 9、8、7、6、5、4 号点到 2 号点入黄河，由于走线低称低调。

对渠道布设较为有利。

巴颜喀拉山呈北西—东南走向，是黄河与金沙江的分水岭。整个山势起伏不大，山峰多在5000m左右，南坡较陡，北坡平缓。山体两侧对头沟溪相距很近，一般多在10km以内，如黄河的多曲源头与金沙江支流德曲源头相距只有几千米。源头多为平缓山坳，为开凿隧洞提供了有利条件。

在上述山系之间镶嵌着许多宽谷盆地，与山前低丘连在一起，地面起伏微弱。其宽度几千米不等，海拔高度由西向东降低，如长江源头一带多为4800m左右，到东部澜沧江上游一带降至4400～4000m。

河谷盆地排列主要方向：在长江、黄河源头一带，除部分支流谷地呈近南北向外，其余多呈近东西向排列；"三江"上游一带多呈西北—东南或近南北向排列；唐古拉山以南、念青唐古拉山以北地区，大致有两种主要排列方向：①如羊八井—那曲、拉萨河（直孔以下）宽谷那样，西南东北向排列。②像益曲盆地那样呈近东西向排列。河谷盆地这种西南—东北或近南北排列方向与输水方向相近，也有利于渠道布置。

高原气候寒冷，年均气温除东南河谷地带高于0℃外，其余广大地区均在0℃以下，极端最低气温大部分地区低于−20℃。由于长年低温，冻土广布，并以多年性冻土为主，季节性冻土只在南部和东南部的河谷地带有所分布。冻土的融冻、冻胀特点对渠道具有破坏作用，并给施工造成困难。

地面植被以高山草甸植被为主，面积广阔。森林植被面积很少，主要沿"三江"河谷分布。灌木以杜鹃、狼芽刺等为优势，广布3600～4500m的阴坡和部分滩地阳坡上，对水源涵养和水土保持具有重要意义。

由上可见高原上具备兴建明渠与隧洞结合输水和全隧洞输水条件。其研究选定过程如图7-4所示。

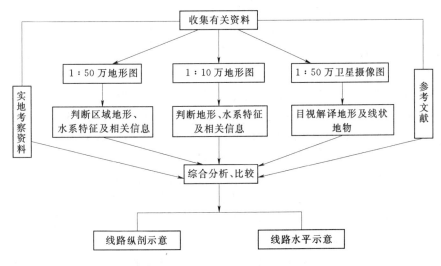

图7-4 输水路线选择研究过程

根据上述取水点、入水点和输水点的安排，输水线路存在两组方向输水：低线输水，即连接11号点与2号点；高线输水，即连接11号与14号点（如彩图5.2中虚线），均可达到调水目的。同时按有可比性，当地输水线路又可分为两种类型：即明渠隧洞结合输水；全隧洞输水。这样一来，输水线路可排列组合成很多形式，其中存在有突出特点且比较价值大的有四种，即明渠隧洞结合高调输水，全隧洞高调输水，全隧洞低调输水，全隧洞高、低联合输水。以下就四种输水方式分析介绍如下。

2.线路综述

大西线调水是我国有史以来最宏伟的水利工程，涉及大半个中国，且考虑的因素很多。起初只想把南水北调中线的调水链，延伸到金沙江、澜沧江、怒江乃至雅江即大家一致认为比较好的全隧洞低调输水就可以了，不仅能解决调入区的水源问题、安全问题、投资问题，还解决了很多生态环境问题。但是我国西部大开发要进一步加快速度，降低东、中、西的发展差距。因此单一的由江河低线输水，由于属总体调水格局的最后一环，只有完成"四横三纵""六横三纵"之后，才开始建设"七横四纵"调水格局。按此时空安排就可能影响西北的建设速度，打乱国家建设期用水匹配，实际上会拖西部开发的后腿；同时又考虑到低调换水过于集中，虽然有"四横三纵"中的新西线解决了黄河下游部分冲沙用水，但是中游的下段能否保证枯水期的水流，能否保证黄河及时综合开发治理用水（包括扩大水电用水）还需要实践的考证。如果实现高调，上述问题均可迎刃而解。只是工程难度增加，安全度下降，投资扩大。从长远看四种输水线路还有比较的必要。

（1）明渠隧洞结合高调输水。高原由山地—盆地错综复杂组合，为兴修明渠与隧道创造了天然的地形条件。根据传统的经验，明渠开挖方便，便宜施工，一般讲代价低，工期短，所以能开挖明渠的地方，尽量用明渠输水。本着这一原则，根据沿途选出的主水点、主入点和输水位置，再考虑提水扬程，然后用线路连接成明渠与隧洞结合高调输水线路。该线路起点选在雅江中游永达（11号点），终点选在黄河上游两湖，然后通过输水点（10号点）联结12号点、13号点、14号点。干渠长1210.3km，支渠长10.1km，干渠中明渠约601.5km，占全线的49.7%；隧洞长608.8km，占全线的50.3%。线路年设计引水量暂定400亿 m^3 左右，其中雅江干支流引水150亿～200亿 m^3，怒江干流引水100亿 m^3，澜沧江干支流引水50亿 m^3，金沙江引水50亿 m^3。为阐述方便，全线可分为四段（图7-5）。

1）永旁段。全长190.8km。从永达水库提水至海拔4147.7m入渠，扬程397.7m。渠道沿雅鲁藏布江左岸山麓下行至色公社附近折向北，再经同工转向东北，在热囊（曲）下游向北穿越23.9km隧洞进入藏布曲的支曲—塞曲。越塞曲、藏布曲后折向东北，在错金古南通过17.5km隧洞到达巴长曲上游卡玛瞎巴，进入彭波盆地。再沿该盆地北部山麓至白曲的聂日苦附近通过15.4km隧洞进入旁多水库，入库渠底高程4100m。

2）旁嘉段。全长303.2km。从旁多水库提水至海拔4315.8m入渠，扬程215.8m。渠道顺拉萨河左岸山麓东进，经直孔转向东北，沿血弄藏布山麓上溯，在门巴区的打布松多附近，通过28.8.km隧洞进入尼洋河上游河谷新达多。顺该河谷左岸山麓下行到金达区附近转向北，在下巴乡附近越下不梭浪（曲）后折向东北，并通过15.5km隧洞进入娘曲的果觉朗（曲），再越娘曲向东，在不如朗（曲）上游通过9.8km隧洞进入朱拉弄吧（曲）的包玉朗。再沿朱拉弄吧（曲）右岸山麓上行，在甫度附近通过26km隧洞穿越嘉黎县南侧念青唐古拉冰川区入嘉黎水库库区。入库渠底高程为4240m。

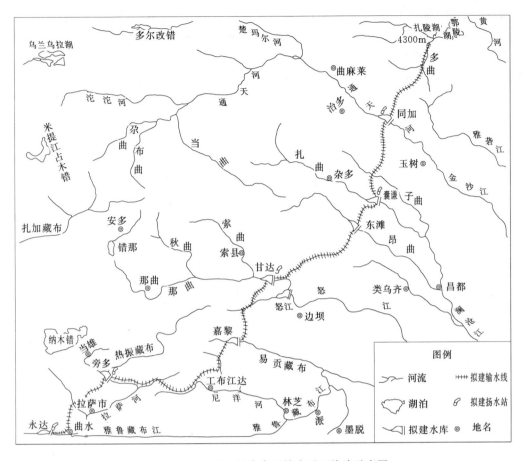

图 7-5 明渠隧洞结合高调输水平面线路示意图

3）嘉同段。全长 594km 渠洞结合。该渠道从嘉黎大坝附近 4240km 处引水沿哈仁曲左岸山麓下行约 17km 处折向北行，并分段通过 20.6km、29.2km、14km 的隧洞穿越嘉黎县城东北的冰川区到达怒江水系的七曲体如附近，并沿该曲左岸山麓下行至格里杠附近通过 8.5km 隧洞到达姐曲右岸。在姐曲和斯美（曲）交汇处下方筑坝过姐曲。然后沿斯美（曲）上行，在加代多附近折向东北，通过 26km 隧洞到达怒江支流责勇（曲）上游俄罗浦附近，再沿责勇（曲）和怒江右岸山麓下行至甘达水库（位于给以上游），过怒江的渠底高程 4203.0m，扬程 193m。然后纳怒江水库水入渠之后，沿怒江下行至朗凶（曲）后，再沿此曲右岸上行至朗脚马，穿白查列布山进入热曲右岸，在八哥乡附近筑坝借八格水库过热曲，越那曲，顺则荣曲、过格曲沿达雄（曲）右岸上行，至纳穷附近穿过 19.5km 隧洞到达布曲上游波都扣，再沿布曲下行至额曲交汇处下方筑坝，借呷塔水库过额曲。然后沿额曲左岸上行至泽乃通附近由西向东，再转东北，分别通过 20.5km、24.5km、21.4km 的隧洞到达澜沧江水系解曲支流上游的巴日能。再穿过 5.5km 隧洞和一段明渠进入解曲的东滩水库。然后沿支流措荣噶（曲）左岸北上，通过 20.9km 隧洞进入扎曲支流班涌曲上游达瑞曲。并在此折向北东，穿过 19.8km 隧洞到达玛吾噶（曲）上游、越多色弄（曲）、再越过瑞特尕（曲）、丹丹公（曲），再顺觉拉把阿（山）西侧到达囊谦水库右岸，并在此过水库大坝接纳囊谦水库水入渠，然后沿扎曲支流宁曲左岸山麓北上至胸日玛附近折向东北。在那加涌（曲）来玛汤附近穿过12km隧洞达到子曲支流郭眼特陇（曲）的下游过子曲，并接纳查隆通水库水入渠（入渠渠底高程4119.3km，扬程94.3m）。在子曲支流涌尕巴（曲）的龙蒙达附近，分段通过31.3km、26.9km、23km的隧洞达到通天河右岸支流上的拉重绒（曲）与拉忍科（曲）交汇处下方。再沿拉冲绒（曲）左岸山麓而下和沿通天河右侧山麓而上进入同加水库，入库渠底高程为4091.5m。

4）同多段。全长122.3km。渠道从同加水库的德曲左岸上行，在查由俄玛上方提水入渠，入渠渠底高程4330.5m，扬程239m。渠道沿德曲及解吾曲左岸山麓上行，在翁冲巴玛（曲）海拔4322.8m附近折向东北。分段通过14km、32km、17.5km、15.6km、12km的隧洞穿越巴颜喀拉山脉到达多曲4300m处，然后顺多曲而下注入鄂陵湖、扎陵湖。干渠行进纵剖面如图7-6所示。

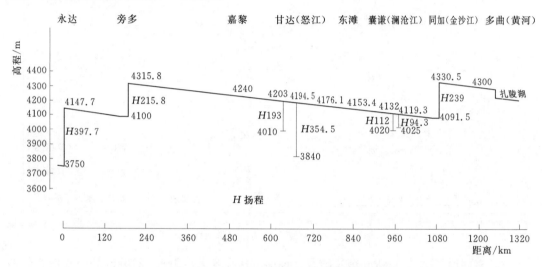

图7-6　明渠隧洞结合高调输水线路纵剖示意图

（2）全隧洞高调输水（图7-7）。由于高原上也同时具备全隧洞输水的地形地质条件。在前述水源主点、输水点以及入水主点基本不变的情况下，充分利用短隧洞或长隧洞短打技术，把雅江水调到黄河上游两湖。该线路从永达到两湖，全长1150.5km，纵坡为1/（3000～3500），共计65个洞段。根据主要取水点的位置和规模，干洞分为六大段（表7-4）。

表7-4　　　　　　全隧洞高调输水隧洞工程布置一览

序号	所在地区	段首地面高程/m	段末地面高程/m	段末洞底设计高程/m	洞段长度/km	备　　注
		隧洞形式为城门洞形，无压明流。引水起点为雅鲁藏布江的永达。从雅鲁藏布江年引水130亿m³，引水期按300日计算（下同），引水设计流量502m³/s。永达水库：坝址河床高程3670m，坝高130m，坝长500m，死水位3750m。永达泵站：扬程300m，设计流量502m³/s					
1	白地区	4050	4045	4043.67	19	隧洞纵坡1/3000，双线布置，断面尺寸9×（11+3）：[宽×（直墙高+拱高）]（下同）
2	贡噶县	4045	4040	4038.67	15	

续表

序号	所在地区	段首地面高程/m	段末地面高程/m	段末洞底设计高程/m	洞段长度/km	备 注
3	曲水	4040	4030	4026.83	35.5	
4	马区	4030	4020	4018.00	26.5	
5	马区	4020	4020	4016.00	6	跨公路渡槽1座，长约50m，设计流量502m³/s
6	马区	4020	4010	4008.17	23.5	
7	马区	4010	4005	4002.33	17.5	
8	旁多	4108.83	4105	4105.16	11	旁多泵站：扬程106.5m，设计流量502m³/s
9	旁多	4105	4100	4100.00	15.5	洞水流入拉萨河，入河点高程4100m。本段隧洞线路长169.5km

拉萨河旁多处筑坝，从拉萨河年引水30亿m³，过拉萨河水库后年引水160亿m³，隧洞引水设计流量617m³/s。

拉萨河水库：坝址河床高程3996m，坝高154m，坝长1500m，死水位4100m。拉萨河泵站：扬程175.8m，设计流量617m³/s

10	旁多	4275.8	4275	4274.30	4.5	隧洞纵坡1/3000，双线布置，断面尺寸：9×(11+3) 1条、10×(12+3) 1条（下同）
11	旁多	4275	4270	4270.30	12	
12	扎雪	4270	4270	4268.30	5	
13	扎雪	4270	4260	4261.80	20.5	
14	扎雪	4260	4260	4259.97	5.5	
15	扎雪	4260	4250	4252.63	22	
16	门巴	4250	4250	4249.06	12.5	隧洞纵坡1/3500，其他不变（下同）
17	门巴	4250	4250	4248.34	2.5	
18	门巴	4250	4248	4247.06	4.5	
19	门巴	4248	4235	4234.77	43	
20	金达	4235	4230	4229.20	19.5	
21	金达	4230	4225	4226.20	10.5	
22	金达	4225	4220	4221.92	15	
23	金达	4220	4215	4218.77	11	
24	巴嘎	4215	4205	4208.63	35.5	洞水在阿扎流入易贡藏布江，入河点高程4201.06m。本段隧洞线路长250km
25	阿扎	4205	4200	4201.06	26.5	

易贡藏布江嘉黎处筑坝，从易贡藏布江年引水20亿m³，过嘉黎水库后年引水180亿m³，隧洞引水设计流量694m³/s。

嘉黎水库：坝址河床高程3954m，坝高50m，坝长200m，死水位4000m

26	嘉黎	4000	4000	3998.50	4.5	隧洞纵坡1/3000，双线布置，断面尺寸：10×(12+3)（下同）
27	嘉黎	4000	3990	3989.50	27	

续表

序号	所在地区	段首地面高程/m	段末地面高程/m	段末洞底设计高程/m	洞段长度/km	备 注
28	嘉黎	3990	3985	3984.50	15	
29	恩督格	3985	3980	3977.50	21	
30	恩督格	3980	3975	3974.50	9	
31	恩督格	3975	3965	3963.00	34.5	
32	边坝	3965	3960	3958.50	13.5	
33	给以	3960	3955	3954.17	13	洞水在给以流入怒江,入河点高程3951.17m。本段隧洞线路长146.5km。怒江水库正常水位3790.00m,水面落差约160m,可修电站1座,设计流量694m³/s
34	给以	3955	3950	3951.17	9	

怒江给以处筑坝,从怒江年引水 100 亿 m³,过怒江水库后年引水 280 亿 m³,隧洞引水设计流量1080m³/s。

怒江水库:坝址河床高程 3580m,坝高 220m,坝长 800m,死水位 3750m。怒江泵站:扬程 80m,设计流量1080m³/s

35	给以	3830	3827	3827.00	9	隧洞纵坡 1/3000,三线布置,断面尺寸:10×(12+3)(下同)
36	给以	3827	3820	3821.00	18	
37	给以	3820	3815	3815.50	16.5	
38	给以	3815	3807	3807.17	25	
39	色扎	3807	3800	3799.33	23.5	跨公路渡槽 1 座,长约 50m,设计流量 1080m³/s
40	色扎	3800	3796	3795.50	11.5	
41	色扎	3796	3793	3791.83	11	
42	色扎	3793	3780	3779.00	38.5	
43	丁青	3780	3778	3777.00	6	
44	丁青	3778	3770	3770.67	19	
45	觉恩	3770	3765	3764.00	20	
46	罗冬	3765	3900	3750.37	40	竖井 1 座,深约 150m
47	罗冬	3900	3860	3739.00	35	竖井 1 座,深约 120m
48	类乌齐	3860	3735	3732.33	20	洞水在吉曲流入澜沧江,入河点高程3732.33m。本段隧洞线路长293km

澜沧江吉曲处筑坝,从澜沧江年引水 20 亿 m³,过澜沧江吉曲水库后年引水 300 亿 m³,隧洞引水设计流量1157m³/s。

吉曲水库:坝址河床高程 3600m,坝高 140m,坝长 300m,死水位 3732m。吉曲泵站:扬程 361m,设计流量1157m³/s

49	吉曲	4093	4092	4091.83	3.5	隧洞纵坡 1/3000,四线布置,断面尺寸:9×(11+3) 3 条、10×(12+3) 1 条(下同)
50	吉曲	4092	4088	4087.83	12	

序号	所在地区	段首地面高程/m	段末地面高程/m	段末洞底设计高程/m	洞段长度/km	备　注
51	囊谦	4088	4085	4084.83	9	洞水在觉拉尕流入扎曲支流，入河点高程4075m。本段隧洞（洞49~洞52）线路长54km
52	囊谦	4085	4075	4075	29.5	

扎曲觉拉尕处筑坝。觉拉尕水库：坝址河床高程3760m，坝高240m，坝长1200m，死水位3950m

| 支洞1 | 甘北色 | 3960 | 3950 | 3950 | 26.5 | 从子曲引水（支洞），隧洞纵坡1/2650 |

晓各九曲甘北色处建泵站。甘北色泵站：扬程175m，设计流量1157m³/s

53	甘北色	4125	4123	4123.33	5	隧洞纵坡1/3000，四线布置，断面尺寸：9×(11+3) 3条、10×(12+3) 1条（下同）
54	甘北色	4123	4117	4117.00	19	
55	甘北色	4117	4281	4106.17	32.5	竖井1座，深约175m
56	结隆	4281	4188	4100.00	18.5	竖井1座，深约88m
57	结隆	4188	4095	4094.83	15.5	洞水在哈秀流入通天河支流，入河点高程4088.33m。本段隧洞（洞53~洞58）线路长110km
58	哈秀	4095	4089	4088.33	19.5	

通天河巴干处筑坝，从通天河年引水50亿m³，过通天河水库后年引水350亿m³，隧洞引水设计流量1350m³/s。通天河水库：坝址河床高程3850m，坝高100m，坝长500m，死水位3945m。通天河泵站：扬程418m，设计流量1350m³/s

59	巴干	4363	4361	4361.17	5.5	隧洞纵坡1/3000，四线布置，断面尺寸：9×(11+3) 1条、10×(12+3) 3条（下同）
60	巴干	4361	4357	4357.50	11	
61	扎朵	4357	4354	4354.50	9	
62	扎朵	4354	4346	4346.17	25	
63	热吾挡东	4346	4344	4344.00	6.5	
64	热吾挡东	4344	4440	4330.50	40.5	竖井1座，深约110m
65	寇察	4440	4320	4320.50	30	本段隧洞线路长127.5km

洞水在寇察（输水隧洞终点）流入鄂陵湖支流，入河点高程4320.50m。隧洞干线线路全线（单线）长1150.5km，干线隧洞总长度（复线）3177km；支洞线路（单线）长26.5km；水库7座；泵站7座；电站1座；渡槽2座；竖井5座

1）洞1至洞9。在雅江永达筑坝，将水库水位提升到4050m，入东西向干洞至曲水附近，然后转向东北，经贡噶县境、曲水县境、拉萨远郊，穿越彭波农场至拉萨河旁多，入河高程4100m，干洞进入旁多后设泵站一处，扬水至4108.83m。此段线路长169.5km，双线布置年引水130亿m³，双线总长339km。

2）洞10至洞25。拉萨河旁多建坝，年引水30亿m³，同时设泵站一处，将水提升到4275.8m。水流由东向西，后转为北东方向经过扎曲、门巴、金达、巴嘎，至阿扎流入易贡藏布江，入河高程4201.06m。本段隧洞双线布置约250km，总长500km。

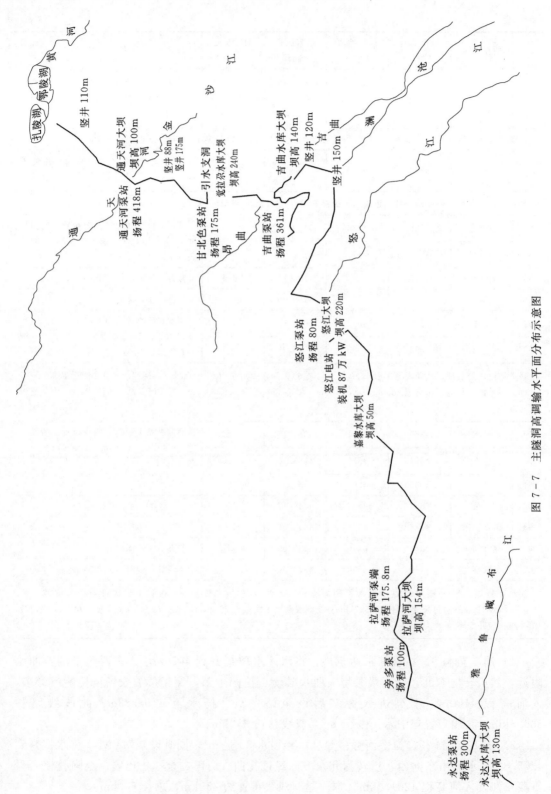

图 7 - 7 主隧洞高调输水平面分布示意图

3）洞26至洞34。在易贡藏布江上嘉黎处建坝，年引水20亿 m³，过嘉黎进干洞，年引水达180亿 m³。隧洞引水设计流量694m³/s。水流由西南向东北流，经过恩督格、边坝，在给以注入怒江，入河高程3951.17m，纵坡1/3000，双线布设，全长146.5km，总长293km。洞水入口高程与水库高程差160m，可修电站一处，设计流量694m³/s。

4）洞35至洞48。在怒江给以处建坝。从怒江年引水100亿 m³，过怒江后年引水增至280亿 m³，隧洞引水设计流量1080m³/s，同时设泵站一座，扬程80m，将库水从3750m提升到3830m。干洞出水库后，由西南向东北流，随后急转东南，沿途经过色扎、丁青、觉思、罗冬、类乌齐，在吉曲流入澜沧江，入河高程3732.33m。隧洞纵坡1/3000，三线布设。本段隧洞线路长293km，总长879km。

5）洞49至洞58。在澜沧江吉曲上筑坝，从吉曲水库年引水20亿 m³，过水库年引水量达300亿 m³。隧洞设计流量1157m³/s，同时在吉曲上设扬水站一处，扬程361m，将库水从3732m提升到4093m。输水线路途经吉曲、囊谦，在拉尕流入扎曲支流，入河其高程4075m，后在扎曲觉拉尕筑坝。同时在晓各久曲甘北色建泵站，扬水175m，将库水从3950提升到4125m。然后将子曲河水引入觉拉尕水库。经过北色、结隆，在给秀入通天河支流。入河点高程4088.33m，在过北色，结隆各设竖井一处。隧洞纵坡1/3000，四线布置，本段线路长164km，总长656km。

6）洞59至洞65。通天河巴干处建坝，从该河年引水50亿 m³，过通天河后年引水增至350亿 m³，隧洞引水设计流量1350m³/s。同时设泵站一座，扬程418m，将库水从3945m提升到4363m。输水线路途经巴干、扎朵、热吾、挡东，在寇察直流入黄河上两湖，入湖高程4320.5m，在热吾、挡东设竖井一处。隧洞纵坡1/3000，四线布置，洞长127.5km，总长510km。

（3）全隧洞低调输水。该线路就是指利用隧洞低线输水，即从雅江永达经旁多水库、嘉黎水库直抵怒江给以的调水线路，也就是高线全隧洞输水的前34个洞段，双线布置，全长566km，总长1132km。水流在给以顺怒江而下，经加玉桥、沙布，在沙布附近再沿"六横三纵"平行线注入黄河郑州西侧，补水给黄河。同时在黄河中游大柳树水利枢纽，沿《中国西部南水北调工程》（林一山著）中北干渠引水入内蒙古、新疆地区，其总引水量不大于黄河的置换水量。

（4）全隧洞高、低联合输水。这条线路是指怒江以南的水走低线，即雅江、拉萨河、易贡藏布江近200亿 m³ 水量，注入怒江给以后，顺江而下经加玉桥、沙布，然后沿"六横三纵"新中线的延长线进入黄河郑州附近。怒江以北（含怒江）、澜沧江、金沙江的200亿 m³ 的水量，沿高线北上经12号、13号点进入黄河上游两湖（即14号点）。由于两湖居高临下，便可从两湖放水入托索湖，经调节后西进格尔木入新疆；也可通过青海兴海水电站发电后，绕青海湖南侧，过湟水跨大通河到河西走廊；还可从曲什安河楠木塘水电站发电后，尾水入龙羊峡水库，补水大柳树水利枢纽，再调入内蒙古、新疆等地。

以上4条各具特色、代表性强。足以说明"七横四纵"调水格局是可行的，且选择的余地很大。21世纪中叶前后完全可实现调水350亿～400亿 m³ 的目标（不包括现行南水北调的调水量），远期只要国民经济需要还可适当调剂。无论是前者还是后者，除供水外还可以保证，黄河的治理、长江的生态保护用水，进一步缓解长江、黄河的洪水，有力减轻黄河的淤积和干旱灾害,同时有水保障南北大运河通航。

3. 主体工程布局

不同输水线路的工程投入、规模、难度是不同的。

(1) 明渠隧洞结合高调输水线路全长约 1210km,其中明渠长约 569km,隧洞长约 431km,其他约 210km,为了抬高水位、蓄积水量,沿途(指干流)兴修水库 11 座,即位于雅江干流上的永达水库,拉萨河上的旁多水库,易贡藏布江上的嘉黎水库,怒江流域上的甘达、怒江、八格、呷塔水库,澜沧江支流上的东滩、囊谦、查隆通水库,金沙江上的同加水库。这些水库河床水面高程在 3580~3996m,坝高在 150~302m,入渠渠底高程在 4119.3~4330.5m,年引水量由前往后不断增加。上述水库暂选用当地材料面板堆石坝。

除大坝外,还兴建扬水站 7 座,它们位于雅江干流上的永达泵站、旁多泵站、甘达泵站、怒江泵站、囊谦泵站和同加泵站。泵站有关参数见表 7-5。

表 7-5　　　　明渠与隧洞结合高调输水线路水库与泵站主要参考参数　　　　单位:m

参数	永达	旁多	嘉黎	甘达	怒江	八格	呷塔	东滩	囊谦	查隆通	同加
河床水面高程	3670	3996	3954	3738	3580	3950	3940	3958	3760	3870	3860
坝高	130	150	300	300	300	260	260	220	300	170	302
大坝坝顶高程	3800	4146	4254	4038	3880	4210	4200	4178	4060	4040	4162
扬水水面高程	3750	4100	4240	4010	3840	4189.9	4176.1	4153.4	4020	4025	4091.5
扬程	397.7	215.8	0	193	354.5	0	0	0	112.1	94.3	239
入渠渠底高程	4147.7	4315.8	4240	4203	4194.5	4189.9	4176.1	4153.4	4132.1	4119.3	4330.5

(2) 全隧洞高调输水线路全长 1150.5km,支洞长 26.5km,沿线需建水库 7 座,泵站 7 处,电站 1 座。根据武汉大学水利水电学院王长德教授等分析,输水工程共有 7 个引水点,年引水量预计 350 亿~400 亿 m³(可增加或减少),输水时间按 300d 计,隧洞设计输水流量为 502~1350m³/s,采用 2~4 线布置,选用无压明流城门洞形结构形式。水库工程主要参数见表 7-6。

表 7-6　　　　　　　　　　水 库 大 坝 主 要 参 数

水库名称	所在河流	年引水量/亿 m³	死水位/m	河床高程/m	坝高/m	坝顶长/m
永达	雅江干流	130	3750	3670	130	500
拉萨河	拉萨河	30	4100	3986	154	1500
嘉黎	易贡藏布	20	4000	3954	50	200
怒江	怒江	100	3750	3580	220	800
吉曲	澜沧江支流	20	3732	3600	140	300
觉拉朵	澜沧江支流	备用	3950	3760	240	1200
通天河	通天河	50	3945	3850	100	500

泵站工程主要参数见表 7-7。

表 7-7   泵 站 工 程 主 要 参 数

原站名称	所处位置	设计流量/（m³/s）	扬程/m	所需功率/万 kW
永达	永达水库	502	300	211
旁多	旁多水库	502	106.5	75
拉萨河	拉萨河水库	617	175.8	152
怒江	怒江水库	1080	80	121
吉曲	吉曲水库	1157	361	585
甘北色	甘北色水库	1157	175	284
通天河	通天河水库	1350	418	791

（3）全隧洞低调输水线路全长 566km，共计 34 个洞段，双向布置，总长 1132km，水库 4 座，分别为永达、旁多、嘉黎、怒江；大型电站 1 处；装机 87 万 kW；年输水按 350 亿～400 亿 m³（考虑了澜沧江、金沙江的调水量）。

（4）全隧洞高低结合输水线路，即考虑高低双向输水，即雅江流域 200 亿 m³ 的水量走低线；怒江、澜沧江、金沙江 200 亿 m³ 走高线。其工程布置与全隧洞高调输水一致，只是后段工程量相差较多。

4. 线路评价

这是一份着重宏观的研究报告，达不到计算投资的程度。但宏观研究也应具备现实性，而现实性就需要有量的概念。为此必须从宏观做些投入估算工作。武汉大学王长德等采用工程类比法做了这方面的尝试，类比选用南水北调西线工程。

（1）隧洞工程：类比参数为每公里投资，考虑洞身断面积修正系数 $(A_1/A_2)^{0.75}$。西线工程隧洞单位长投资 1.2155 亿元/km，断面平均面积为 57.55m²；全隧洞高调线路隧洞断面平均面积为 132.68m²，隧洞总长 3203km，隧洞投资约为 $(132.68/57.55)^{0.75} \times 1.2155 \times 3203 = 7281.5$（亿元），平均每公里投资为 2.2 亿元。为了计算方便，文中把全隧洞投资按 6 段平均计算，平均每段投资 1215 亿元（从永达到怒江为上段；怒江到两湖为下段。假设前后两段近似相等，按 2 或 4 线布置，调水 400 亿 m³，采用 132.68m² 断面需要 6 段隧洞）。

（2）水库工程：现行南水北调西线有 7 座水库，坝型均为面板堆石坝，坝高 30～193m，以大坝填筑材料为类比参数。原西线大坝填筑量为 5324 万 m³，总投入 101 亿元。全隧洞高调线路填筑量为 12674 万 m²，类比总投资约为 240.8 亿元，每座坝平均投资 34 亿元。

（3）泵站电站工程：泵站电站工程按功率估计投资。全隧洞高线输水线路泵站总功率 2219 万 kW，按 0.7 亿元/kW 计算泵站投资。电站功率为 87 万 kW，按 1 万元/kW 计算。

（4）明渠：明渠隧洞结合高调输水明渠，一般都建在平坦地带，地形条件与山地有一定差距，故只能参考青藏地区公路建设投资，适当加大。分析后认为每公里投入按 1 亿元计，比内地建高速公路高一倍还多。

在调水量基本一致的情况下，即年调水 350 亿～400 亿 m³，明渠隧洞结合高调输水线路建设总投资约 6540 亿元（只计算隧洞、泵站、水库、明渠四项主要工程，且输水终点低调入长江；高调入黄河为限，下同），其中隧洞投入约 3000 亿元，明渠（干渠）投入约 1800 亿元，泵站投入约 1500 亿元，水库投入约 240 亿元；全隧洞高调输水线路建设总投入约 9070 亿元，其中隧洞投入约 7280 亿元，泵站投入约 1550 亿元，水库投入约 240 亿元；全隧洞低调输水线路总投入约 2580 亿元，其中隧洞投入约 2000 亿元，水库投入约 140 亿元，泵站投入约 440 亿元；全隧洞高低结合双向输水线路总投入约 6100 亿元，其中隧洞投入约 4860 亿元，水库投入约 240 亿元，泵站投入约 1000 亿元。

以上每条线路投入比实际上都偏小。因为未考虑，物价上涨因素、临时工程、附加工程的投入以及上述投入参数的选用。但是作为初评 4 条线路的投入大小趋势，还是可参考的。

在上述 4 条代表线路中，3 条属全隧洞类型。因为全隧洞可以减轻工程对环境的压力，增加调水的时间，减轻寒冻对工程调水施工的影响，而且增加了工程的安全度。但是提高了工程的难度，延长了施工时间，且耗电量大、一次性投资大。明渠输水是可能的，但工程的艰巨性、难度与建成后的稳定性，都让人们担忧，因此文中倾向隧洞输水。在全隧洞输水三种输水线路中，各具特色。全隧洞高调输水线路，水流的位置高、控制范围大、功能齐全，对黄河发电、供水、航运、生态保护都有极好的效果，而且向西北内陆区供水有保证。但是投资比较大，工程难度艰巨。全隧洞低调输水线路，投资最小，输水保证程度高，对长江的开发与保护、黄河利用与治理作用巨大，且生态环境问题少，工程难度也最小，只是置换水量集中，黄河能否承担如此巨大的调节能力，尚需进一步研究。全隧洞高低调结合双向输水线路居上述两线路之中。从稳定可靠出发，文中暂选中间方案，即全隧洞高低线结合输水方案，年调水 400 亿 m³ 左右，投资约 6500 亿元（20 世纪末物价值）。

5. 几个工程技术问题

（1）高海拔地区筑坝问题。寒冷、高海拔地区建高坝，目前国内外已有不少实例。"七横六纵"调水工程区砂砾石和块石比较丰富，缺乏黏土。因此，以当地材料为主的混凝土面板堆石坝坝型是一种很好的选择。

混凝土面板堆石坝较传统土石坝坝型具有安全性好、工程量小、施工方便、工期短、造价低、适应能力强等优点，在世界范围内得到了广泛应用。随着混凝土面板堆石坝设计与施工技术的不断完善，混凝土面板堆石坝已成为国际上许多水利工程的首选坝型。我国自 20 世纪 80 年代中期引进混凝土面板堆石坝后，短短 30 多年已建成了几十座坝高 70m 以上的混凝土面板堆石坝，也做了大量的科学研究工作，积累了一定的设计和施工经验。但目前在我国尚缺乏在 4000m 以上高海拔寒冷地区修筑混凝土面板堆石坝的分析总结经验，为充分论证在高海拔寒冷地区修筑混凝土面板堆石坝的可行性，需进行以下施工研究工作：主要施工机械在寒冷地区使用的效率及对施工进度和投资的影响；寒冷地区混凝土面板堆石坝施工截流及合理施工分期研究；混凝土面板堆石坝及垫层低温季节施工措施研究；混凝土面板堆石坝混凝土面板防冻、防裂措施研究；利用 TBM 隧洞开挖料筑坝技术研究。

国外在高海拔地区筑坝建成的有：秘鲁 Truo 坝，海拔 4065m；哥伦比亚格里拉斯坝，坝高 125m，海拔 3000m；美国科罗拉多州卡宾溪坝，位于海拔 3660m，最低温度达 $-40℃$。

这些资料表明，在寒冷、高海拔地区建混凝土面板堆石坝技术已有了一定的基础。

（2）"七横四纵"工程冬季输水的可能性。"七横四纵"高原地区输水线路多位于海拔 $4000\sim4500m$，穿越多条山脉。这里冬季时间长，气候寒冷，每年日平均气温 0℃ 以下的时间长达 5 个月以上。要想实现冬季输水，就必须研究输水线路可能发生的冰情，以便采取对策。

1）库水温分布。"七横四纵"调水输水隧洞，流速均在 2m/s 以上，各线路均为西南至东北方向，最后穿越巴颜喀拉山进入黄河。这里冬季时间较长，气候严寒，积雪日数多、深度大，还有低压、缺氧等不利条件。输水线路年平均气温在 0℃ 上下，1 月份平均气温达 $-12℃$，极端最低温度达 $-30℃$，每年日平均气温 0℃ 以下的时间长达 5 个月以上。以四川省石渠县的气候资料为例，利用寒冷地区水温计算公式计算得出的冬季库水温度分布情况见表 7-8。

表 7-8   冬 季 库 水 温 度 分 布   单位：℃

水深/m	1 月	2 月	3 月	11 月	12 月
0	−1.10	−0.86	0.81	2.61	0.17
5	−0.15	−0.57	0.39	4.06	1.54
10	0.69	−0.07	0.45	4.92	2.51
15	1.35	0.45	0.70	5.40	3.16
20	1.87	0.92	1.02	5.66	3.60
25	2.27	1.34	1.34	5.78	3.90
30	2.60	1.70	1.66	5.83	4.11
35	2.87	2.02	1.95	5.83	4.26
40	3.09	2.30	2.22	5.81	4.37
45	3.28	2.56	2.47	5.77	4.46
50	3.45	2.78	2.70	5.73	4.53
55	3.60	2.99	2.91	5.68	4.59

根据实测资料，对不同月份、不同深度的库水温变化可近似地用余弦函数表示：

$$T(y,t)=T_m(y)+A(y)\cos w(t-t_0-\varepsilon)$$

式中 y——水深，m；

       t——月份；

$T(y,\ t)$——水深 y 处在 t 月的温度，℃；

  $T_m(y)$——水深 y 处的平均温度，℃；

   $A(y)$——水深 y 处温度年变幅；

      ε——水温与气温变化的相位差；

     w——温度变化的圆频率，$w=2\pi/p$，p 为温度变化周期（12 个月）。

从计算结果看，上层水体的水温在整个冬季随时间变化而均匀下降。封冻期水深 15m 处的水温在 0.45～1.35℃；30m 处的水温为 1.66～2.60℃；50m 以下的水温都在 2.70℃ 以上。取水口在 30m 深时，整个冬季水温均可保持在 1.66℃ 以上，达不到形成水内冰的条件，整个冰期将无冰凌现象发生。

2）输水隧洞内水温。隧洞上面覆盖层很厚。一般经验，只在离洞口不远的距离内，洞内气温随外界气温变化而变化，而隧洞内气温主要受地温影响，常年保持较高的温度。因此可以推测：在冬季，库内水流进入隧洞后不会失热。水体由明渠进入隧洞后，至少不会继续失热，并可转化为吸热过程，水体原挟带的少量冰凌，不会增加，只会减少，甚至消失。

（3）强震对工程建筑物的影响。

1）强震对大坝工程的影响。

a. 遭受地震破坏的高土石坝情况。据统计，遭受地震破坏的高土石坝有 4 座，美国泥山坝、莱罗安德森坝，希腊克列玛斯达坝，中国密云水库白河主坝。

泥山坝为心墙堆石坝，坝高 137m，坝顶长 210m，建于 1942 年。在 1946 年和 1949 年分别遭受两次地震，地震烈度Ⅷ度，因坝壳碾压不实，致使大坝产生宽 43.1mm 的纵向裂缝。美国加州莱罗安德森坝，坝高 72m，坝顶长 43.6m，于 1950 年竣工，1984 年摩根海尔地震（6.2 级），大坝产生两条纵缝，每条长 305m。原因是心墙与坝壳间产生不均匀沉降。

克列玛斯达坝为砂砾石坝壳，心墙坝，坝高 163m，坝顶长 960m，建于 1966 年，同年 10 月 29 日发生地震，地震烈度Ⅷ度，坝体裂缝众多，造成滑坡垮坝。

白河主坝，坝高 66m，坝顶长 960m，坝型为土质斜墙砂砾石坝，坝基为砂卵石覆盖层，厚超过 40m。1976 年唐山地震，坝址处地震烈度为Ⅵ度，坝上游面发生滑坡，滑坡 15 万 m^3。滑坡的原因为保护层砂砾料中的细料液化，地震时孔隙水压力上升，导致抗剪强度降低。

b. 经受地震运动的土石坝。有 9 座土石坝经受过强震的考验，其中 3 座为面板堆石坝。

墨西哥的英菲尔尼罗坝，为薄心墙堆石坝，坝高 148m，坝顶长 344m。1964 年 6 月蓄水，1966 年 4 月 11 日发生了 8.1 级地震，坝址距震中 68km，大坝只有轻微裂缝。

智利科高蒂坝，为面板堆石坝，坝高 84m，坝顶长 160m。1943 年 4 月 7 日，发生 8.3 级地震，坝址距震中 88km，造成沿坝轴方向最大沉降 46cm，大坝正常运用。

美国奥洛维尔坝，砂砾坝壳，斜心墙坝，坝高 236m，坝顶长 1701m。1975 年 8 月 1 日发生 5.7 级地震，坝址距震中 11km，造成坝体水平位移 25mm，无明显震害。

2）强震对地下工程的影响。

a. 强震对地下工程的影响实例。1906 年旧金山 8.3 级地震，使奈特 1 号铁路隧洞水平错位 1.37m；1930 年日本伊豆半岛 7.0 级地震，使丹那断层活动，引起丹那铁路隧道水平错位 2.39m 和竖向错动 0.6m；1952 年美国克恩县 7.6 级地震，使位于白狼断层破碎带的 4 座铁路隧道，有的边墙扭曲变形，有的地面出现大裂缝和洞穴穿透等严重破坏，需改建或重建；1971 年美国圣佛南多 6.4 级地震，使穿越塞尔玛断层的圣佛南多铁路隧道竖向错位 2.29m。在这些地震中，其他的隧道绝大多数仅有混凝土掉块、破碎、裂缝等轻微破坏或无破坏。

1923 年日本东京 7.9 级地震，距震中很近的 24 座铁路隧道除滑坡造成部分洞口埋没、洞口被损坏等较严重破坏外，震动仅造成拱部和边墙坍落、衬砌裂缝和错动、洞口砖石墙碎裂等轻度破坏。

1978 年日本伊豆半岛 7.0 级地震，引起滑坡崩塌，造成部分铁路隧道和公路隧洞洞口被埋没。

1976 年唐山 7.8 级地震，极震区的地面建筑几乎损失殆尽。而不同埋深（最深达 1000m 左右）的井巷工程、人防工程，由于分布广，延伸长，结构形式复杂，绝大多数仅受到轻度破坏，稍加修复就能使用。

1985 年墨西哥 8.1 级地震，使远离震中 400km 软弱地带的墨西哥城的地面建筑破坏惨重，而处于软弱层中的地铁只有混凝土剥落、裂缝等轻微破坏。

美国加州是多震地区，一般 10 年左右发生一次破坏性地震。该区的中央河谷、加利福尼亚、科罗拉多等调水工程多处穿越活断层，特别是加利福尼亚调水工程南段，沿圣安德烈斯断层展布并数次穿越。此外，还有数百条合计总长数百公里的交通隧洞，除 1906 年、1952 年、1971 年等少数几次地震使少数隧洞遭受严重破坏需改建或重建外，其余均未受到大的破坏。

b. 地下工程震害特征。

a）地下工程本身具有一定的抗震性能，在同一地震烈度下，地下工程较地面建筑物遭受破坏的程度小得多。当地震烈度为Ⅷ～Ⅹ度时，地面建筑物破坏严重，而地下工程仅有轻度破坏。

b）地震烈度随深度增加而衰减。如唐山某矿地表烈度达Ⅻ度，而地下 740m 烈度衰减到Ⅶ度。一般认为，深度每增加 50～100m，地震烈度衰减 0.5 度。因此，深埋地下工程比浅埋地下工程抗震方面更加有利。

c）穿越活断层的地下工程，在地震时一般要受到较严重破坏。活断层主要造成地下工程的错位及坍塌、裂缝等。从掌握的资料看，活断层造成的地下工程错位没有超过 3m 的。

d）隧洞洞口是极易遭受地震破坏的地段。山体不稳（滑坡）、泥石流、崩塌、砂土液化等是造成进出口地段在地震时严重破坏和大量破坏的一个主要原因。

e）由地震波造成的严重破坏（坍塌等）仅属极个别情况，许多在极震区的地下工程并未遭受破坏。

f）一般在第四系松散堆积地层中地下工程易遭受地震破坏，而在前第四系坚硬地层中地下工程不易遭受地震破坏；软弱围岩和施工质量有问题的地下工程也易遭受破坏。

g）钢筋混凝土衬砌的抗震性能优于混凝土、石料、砖和木衬砌；整体工程衬砌的抗震性能优于拼装式衬砌；柔度较大的衬砌抗震性能优于刚度较大的衬砌。

c. 强震区地下工程的工程措施。

a）加强地质工作，搞清斜坡不稳、砂土液化等地段并尽量避开，若不能避开应采取一定的措施。如傍山隧洞尽量靠向山体内部以保持较厚的外侧覆盖层。

b）对活断层活动的时间、速率、方式、断层长度的研究，得出活断层孕震能力（震级）、可能的错动量、周期等，预测对地下工程可能产生的危害并采取相应的措施。美国加州地区对此有很多成功经验。

c）明洞或浅埋隧洞应回填密实，采用能吸收振动能量的黏滞材料回填，提高抗震安全度。

d）隧洞洞门、洞口段以及不良地质段的衬砌均应采用整体钢筋混凝土衬砌。对软弱围岩采取各种加固措施。

e）多震区的地下工程应设置地震观测点，进行科学研究，为采取有效的对策提供依据。

上述重大工程技术问题，就目前科技发展水平而言，均不会构成工程建设的制约因素。提出来是为了让我们在工程实施前开展认真研究，在工程规划设计和建设中加以高度重视。

第8章
水资源调配新格局 "备忘记事"

水资源在我国的两重性表现十分突出，几乎年年都有不同程度的洪、旱灾害发生，兴水利、除水害，自古以来都是我国治国安邦的大事。对我国用水治水（指水资源，下同）方略的研究，已经成为当今公众普遍关心的热点。因此，自 "藏水北调" 1993 年公开问世，特别是围绕现行南水北调格局，自 21 世纪开元以来，我国不少有识之士，针对北方干旱加剧、汉江丹江口水库自 20 世纪 90 年代开始入库水量减少，黄河断流加剧、渭河淤积导致洪水泛滥等水形势，并结合长江三峡工程建成的有利条件，综合近几年来国内许多专家关于南水北调工程的众多研究成果，又进一步提出 "南水北调三峡水库调水" 建议，得到不少有关组织、社会的资助与关怀，并围绕此问题开展了一系列学术活动。如组织现场科学考察、发表研究文章、开展学术交流、举办学术咨询，使调水的内涵、方式、方案不断深化、改进和提高，且更加切合实际，并取得了众多技术成果。

为真实地反映这一成果的演变过程，特将近 20 年来与本课题密切相关的代表性事件，加以追忆整理，既是客观地记述本书 "水资源调配新格局" 成果的由来，更是对该成果的重要补充，也是客观反映公众对 "水资源调配新格局" 的评价。

备忘记事基本上按发生的时间顺序排列，因此事件之间有的前后存在直接联系；有的相互间虽然结合不紧，但对主题的发生与发展有一定的影响，均在列出范畴。为了节省篇幅，追忆多为摘录、概议。读者如果需要了解全貌，还请查阅原件（在陈述中都注有时间和出处）。

1993 年

一、《人民日报内参》《科技导报》第 10 期，发表了陈传友教授撰写的 "改造大西北宏伟设想" 的文章，全文主要讲了 3 方面内容：

（1）背景：大西北缺水的宝地。我国是全球人均耕地较少的国家。人均占有耕地约1.4 亩，仅为世界人均水平的 48%。相反我国西北（含西北内陆区）、华北土地面积辽阔，总面积高达 418 万 km²，占我国土地面积的 44%，且山地少，平原多，有水就有地，生产潜力极大；大西北有色、稀有金属资源、能矿资源丰富，有水就可能成为我国原材料、能矿与化工基地；大西北生态环境脆弱，随着气候变干变暖，土地沙化，水土流失，河湖干涸，会日益严重。这些又威胁着西北、华北地区生态安全。所以向西北、华北补水是当地人民生存与发展的需要，是全国社会经济持续发展的重要支撑之一。

（2）补水线路设想：当时文中重点提出高线调水，即把西南雅江、怒江、澜沧江、金沙江 "四江" 的少部分水量（约 800 亿～900 亿 m³，包括现行南水北调调水量），利用提水与自流相结合的方式，把水调到黄河上游鄂陵湖与扎陵湖（以下简称两湖），然后分水到河西走廊、内蒙古与新疆等地。至于提水的动能,文中提出两个方案:①在雅江干流大拐弯处建世界上最大水电站。水电站具备天然落差2250m,多年平均流量大约1900m³/s,发电能力可达约4000万kW。②利用黄河上游两湖至龙羊峡近1600m的自然落差,与调水的有效流量之积(暂定1500m³/s),水能资源高达2000多万kW,并采用借水发电,以电抽水,水电循环,滚动开发的模式。由此可见,提水动力可基本解决。

(3)调水存在可能性:从三方面分析:①需水迫切,北方特别是西北属于干旱半干旱地区,发展工农业,改善生态环境都需要用水。②西北的南部和西南部有较丰富的水资源。不仅现在开发利用很少,即使将来受自然条件限制,也不会利用很多,有调出的条件。③高原上生态环境脆弱,如果自流调水会带来诸多问题。研究后认为高原调水一定要充分利用自然条件,才可降低工程的难度,减少工程投资、避免地质灾害。

二、1993年美国农生所(ZDEALS)负责人左天觉教授,给中国科学院自然资源综考会"藏水北调"课题组负责人来函写道:1993年在《科技导报》上读到大作"改造大西北的宏伟设想"(1993年10月,P60-61),对所提从雅江调水大西北概念,印象极深。最近在《人民日报海外版》看到部分报导"走进墨脱大峡谷"一文(摘自服务报1462期),提到中国科学院杨逸畴、高登义、李勃生三位同样构想,所以特别冒昧函询:

(1)此次设想,是否已有具体建议提供国家考虑?

(2)在技术上困难自多,是否有全盘构想和草案?

(3)在经济上大致估计费用,比三峡工程大多少?

我所提出上列问题,是因为我们许多海内外农业专家,经常讨论中国农业前途,尤其是在2030年人口达到巅峰阶段,粮食问题如何解决,现在已有25~30位世界知名学者,应农生所邀请,集中撰写《2030年中国农业》一书。

左天觉是著名旅美科学家,美籍华人,曾任美国农业部顾问20多年。1994年在美国电视台与布朗先生就《谁来养活中国人》一文展开辩论。他说:"问题不是谁来养活中国人,真正的问题是我们应该怎样利用资源,发挥智力,好好供养自己。中国人民要达到自给的目的有两个问题要解决。其中水是重要的一个。中国每年的平均供水量为6500亿m³,预计2030年需水约7000亿m³。改进后的节水灌溉节水系统,全国可节水20%的水,但是还有新的解决水流的方法待发现,此办法就是利用西藏雅江的水来灌溉西北的土地。关于此问题,我们会在其他场合来谈。……"这一设想是可行的。

三、1993—1996年原科技管理部门见上述设想后,及时找课题组了解情况交换想法、传达有关意见。认为想法带有战略眼光,应进一步开展研究,并希望有关部门支持。会后课题组制定了详细计划,提出近三年工作安排。1995年以前重点收集资料,与西安石油学院联合召开"我国西部地区资源开发学术会议"。会后编印了文集,同时在有关部门的指导下,为水资源预察做好了一切准备。

在此期间,有关部门指出:"要重视雅江调水、发电超前预研问题,并启动预研调查。建议综考会,组织水利、电力、地震等方面专家认真进行一次实地考察,对立题加以论证,抓紧把超前预研踏实开展,得出比较科学深入的倾向性意见后,再考虑今后立题和研究程序。今年所余工作时间不多,请抓紧写出说服力强的立题报告。实地考察一定要组织好主要方面有真才实学、身体健康的得力专家参加进行。"

随后课题组组成多专业、多人员参加的预察小组（由课题组关志华教授带队）。该组于1996年5月从北京出发，在拉萨稍加整理和收集资料后，于5月上中旬离开拉萨，经达孜、墨竹工卡翻越米拉山口，再经工布江达、巴河桥、尼西、八一镇、林芝、派村、米林、加查、泽当、贡嘎、曲水回到拉萨，沿途考察了水源拉萨河、尼洋河、雅江中游段、拉萨河直孔—雅江曲水段以及这些地段的调水蓄水可能性。预察小组对藏南的水源、地形、地质条件以及开发利用的有效性和可行性有了进一步的了解。

1994 年

一、1994年长江水利委员会来函中国科学院：

关于建议中科院开展南水北调中线工程重大课题研究的函

南水北调中线工程是缓解华北水资源危机的重大国民经济基础设施。我委与有关部门协作已完成了工程的可行性研究报告，并通过国家计委和水利部审查，正报请国家决策。由于该工程对京、津、冀、豫、鄂等经济、社会和环境有巨大的效益和深远影响，得到重视和关注，对一些重大问题还需要继续开展深入的研究。

中国科学院对南水北调中线工程已作出卓有成效的研究，希望继续对下列重大课题进行研究：

南水北调中线工程对长江中下游的影响和对策研究

南水北调中线工程对汉江中下游的影响和对策研究

华北平原地表、地下水库、调蓄作用研究

如果同意，我委将积极合作，共同开展工作，具体事项可另行协商。

二、1994年课题组受有关部门之托，开展了南水北调中线调水量的计算和汉江中下游补水方案研究。大家知道，20世纪90年代以来，北方干旱不断向西部发展。黄河断流日甚一日。根据形势发展，国家决定建设南水北调工程。该工程由东、中、西三条线路构成。从需要与可能相结合，南水北调只能分期、分批投入生产。因此工程从哪里入手，有不同看法。课题组通过长期研究，大胆提出**"先中线，后东线，加强西线的前期研究"**，引起社会广泛关注。

三、1994年10月，课题组经多方比较，并组织长期工作在一线的专家，在《中国科学报》以"南水北调中线势在必建"的通栏标题，发表了7篇专论，引起社会热烈反响。

第一篇文章《正确的决策，合理的选择》，由陈传友（课题组负责人）、余敷秋（丹江口水电集团副总工程师）执笔撰写。众所周知，北方缺水的重点在华北，华北的重点在京、津、冀地区。文中分析后指出，调水是造福子孙后代的千秋大计，水质绝对不能忽视。相形之下，东线水质尚有待处理，不要急于求成。中线工程居高临下，几乎控制整个华北平原，因此在抗御干旱上有很大的回旋余地，即使东线范围内出现干旱，中线有条件沿江放水解围。所以先中后东，可充分发挥调水的作用。

第二篇文章《中线工程简介》由曾本枢（长江水利委员会教授级高级工程师）撰写，文章科学、扼要地介绍了中线的线路、水源和沿线重大工程的特点和规模。

第三篇文章《中线工程利弊分析》，由长江水利委员会规划设计院教授级高级工程师俞澄生撰写。文中经过40余年多方面研究，总的结论趋向一致，即从全局衡量利大于弊，弊存在于局部。用辩证的观点看是利中有弊，弊中又有利。处理是否得当还能引起利弊的转换。

第四篇文章《穿黄工程通过专家评估》，由中国国际工程咨询公司高级工程师宋乃公撰写。文章认为穿黄工程渡槽方案国内有较成熟的桥梁工程经验借鉴，设计与施工相对隧洞方案较简单，只要采取相应工程措施，其地基承载能力低、黄河河床冲淤变化复杂等难题是可以解决的。隧洞方案采用大型盾构在不良地基中进行长距离推进，国外已有很多成功实例和经验，国内发展也比较快，故一致认为穿黄工程在技术上都是可行的。

第五篇文章《丹江口水库有水可调》，由丹江口水利枢纽管理局总工程师程国梁教授撰写。文章认为汉江是长江中游最大支流，全长 1570km，流域降水量 892.2mm，水资源总量 606 亿 m³。减去汉江流域内各种消耗水量后，每年排入长江的水量约为 554 亿 m³，资源量丰富。

第六篇文章《中线调水对汉江流域影响及对策》，由丹江口水利管理局局长高敏智撰写。通过分析认为，调水后可改善现有工业供水条件，使北方产业优势得以发挥，还可进一步发展且保障人民健康也有重要意义。调水后提高了汉江中下游防洪能力可以取得巨大的社会经济效益。总之中线调水比东、西调水更紧迫，优先开发符合我国实际国情。

第七篇文章《中线调水对汉江流域的影响及对策》，由长江水利委员会高级工程师曾小惠撰写。文中认为丹江口水库加坝以后，将改变下泄水量的分配过程，洪峰减少，枯水增加，历时延长，而丰、中水历时减少。这种变化使汉江中游的河床冲刷强度变弱。河道演变总趋势向单一、稳定、深窄、微湾型发展，减少了中下游防汛负担，也可能影响部分取水口效果。调水后的河势发展对航运有利，但中水历时缩短，影响航运效益，调水后大部分江段的特枯流量增加、环境容量上升。

四、1994 年，为了探讨"藏水北调"问题，中国科学院以大调水为主题，在北京香山召开了香山会议。大会就如何实施调水开展了深入讨论。特别是长期从事高新技术研究的专家，就实施技术问题提出了许多宝贵的意见，他们认为高原生态环境脆弱，调水的头件大事，是保护生态环境。为此提出开发热气球输送物资、利用爆破技术、隧洞技术，筑坝引水，尽量不破坏原生地被物、尽量不淹没、不占地。在有条件的情况下，还要研究和平利用核能的可能性。与会者认为，这样不仅会促进设想的实施，还可极大减少工程的难度，保护环境。

1995 年

一、1995 年 11 月 3 日，中国科学院学部主席团咨委会发函课题组：

为积极寻求解决我国西北水资源紧缺问题，一些院士和专家先后向国家提出过不少宝贵意见和建议。今年以来，数理学部何祚麻院士和地学部陈述彭院士向学部主席团咨委会提议，根据有关专家提出的修建西藏雅鲁藏布江大拐弯水电站，以电力提水到西北干旱区的方案设想，有必要组织一次座谈会，邀请有关专家到会介绍，并在院士范围内进行讨论。

经研究，咨委会决定在本月 20 日（星期一）上午 9：00 在中关村举办上述引水方案院士座谈会。欢迎届时出席。

整个讨论涉及面很宽，但大家认为最集中的是在工程难度和工作深度上，还需要深入一步，也希望有关部门特别是科技部门予以支持。大会如期举行，讨论十分热烈。

二、1995 年 2 月 1 日《中国科学报》（现名《科学时报》）第二版，全文刊登了"南水北调西线工程的冻土问题"。文中写道：南水北调西线的所有工程，均分布在多年冻土区，工程的冻害问题，如冻胀、热融沉陷及融化滑塌等将十分严重，均不可忽视。……国内外都有不少在冻土区及高寒地带修建大型工程的成功案例。为此笔者建议要高度重视抓紧以下四方面的科学研究工作。

（1）建议由水利部及黄河水利委员会负责，联合有关科研、教学单位，在调水区不同自然地带选择若干个试验区，采用地面观测与卫星及地理信息系统相结合的方法，对本区冻土及环境变化进行长期的动态监测。

（2）加强未来气候变化研究，西线工程实践过程及建成以后对本区多年冻土发育演化趋势、区域水文、地表水分、热量平衡及生态系统等方面的影响评价及计算机模拟研究。

（3）在调水区进行各种岩、土物理力学参数及冻胀、融化压缩等观测试验，建设若干试验（示范）工程并与室内工程冻害模拟相结合，系统地开展工程冻害、冰害防治对策研究并制定适用于本区的各种工程设计原则与技术规程。

（4）在 5 条总长度约 700 多 km 的输水线路上，与近 200 条河（沟）交叉。即使每次交叉工程都按 100 年一遇的标准设计，每年全线至少发生一次，遭洪水、冻害或冰害破坏的概率是相当大的。因此，对于未来各种输水风险评估，上述风险应予高度重视（作者单位：中国科学院兰州冰川冻土研究所）。

1996 年

1996 年课题组在有关资料中发现：1989 年《北京晚报》驻东京记者张进山报道了"计划中的跨世纪工程"。文中写道：日美财界首脑最近在东京达成协议，拟计划联合投资，于未来 20 年内在世界各地建设 15 个投资总额达 5000 亿美元的超大型开发建设项目，并将由日本首相竹下登在 6 月 19 日召开的伦敦西方发达国家首脑会议上向各国发出合作呼吁。……

据日本报纸报道，世界公共投资项目遍及太平洋、中南美、东亚、非洲等广大地域，共 15 项，其中第 3 项喜马拉雅山水力发电站，位于喜马拉雅山脉构筑水库，建造一座最大发电能力达 5000 万 kW 的水电站。我们推测，这就是指雅江大拐弯水电站。

课题组的专家们，曾在 1963 年、1980 年、1987 年的工作成果和论文中都涉及该课题内容。

1997 年

一、根据我国国情和有关人士的建议，在北京组织召开了"大西线调水构想研讨会"。参加大会的有 13 个单位，包括水利部门、中国科学院、清华大学等。

通过讨论，大家一致认为，从长远看西部调水值得研究。这是因为我国水土分布不平衡。北方，特别是西北、华北，人少、地多、水少；而南方，特别是西南地少、水多，大量的淡水白白出境而入海，且往往上下游径流遭遇，让成水害危及中下游人民生命财产安全。只有加强蓄水，适当调配，才能有效缓解当前南亚洪水北亚干旱的局面，充分利用雅江的水资源，更好地为亚洲人民服务。

为此，建议应统一组织、协调，积极开展研究，加强国际合作，把亚洲水资源的开发推向新的阶段，保障江河两岸的人民摆脱洪水的威胁。促进北方社会经济可持续发展。

会后，有关单位再次找课题组汇报"藏水北调"内容，并提出了不少完善的意见，其中关于提水动力，即利用大拐弯电站发电提水。由于工程恐难保证提水之需，建议就地解决电源。在此思路的启迪下，课题组终于发现利用黄河大拐弯的地形落差和调水发电与提水的时间差，成为西线调水动力的突破口。

二、中国科学院、清华大学国情研究中心的《中国国情分析研究报告》第11期发专刊"解决北方缺水和黄河断流必须采取果断性措施"。文章编者加按语写道："我国的基本国情是用世界上两个7％（即耕地和水资源分别占世界总量7％），养活一个22％，即总人口占世界总量的22％。从经济学角度看，这两大资源具有不可移动性，即使资源缺乏也无法从国外大量直接进口。黄河是中华民族的母亲河，源远流长，始终不息，养育了数千公里两岸华夏子孙。

新中国成立50年，这只是中国历史长河的一瞬间，然而黄河年年断流，断流时间不断延长，断流河段不断扩大。今日黄河年入海水量不断下降，如果再不采取果断性措施，黄河成为一条内陆河不是完全不可能的……只要人类与自然界为敌，最终逃脱不了自然界的惩罚。

10多年来，中国的科学家就一直在向国家呼吁解决黄河问题。如今黄河已成为一个任人宰割、侵占、排泄污染的"公共牧地"。"公共牧地悖论"的悲剧就在于每一个放牧人拼命使用公共资源以追求个人利益最大化，其后果导致公共资源的过渡掠夺和消耗，使所有人的利益受损。取消无偿或低价的计划指令性分配水资源的机制，积极引进市场机制，建立透明的、反映稀缺程度的用水价格体系；……开发节水技术，在沿岸发展节水农业、节水工业和节水城镇。此外应实施重大工程，长距离调水，以补充黄河水源。为此作者在长期调查研究的基础上提出了"借水发电，以电抽水、水电循环、滚动开发"调水新模式。我们建议在加强制度管理等措施的同时，应在对黄河调水工程进行充分论证的基础上，考虑将其列入扩大国内需求的重大设施工程之中，造福人民，造福于子孙"。

接着刊登了作者原文，即向黄河补水的新思路，同时阐述了该思路的5大优势。

三、1997年9月15日《光明日报》刊载课题组陈传友、关志华、高迎春的文章"西藏可否建世界上最大的水电站"。如果未来世界上有一座最大水电站，那就是我国西藏雅江大拐弯水电站。按多年平均流量装机，电站规模大约在4000万kW。从发电的规模来看，它类似一处巨大的煤田或油田，过去由于条件限制，可望而不可即。根据科学考察，以及科学技术和国民经济发展，大电站一定会提到议事日程。为此第一次较全面地公开发表了作者的设想。

大电站位于西藏东南部雅江大拐弯段，进口海拔2880m，出口海拔630m左右，天然发电落差2250m。从进口到出口河段长约240km，两点直线距离不到40km。从地形条件分析，电站最好分期分级开发，即从起点派向东南方向开凿大约长16km的隧洞。引水至大拐弯下游支流多雄河上，然后利用多雄河河道或管道、地上或地下、分级分期开发。大拐弯电站可逐步实施，分期受益。一期工程主要是 16km 的隧洞，一座进水低坝（目的是抬高水位进水并为后期建设打好基础）以及多雄河上一期工程的输水渠道与管道和机电设施及其附属工程。根据派村的多年平均最枯流量和自然落差，可装机 1000 万 kW。再根据地形条件，一期工程最好分为三级：一级在汗密附近，二级在海拔 1000m 附近，三级在多雄河入雅江上游。

1998 年

一、1998 年 1 月 7 日德国《世界报》载文 "世界屋脊上的宏伟设想"。文中写道：中国重要水利专家陈传居（音）教授，打算在布拉马普特拉河上游建设一个大型水力发电工程和一个宏伟的灌溉工程。此外，通过对布拉马普特拉河上游的治理，使这条大约3000km 长的河流驯服。这条河流在孟加拉国三角洲引发的洪水，曾使无数人丧生。

这条河流为改造大自然提供了一个非常理想的位置。……即干流在德莫以下切穿喜马拉雅山形成马蹄形大河湾。它先是向北拐，然后一个急转弯流向东南方，接着又向西南方向折回。不久后朝南流出中国国境，进入印度阿萨姆邦。到印度境内称布拉马普特拉河。……计划人员估计，在这里可建造多级水力发电站，总装机容量可达到 40GW。这样就有足够的电力把雅江的极少量水调往干旱的大西北地区。……

二、1998 年在美籍华人李政道教授和中科院孙鸿烈院士的倡导下，中国高等科学技术中心，于 1998 年 1 月 18 日在北京高等科学技术会堂召开了 "解决北方缺水和治沙除漠学术讨论会"。与会代表来自京内外 20 多个单位，包括科研、教学、生产三大部分近 100位代表、专家出席了会议。

大会由孙院士主持，李教授致开幕词。他的讲话除了重点分析我国治沙、调水的重大意义外，还提出了很多希望与建议。最后他用两句意味深长的对口诗结束发言：治沙除漠人人劳，南水北调家家安（追忆）。

随后代表们本着 "百花齐放，百家争鸣" 的方针，各抒己见。其中课题小组主要谈了下列内容：

西北、华北水资源先天不足，目前已成为资源型缺水地区。因此在狠抓节水的同时，还必须着手从根本上解决缺水问题，即实施南水北调。

西线调水（主要指大西线调水）是我国南水北调的重要组成部分，其迫切性比人们原来想象的更为迫切，其艰巨性又不像原来人们想象的那样复杂与艰难。只要综合全面考察、优化方案、开辟新思路，特别是把提水与自流引水结合起来，把地下隧洞调水重视起来，依靠现代科学技术是完全可以解决的。

大西线调水一旦成功，不仅可以解决北方缺水、黄河断流问题，还能更好地促进我国社会经济全面发展，充分发挥水资源的多功能作用，有利我国防洪、抗旱，特别是长江的开发与保护、黄河的利用与治理。

与会专家学者建议，集中力量深入研究西线调水方案，组织队伍开展实质性的工作，避免北方出现大面积干旱现象，保障粮食生产安全。

三、1998 年 5 月 12 日《光明日报》科技周刊栏目发表了课题组 "解决黄河断流的一条新思想"的文章。其中编者按:"黄河断流是个受到广泛关注的大问题。因为它关系到国计民生,影响巨大。这篇文章从抽吸江河之水入黄河的角度,提出了解决黄河断流的新思路。当然这只是一家之言,我们欢迎大家就此问题各抒己见。"

该文用3000余字篇幅,重点介绍和分析了"借水发电、以电抽水、水电循环、滚动开发"的调水模式,成为当时调水的热点问题,并在讨论中不断完善提高。

四、1998年12月29日《光明日报》转载了任慎重、李德明二位先生的"解决黄河断流又有新的设想"一文,文章基本同意上文的介绍与分析,同时着重解释了措施的可行性和必要性。

五、1998年9月2日,中科院自然资源综合考察委员会《资源研究动态》第1期刊载:1998年7月31日,有关专家、学者来会听取"藏水北调"汇报。他们是在学习有关文献后,带着问题来调查的。在认真听取汇报后,进行了热烈讨论,并纷纷发表意见:

有同志说,南水北调东、中、西线为什么长期定不下来呢?重要原因之一是经济问题。所有方案都要做好评估,要保证良性循环,绝对不能成为国家的包袱。同时还要求能远近结合,避免资金闲置和积压,且实际效益可观。他说,黄河淤积严重,若出现1958年洪水,危害极大。仅挖淤沙一项,每方至少投入25元,调水冲沙效益明显。另外黄河上游兴建了许多水电站,调水多,发电也多。调水发电联营好处更大。藏水北调要与其他调水方案多比较或结合,确立最佳的实施方案。最后他强调指出,调水线路海拔高,施工难度大,应多方比较,降低走线高程;水量问题要算账,进一步落实。

有同志说,我们最关心的不是具体方案,而是从国家发展来看,北方要不要水?要用多少水?这些水从哪里来?而且要正确合理。当前我国正值需要扩大内需,加强基础设施建设,既要克服当前市场疲软,又为今后可持续发展创造条件,迎接下一步经济增长。其意义不亚于1929—1933年罗斯福新政。把"藏水北调"像田纳西工程一样搞起来,既解决水电问题,又解决交通问题。以水为中心,把各行各业带动起来。这是经济问题,也是政治问题。我们要很好利用这个时机,促进调水工程早上。

有的同志说,"藏水北调"设想非常巧妙,如果图上的情况与实际一致,设想是可行的,而且效益大,不仅近期可解决黄河断流,增加北方粮食产量、黄河梯级水电站多发电,而且远期可大大缓解黄河下游淤积和洪水问题,改善北方水环境。

他们还建议,进一步优化方案,比较打隧洞与提水扬程的关系,尽量降低扬程,减少运行费用;比较楠木塘一级和多级开发方案,尽量采用国内机组。加快工程建设;他们还强调要落实前期勘测规划工作。

有同志说,关心水也就是关心国家大事,对调水方案认真比选,走公开,民主科学程序,力争2010年前调水成功。他们还说西线大调水也力争一次完成。这不仅对黄河有好处,对全国社会经济持续发展起到促进作用,希望你们及时把材料整理出来,供有关部门参考。

最后,同志们表示,"藏水北调"是个好点子,借水发电灵活机动,但还有不少工作要做,希望国家支持开展前期研究。

六、1998年《科技导报》发表了中国水利水电研究院几位专家撰写的"对我国西部调水构想的几点看法"一文:

西部调水构想是对我国西南水资源进行时空再分配的一项宏伟设想，其基本思路是把我国西南 6 大江河的水资源，正确合理地配置极少部分到西北、华北地区，促进那里的社会经济持续发展。这是一个值得研究的课题。

我国西北属于干旱地区，生态环境十分脆弱，随着气候变暖，变干，土地沙漠化、荒漠化、水土流失、河湖干涸、地面沉降还会有所恶化。在有条件的地区，适当补水是自然规律和社会经济发展的实际需要，也是我国一项实用有效的环境工程。

西北、华北土地资源、能源资源、稀有金属和原材料资源十分丰富，且人口相对少，具有发展的自然条件和空间，适当从西南向西北、华北调少量的水资源发展那里的经济，改善那里的水环境是充分利用自然资源，改善人民生存的有效途径。

1999 年

一、1999 年 4 月 27—29 日，中国自然资源学会、中国地理学会，在北京联合主办"南水北调与我国社会经济可持续发展学术研讨会"。会议的主要议题：

中国现有南水北调线路格局及其可行性分析；

各种方案可能出现的生态环境、工程技术问题，及其相应对策；

调水与我国社会经济可持续发展。

来自北京、天津、河北、河南、湖北、山东、陕西等 11 个省（直辖市）共 75 名代表出席大会，中央电视台、《人民日报》《光明日报》《科学时报》《人民中国》《资源·产业》杂志等新闻媒体到会采访。会后主办单位根据会议要求撰写了近 3000 字的会议纪要，主要内容摘录如下：

我国北方（包括西北、华北）目前缺水形势已很严峻，如果不抓紧解决，一定会影响北方经济的发展，且远景形势更不乐观。解决的最佳方案，是把西南的水，即金沙江、澜沧江、怒江、雅江以及它们主要支流的极少部分水量调往西北、华北缓解那里的缺水状况。

正确处理开源与节流的关系：开源与节流都是缓解我国北方用水矛盾的正确决策。开源是节流的基础，节流是开源的继续。两者互为补充，不是对立的。不节流的开源是无意义的开源，不开源的节流在北方最终会走进死胡同；开源是增加可供水资源，节流是更好地利用水资源。

关于现行南水北调的实施顺序问题：实施问题关系到北方经济发展，调水效益以及投入和工程的风险度。有些同志主张先东线，后中线，再西线；也有些同志，同意先中线后东线加强西线的前期研究；也还有同志主张三者都上，只是在上的过程中有程度不同而已。通过讨论，大家认为还是留给主管部门决策，各自保留意见。

关于水资源价值问题：大家认为水是（指水资源）资源，有稀缺，因此应有价值。国家也应收取资源税。此外，代表们还根据我国目前的水形势，认为在认识和实践上存在以下问题：①对缺水形势认识不足。②建设资金应进一步落实。③调水线路特别是西线还缺乏论证、比较。

为此，大会斟酌磋商后提出 4 点建议：①加强线路对比研究。②多渠道筹集资金。③高度重视生态环境建设。④加强舆论宣传。

二、1999 年《中国水利水电科学研究院学报》第 3 卷第 1 期发表了高季章、王浩、甘弘、沈大军、汪林的文章"黄河治理开发与南水北调工程"。

课题组认为这是一篇很有分量的文章。它在全面分析了黄河治理与开发中的主要矛盾后，提出了增加黄河有效水量的手段，不外有三：①管理；②节水；③开源。管理是前提，节水、开源是手段。而开源又是节流的基础。对北方来说，开源十分重要，绝对不能忽视。从当前来看，北方开源有三条路可行，即东线、中线、西线。前二者水源是长江，限制性很强，解决潜力有限，但又不能轻视。如能把长江调水与西南江河调水结合起来，才能真正合理地解决中国北方用水问题。为此，文中分析提出了把中线与西线（大西线）结合起来向北方调水，即在黄委会调水的基础上，再从西南地区的澜沧江、怒江、雅鲁藏布江三水系调水，与长江水系的外调水量汇合后调入黄河上游。西线向黄河调水提出三个方案：一为黄委提出的小西线方案。分别从长江流域的通天河、雅砻江、大渡河三水调水。二为大西线方案，即在小西线方案的基础上，再从西南的澜沧江、怒江、雅江调水与长江水系的外调水量汇合后调入黄河。三为新西线方案，由中科院综考会陈传友研究员提出。构想是将青海省境内长达 1500km 的黄河拐弯河段截直获得 1500m 落差发电；用所发电力从高程 3990m 通天河中游提水，穿越巴颜喀拉山，自流进入黄河上游扎陵湖、鄂陵湖。利用两湖调蓄后，在截直段尾部发电；发电尾水汇入龙羊峡水库。在上述一期工程建成后利用这一"借水发电，以电提水，逐步扩展"的思路，再从金沙江向澜沧江、怒江和雅江的分期提水、调水，视情而定。……

向黄河补水设想的突出优点为可兼顾解决华北地区缺水与缓解黄河断流问题，较大程度上改善了目前中线枯水年水源不足的弱点；三峡—丹江口引水路线的风险与投资较之小西线工程均相对为小……

在中线工程的基础上增加三峡—丹江口引水路线，从更高层次看，对环渤海经济区建设、黄淮海平原工农业发展、粮食生产与北方农业可持续发展，加快西部地区社会经济发展与生态环境建设，扩大供需和推动国民经济的持续增长，均有实质性意义。

三、1999 年第 4 期《资源·产业》杂志上发表专访文章"南水北调"。编者按：随着我国经济的飞速发展，北方地区水资源供需矛盾日益突出，"南水北调"这一举世瞩目的工程，由于规模大，涉及面广，曾多次作为方案由全国人大、全国政协讨论。目前，本刊记者专门采访了中国科学院自然资源综合考察委员会有关课题研究组。

访问主要谈了下列几个问题：

现行南水北调作用与意义。

现行南水北调存在的可能出现的问题。

看法与建议。

根据存在和可能出现问题，提出了调水时序安排，即先中线，后东线进一步研究西线的建议。

"南水北调，中线宜早不宜迟，东线宜晚不宜早"被杂志专用在封面上。

四、1999 年 7 月由课题组陈传友带队，高迎春博士、马文珍博士等参加的雅江终端补点考察，重点考察了雅江引水点的自身条件与修建水库的可能性。

2000 年

一、2000 年当代中国研究所办公室，把课题组的文章《中国下世纪缺水形势分析与藏水北调工程》印成小册子内部送阅并标注：国史研究参阅资料（15）。

全文分五部分：

引言：主要写文章背景，即在什么情况下写成。

来水量分析：着重写我国水资源时空分布特点、数量与分布。

现状用水分析：重点写我国目前用水分布和特点。

用水预测：预测我国工农业发展和城市化用水。30 年后，即 2030 年前后，全国缺少可利用水近 2000 亿 m^3，其中南方大约 1000 亿 m^3 左右，属于工程性缺水，来水年内分配不均造成，只要蓄水可就地解决；北方缺水约 1000 亿 m^3，属于资源型缺水。

对北方资源型缺水，重点在节水与跨流域调水。为此提出从大西线调水，即从"四江"调水到北方。

二、2000 年课题组受中国科学院暨香港中文大学地球信息科学实验室之邀，参加了香港中文大学举办的"空间信息应用技术与中国西部大开发论坛"。会上课题组在第二专题"西部自然资源"小组作了"西部水资源合理配置"报告，受到大会重视。

三、2000 年《参考消息》报道了美国《政企首要情报评论》周刊 11 月 10 日一期文章："中国重大工程将推动亚洲发展"。

周刊写道，雅鲁藏布江水电站、南水北调和几个重大的铁路工程，这些项目不仅事关中国未来生死存亡，亦事关中亚、印度次大陆和东南亚的命运。

四、2000 年 10 月 28 日，《北京青年报》"每日焦点"专版专访课题组并用课题组研究结论为通栏标题"先中线、后东线、加强西线前期研究"。

编者按写道：10 月 19 日，本版刊发了《南水北调，势在必行》一稿后，许多读者纷纷来信来电询问，南水北调工程将采取何种方案？何时开工建设？为此，记者采访了中国科学院地理科学与资源研究所有关课题组。"南水北调东、中、西三条线路是解决我国北方缺水问题的整体方案，当时三条线路各有各的供水范围，不能相互替代。课题组认为：从目前我国实际情况出发，即不可能也不必要三条调水线路同时开工建设，应当按轻重缓急，分步实施。根据我们这几年的实际研究情况来看，最好是先中线、后东线、加强西线前期研究"。

随着南水北调工程的开发建设，到 2010 年前后，北京人很可能在家门口就可以喝到长江水了。

五、2000 年《科技导报》第 11 期，发表课题组陈传友、肖才忠、王立撰写的"拓展南水北调中线的新思路"一文。

全文分三部分：

（1）拓展中线方案的背景与缘由。

1）解决京、津、冀华北平原用水。

2）南水北调中线已具备实施条件。

3）从三峡水库向丹江口水库补水条件成熟。

（2）拓展的方案与实质。

1）增加北调水源。

2）降低运行水位。

3）缓解调水可能带来的影响。

4）充分发挥西南大江大河水资源功能。

（3）拓展方案与工程布局。在丹江口水利枢纽管理局的资助下，完成了从丹江口水库沿香溪河到三峡水库的调水路线实地调查。为此提出了两个方案：

一级提水 100 亿 m^3，扬程 212m，线路总长 153.1km，其中利用河道长 19.8%，隧洞长 122.75km，共 11 节隧洞，其中最长 23.8km。

二级提水方案，总扬程 396m，其中一级 212m，二级 184m，提水 100 亿 m^3。输水总长 135km，其中利用原河道 71.5km，占输水总长 52%，隧洞长 64km，其中最长一条 21.6km。

六、2000 年 4 月 12 日《参天水利资源工程研考会》（社科院经济文化研究中心主办，以下简称《研考会》）发表了水资源调配与国土资源整治课题组邓英淘等专家的"大西线调水与西部大开发"一文，全文分三部分：

（1）全国缺水北方尤甚：文章预计 21 世纪上半叶，我国人均水资源实际拥有量将由前述的 1490m^3 降至 1361m^3，已经接近重度缺水的标准。

（2）调水是西部大开发的重要前提，西部特别是西北部人少地多。按人均计算，水资源已低于全国平均水平；按地计算，西北是全国地均值最低地区。没有外来水资源的补给，不少地区维持现有人口经济规模已感水远不足，影响西部大开发。

（3）大西线调水的紧迫性。调水工程的建设需要较长的时间，即使今天开工，也需要 20～30 年才能完成。这对西部大开发建设，已经很紧迫了。当前要从全国出发，统一对大西线调水的必要性认识，从而把构想变成实施的规划和方案，早日付诸实施。

七、2000 年 5 月 21 日《研考会》又登载了邓英淘教授"南水北调十线概览"综述文章。

全文概述了水利部的东、中、西线调水；林一山"四江一河"调水西进黄河的大西线；陈传友"大拐弯建大电站的藏水北调以及'四江进两湖'的藏水北调工程"；袁嘉祖、郭开等人的"大西线调水"；朱效斌"三江贯通调水分洪"；张世禧"青藏高原大隧洞调水"等。

接着《经济月刊》还发表了本刊记者李卫东的文章，其中编者按：北方苦于缺水，南方累受水患。南水北调喊了近几十年，方案已经有十套多，究竟哪一套方案可行？见本刊专家专访分析："10 套方案该选谁"？文中写道：地大物博，资源丰富的中国，水资源也很丰富。可惜来水分布极不均匀。长江全年水患，黄河年年断流。据统计，北方地区因为缺水，每年造成经济损失近 4 亿元，而西南部每年又有数千亿立方米的水白白流出了国境。……

南水北调的想法已半个多世纪了，尤其近 50 年内，无数有识之士经过考察、论证，共提出了十条调水路线。"南水北调"这步棋终归要走，必将成为 21 世纪中国最大工程。调水方案可能会从现行的方案中产生。

八、2000 年 12 月，长江技术经济学会在四川省攀枝花召开 "西部生态环境可持续发展经济研讨会"。会议对 "三峡水库小江引水济渭济黄方案" 做了专题讨论，黄伯明教授介绍了小江方案初步设想。

2001 年

一、2001 年 4 月 27 日，长江技术经济学会魏廷琤等专家、学者向有关部门提出《南水北调工程从三峡水库引水的建议》，并得到了社会各界的广泛关注。建议提出两个方案：方案一是在三峡水库重庆市巫山县境内的大宁河大昌镇建设一座抽水站，将三峡库水抽至上库，通过开凿的输水隧洞穿越大巴山，入汉江支流堵河，自流而下至丹江口水库，然后接南水北调工程中线方案。方案二是在三峡水库重庆市开县境内的小江北岸提水，除利用天然河道外，通过隧洞及少量渡槽等工程措施，开辟输水通道，穿秦岭，引水至渭河，自流入黄河，然后向华北输水。建议认为从三峡水库引水，是调水解决北方地区干旱缺水的一项根本性措施，经济上合理，技术上可行，社会效益显著，利国利民。自此，正式拉开了南水北调三峡水库调水研究的序幕。

二、2001 年 7—11 月，有关部门多次组织专家到三峡水库现场和调水沿线考察了解情况，并由有关专家于 12 月 20 日写出大宁河查勘考察报告，12 月 25 日得到中国工程院院士钱正英批示："很有新意、值得研究"。

三、2001 年 11 月，魏廷琤等专家，由长江技术经济学会牵头，组织铁道部第一勘测设计院、长江科学院、陕西水电勘测设计院、北京峡光公司、哈尔滨电机厂等单位专家的初步研究成果，再次向有关部门致函，提出《关于建议抓紧研究从三峡水库引水入渭济黄济华北工程的报告》。报告提出：一是从三峡水库引水，穿越巴山、秦岭调水工程，线路总长约 400km，其中可利用天然河道约 100km。二是入渭、入黄输水线路工程，其中渭河段约 200km，利用天然河道，不需修建工程，在潼关附近入黄至西霞院共 270km，为三门峡、小浪底、西霞院库区。西霞院以下进入黄河下游，利用原有引黄系统向两岸供水，均不需新修工程。三是向京、津、华北及胶东输水工程，包括胶东输水工程、引黄济津应急工程、引黄济京应急工程、引黄入淀工程等，大部分可利用天然河道和已建渠道，工程量不大。这样做的优点是：第一，三峡库区的长江水源极其充沛，可长远解决黄、海、淮三大流域水资源短缺。第二，可以变长江上游富裕的水电资源为北方紧缺的水、电资源。从三峡库区抽水，可以大量使用低谷期的廉价电能。调水入黄后，可以发挥三门峡、小浪底水电站在中原电网中的调峰作用。第三，可以充分发挥黄河在北方地区水资源合理配置中的重要作用。第四，可以解决陕西关中东部、渭河下游水资源需求，解除渭河下游的洪水威胁，缓解三门峡水库泥沙淤积造成的库区严重灾害。第五，对确保黄河下游河道不断流、河床不抬高、堤防不决口具有重要意义。

2002 年

一、2002 年《中国工程科学》第 4 卷第 12 期，发表了中国科学院院士徐大懋、中国科学院地理科学与资源研究所研究员陈传友、哈尔滨电站设备集团公司总工程师、工程院院士梁维燕合著的 "雅鲁藏布江水能开发" 一文。该文共分为 6 部分：

（1）引言：我国水电资源占世界的 13.2％，总储量约 680GW，目前已开发 80GW，潜力还很大，特别是雅鲁藏布江大拐弯段集中水能资源约 45GW，若开发出来，对西藏和南亚国家都十分有利。

（2）雅鲁藏布江概况：雅江位于我国西藏境内，是亚洲一条大河，入经印度后称布拉马普特拉河。雅江全长 2057km，流域面积 240480km^2，天然落差约 5500m，多年平均流量约 4400m^3/s，其分布特点在文中也有交代。

（3）水能资源及开发方案：分析后认为，大拐弯电站的起点在派附近，终点在海拔 2900m 附近的多雄河上，隧洞长 16km，天然落差 2250m，宜分三级开发，每级 600～900m，容量 10～15GW，每台机组 100 万 kW、12 台机组，开发方式可串联也可并联，详情见原文。输电线路有 3 个方案供讨论。

（4）投资与效益：通过与三峡工程对比分析，大拐弯电站总投资与三峡大致相同（静态），且动态投资低于三峡，规模为三峡的 2.3 倍。

（5）意义：在国内有 4 点：①是我国西电东送的后备资源。②提供就业机会，促进科学进步。③实现 4 个"世界之最"。④成为世界著名的旅游胜地，也为加强民族团结起一定作用。

（6）困难和问题：

1）生态问题：通过工程措施，有可能减少或想方设法避免发生重大生态环境问题。

2）地质问题：尽量勘探清楚，做好预防和预测工作。

3）处理好国际关系。

二、2002 年 2 月 5 日，重庆市成立南水北调三峡水库调水方案研究重庆专家组，由原市计委巡视员郭长生任组长，陈根富、雷亨顺、戴思锐、冀春楼任副组长，重庆江河工程咨询中心有限公司负责组织开展研究工作。2002 年 3 月 19—26 日，国家有关部门和重庆市及陕西省有关单位专家对三峡水库小江调水输水线路进行实地考察，并分别在重庆和西安召开了专家座谈会。会议认为：三峡引水工程目标明确，效益突出，水源充足，水质好，对输水工程沿线生态环境影响较小，在技术上不存在不可克服的困难，但目前工作深度尚处于方案研究阶段，应进一步深入开展前期工作。

三、2002 年 4 月，中国科协在成都召开"中国科协 2002 年学术年会"，重庆江河工程咨询中心有限公司陈根富编写的《三峡水库是南水北调工程可靠、理想的水源基地——南水北调水源工程建设方案探讨》论文在会上作了交流。

四、2002 年 7 月 8 日，魏廷铮等几位专家再次向国家有关部门建议抓紧开展三峡水库引水入渭济黄济华北工程的前期工作。建议认为：三峡引水工程研究吸收和参考了各单位几十年来对长江、黄河、海河流域的研究成果，南水北调工程规划资料，三峡工程建设规划资料，巴山、秦岭地区铁路、公路建设勘测资料和丰富的实践经验，以及近年来多处高扬程大流量抽水蓄能电站建设的有关资料，所得的主要结论是可信的。提出三峡引水工程分三个阶段建设。

第一阶段，建西霞院到北京的输水渠道，解决京、津及沿线城市的应急用水。

第二阶段，建小江抽水站及第一条隧洞，年抽水量 60 亿 m^3。同时建高山水库 4 座，汛期拦蓄洪水 15 亿 m^3，在小江不抽水时（12 月至次年 3 月）供水。年总引水量 75 亿

m^3，其中供关中 10 亿 m^3、供京津及沿线城市 65 亿 m^3。

第三阶段，扩建第二条隧洞，年输水至少增加 60 亿 m^3。其中供关中 15m^3，供黄河下游城市及生态用水 45 亿 m^3。合计三峡引水工程年引水总量为 135 亿 m^3。为此建议提出南水北调先开工黄河以北工程，既可减少投资风险，又能对华北地区及早供水，确保北京及沿线城市及早供水。

2003 年

一、2003 年 2 月 18—19 日，重庆市促成中国国际工程咨询公司组织清华大学水利系、中国水利水科电学研究院、三峡总公司、国电公司中南勘测设计院、重庆江河工程咨询中心有限公司等单位，开展"南水北调中线大宁河补水工程研究"工作。

二、综考会"藏水北调"课题组完成了《引江济丹拓展南水北调中线工程的新思路》的总结报告。

三、2003 年 11 月 3—6 日，中国工程院钱正英院士带领有关部门、长江、黄河、海河流域机构专家、学者赴重庆市、陕西省调研，并分别在重庆和西安召开"引江济渭"专题论证会，提出西线第一期工程规划应同小江引水、引汉济渭等方案一起进行对比和优选。

四、2003 年 12 月，重庆江河中心针对小江方案枯期（11 月至次年 4 月）不调水，调水工程抽水成本高的问题，提出将南水北调小江方案取水泵站改建为与抽水蓄能电站相结合的设想方案，用以提高设备利用率和弥补调水工程的抽水运行费用。随后，重庆江河工程咨询中心与国电公司华东勘测设计院开展"三峡水库重庆库区抽水蓄能电站选点和与调水结合可能性"的研究论证工作。

五、2003 年 12 月，水利部决定由黄河水利委员会牵头，长江水利委员会配合，组织开展"引江济渭入黄"专题研究。并于 2004 年 3 月成立由钱正英、张光斗、郭树言为顾问，潘家铮为组长，徐乾清、刘宁为副组长的"引江济渭入黄"专题研究咨询专家组。

六、2003 年 12 月 30 日，南水北调中线一期工程开工。

2004 年

一、2004 年 5 月，中国国际工程咨询公司主持的大宁河补水工程研究工作编制完成《南水北调中线三峡水库（大宁河方案）补水工程研究综合报告》（简称《综合报告》）及相关附件：中国水利水电科学研究院《丹江口水库入库水量研究》；三峡总公司《大宁河调水对三峡、葛洲坝工程的影响》；国电公司中南勘测设计研究院《南水北调中线三峡水库（大宁河方案）补水工程研究报告》（简称《补水研究报告》）。《补水研究报告》的主要结论是：

（1）进行大宁河补水工程的建设对保证北方地区社会经济可持续发展具有十分重要的意义。计算表明：南水北调中线工程到 2020 年水平年需从大宁河补水水量 23.7 亿 m^3，2030 年水平 51.8 亿 m^3，随着远期北方地区用水的进一步增加，通过调整抽水时段，大宁河补水工程的可供水量将进一步增加。

（2）开发大宁河补水工程，还可与堵河梯级电站联合运用，做到一水多用，利用独特的地形条件，可建成高效的大型抽水、蓄能、发电系统。

（3）剪刀峡水库是自长江抽水过大巴山补水入汉江的中继站，是补水工程系统的关键工程；大昌泵站抽水工程是保证南水北调远景补水的关键性工程。剪刀峡水库工程正常蓄水位 360.00m，死水位 335.00m；剪刀峡抽水泵站装机容量 100 万 kW。大昌抽水泵站装机容量 100 万 kW，输水隧洞设计流量 380m³/s。

（4）经比较大宁河补水东西线 4 个不同的引水方案，目前拟推荐西线方案为大宁河补水方案。

《综合报告》认为：①南水北调中线受水区需水量大。丹江口水库水资源虽然相对较多，但考虑人类活动对环境的影响及气候的变化、上游工农业及城市化发展的经济社会因素、陕西省即将实施的"引汉济渭"工程等，入库水量将比原规划减少。自 20 世纪 90 年代以来，丹江口水库上游降水比多年平均减少约 15%，入库水量减少约 23%。这将直接影响中线的可调水量。从长远看，将三峡水库作为中线的后续水源十分必要。②从三峡水库给中线补水有多种方案，根据大宁河、丹江口水库以及堵河之间的地理位置和地形地质条件、堵河各梯级电站水位与高程的关系，通过多条调水线路和高、中、低不同扬程的方案比选，以西线大昌提水，经剪刀峡水库，穿巴山入堵河进丹江口水库方案为优。③大宁河补水利用三峡丰水期季节性电能，经剪刀峡水库、堵河梯级水库及丹江口水库的联合调度，工程具有补水、蓄能发电及改善生态环境等功能，综合效益明显。④初步研究表明，在汛期从三峡水库抽调 50 亿 m³ 不影响三峡工程下游河道航运，对三峡、葛洲坝年均发电量影响不大。

二、2004 年 6 月，魏廷铮等几位专家牵头，组织长江技术经济学会、长江科学院、长江水利勘测设计院、黄河水利科学院、长江水利委员会、黄河水利委员会科技委、陕西省水利厅、陕西省水利勘测设计院、西安市水利设计院、重庆江河工程咨询中心有限公司、铁道第一勘测设计院、三峡总公司、哈尔滨电机厂、北京峡光经济技术咨询公司、清华大学黄河研究中心、北京勘测设计研究院、华东勘测设计研究院等单位的专家组成"长江技术经济学会三峡引水工程研究组"，开展三峡水库引水济渭济黄研究工作。

同年 8 月，编制完成《三峡水库引江济渭济黄第一期工程研究报告》。报告提出小江调水分两期建设，年调水总量为 103 亿 m³。一期工程先建一条隧洞，输水流量 300m³/s，同时修建关面、明通两座高山调蓄水库，年调水 40 亿 m³；取水口建抽水蓄能可逆式机组电站，抽取三峡汛期弃水，以峰荷发电补偿运行期抽水电费；并在秦岭隧洞出口下游建沣河 5 级平原水库调蓄冲沙流量达到 1200m³/s 供渭河冲沙之用，进而冲刷三门峡库区及黄河下游泥沙淤积，达到渭河、黄河中下游生态环境治理改善的目标。报告认为：引江济渭济黄工程是治理渭河、黄河的重大战略措施，技术可行，经济合理，生态效益显著。建议抓紧研究论证，早日实施。

三、2004 年 10 月，重庆江河工程咨询中心有限公司编制完成《三峡水库引江济渭入黄工程重庆段研究报告》。报告除了对取水口、输水线路、调水结合开发抽水蓄能电站、高山调蓄水库等进行进一步深入论证外，还对在引江济渭入黄工程调水前缘，利用该地区的有利地形修建囤蓄水库的必要性、作用、建设条件和运行方式作了深入分析。其主要功能，一是加大汛期特别是主汛期调水量，既可减少调水对三峡、葛洲坝电站的影响，又能充分利用三峡电站汛期弃水电量；二是错开集中调水高峰，延长隧洞输水时间，减少输水隧洞断面尺寸，降低工程造价；三是可以协调调水区与受水区在供水时间上的矛盾，较好地满足受水区对枯水期的供水要求；四是有利于调整调水与渭河、黄河洪水遭遇的矛盾。初步筛选出云阳玉龙、桐子园、板板桥及开县的兴隆四座水库，用隧洞将四库联结成囤蓄水库群，共可囤蓄水量 7.1 亿 m^3。

四、2004 年 10 月，重庆江河工程咨询中心与国电公司华东勘测设计研究院完成《重庆市三峡库区抽水蓄能电站选点报告》（简称选点报告）和《三峡水库引江济渭入黄结合开发抽水蓄能电站可能性分析报告》（简称《可能性分析》）。

《选点报告》认为：随着重庆市国民经济的迅猛发展，根据重庆电力市场供需平衡分析，到 2020 年新增 1200～1800MW 抽水蓄能电站，是经济合理的；玉龙、兴隆、新田靠近万州 500kV 变电站，吸引低谷电和送出高峰电均较方便，可作为重庆电网调峰电源开发；龙雾坝距三峡电站仅 125km，有西电东送电力 500kV 线路穿过，可作为"西电东送"联络点三峡电站附近的抽水蓄能电站，消化低谷电或季节性电能，并承担事故备用开发。

《可能性分析》认为：根据引江济渭入黄工程布局，结合电网需求和站址地形地质条件，玉龙、兴隆开发蓄能电站，满足调水与蓄能发电双重任务是可能的；结合重庆电网调峰需求将抽水泵站改为抽水蓄能发电工程，可提高设备利用率，用发电收益弥补引水工程的抽水电费，能有效解决调水工程"谁买单"问题，以减轻国家长期负担。

2005 年

一、2005 年 3 月，有关单位在重庆召开"三峡水库（小江）引江济渭入黄结合开发抽水蓄能电站研究成果评审会议"，对华东院和重庆江河中心完成的《三峡水库重庆库区抽水蓄能电站选点报告》和《三峡水库引江济渭入黄结合开发抽水蓄能电站可能性分析报告》进行审查。形成的评审意见认为：

（1）重庆市能源资源缺乏，毗邻我国西电东送中通道送端的四川省，未来将长期接受大量的川电外送的电力电量，结合重庆市电力系统电源优化，作为受端电网，为使重庆市电网经济、安全、稳定运行，需要建设抽水蓄能电站。三峡水库（小江）引江济渭入黄工程与抽水蓄能电站相结合，两者同步建设，通过合理的投资分摊，可减少调水工程和抽水蓄能电站建设投资、运行费用，提高抽水蓄能电站的竞争能力。因此，研究论证调水结合开发抽水蓄能电站是必要的。

（2）调水工程中的抽水泵站抽水时间与抽水蓄能电站的抽水、发电时间是可以相结合的。这样可以提高工程机电设备的利用率。在考虑一定库容条件下，提水工程运行工况，根据系统负荷情况灵活起停，也是电力系统调整负荷的手段之一。因此调水工程渠首提水工程和抽水蓄能电站结合不仅是可能的，也是资源优化配置措施。

（3）根据选点站址和调水线路取水地点建设条件，同意报告中提出的东线结合建设玉龙抽水蓄能电站、中线结合建设兴隆抽水蓄能电站。下阶段应将调水与抽水蓄能电站一起经过技术、经济、环境影响综合比选，确定结合方案。

（4）调水结合开发抽水蓄能电站是南水北调工程中的一条新思路，符合可持续发展战略。工程涉及面广、影响因素多、前期工作量大，希望各有关部门、单位和行业加强合作，推进这一工作。建议尽早开展引江济渭入黄结合开发抽水蓄能电站规划工作。

二、2005年6月，以潘家铮院士为组长的"引江济渭入黄"专题研究咨询专家组在北京组织召开了"引江济渭入黄方案研究阶段成果专家咨询会"。会议认为：引江济渭入黄研究完成第一阶段工作，并对第二阶段工作进行了深入分析，为完成研究工作奠定了良好的基础；长江经济学会三峡引水工程研究组对小江调水方案做了大量工作；地方围绕引汉济渭方案和沣河平原水库开展了相关工作；重庆市围绕泵站与抽水蓄能电站结合高山水库建设开展研究，都为引江济渭入黄方案研究开拓了思路。

三、2005年7月26日，魏廷铮等几位专家向有关部门提出建议：三峡引水工程的供水效益可以替代南水北调西线工程和中线黄河以南工程，并建议：组织对西线工程，中线黄河以南工程和三峡引水工程进行深入研究；中线黄河以南工程不急于开工，京津和沿线华北诸城市的应急供水可通过引黄解决，并研究三峡引水工程有关问题。

2006年

一、2006年5月，由经济学家林凌、地质学家刘宝君院士主编的《南水北调西线工程备忘录》（简称《备忘录》）由北京经济科学出版社出版。

全书收有50多位自然科学家和社会科学家参与撰写的论文31篇。主要涉及西线工程的地质问题、调水量不足的问题、对青藏高原生态环境破坏的问题；对西电东送工程发电影响的问题；对调水区居民经济、社会、生态补偿的问题；藏区宗教、文化、生物保护的问题；投资和运作模式的问题；替代方案问题。

二、2006年9月27日，四川省老科协地质分会在成都市召开老专家座谈会，就《备忘录》涉及的有关问题和西线工程前期论证工作开展专题讨论。

与会专家认为：南水北调西线工程前期论证的要害问题是，科学认定"可调水规模"和确认"地震烈度"对工程的影响程度。前者，是制约工程是否批项的关键，不可掉以轻心；若处于强震区（7级以上）且属于高坝蓄水，很可能诱发工程地质灾害，不可忽视项目成败的风险评估，也是是否批准立项的重大要害问题，不应回避。老专家们提出："西线"规划勘察深度不够；工程应按地震评价要求，进行专题研究评判；加强地质环境调查研究，对工程引发"地质灾害问题"专题评估。

三、2006年12月5日，《中国经济时报》刊登三峡办郭树言、李世忠、魏廷铮同志题为"三峡引水工程：增加黄河水资源，治理黄河、渭河的战略性工程"的文章。文章认为：三峡引水工程是三峡工程综合效益的延伸；从长江跨流域调水是治理黄河的根本措施。同时指出三峡引水工程对于实现长江、黄河的水资源配置，解决黄河中下游缺水和生态环境问题具有重要的战略意义，是治理黄河和渭河的战略性工程，同时发挥了三峡工程的调水功能和效益，使三峡工程综合效益进一步延伸。三峡引水工程方案在吸收各方面专家意见的过程中，仍在不断地完善。我们希望更多的人了解和关心三峡引水工程，同时期待着该工程能够早日实施，为我国的水资源合理利用和可持续发展作出贡献。

2007 年

一、2007 年 5 月《中国国家地理》2007 年第 5 期发表采访郭树言、李世忠、魏廷铮的文章"调水梦：自由流动中国水？"。

文章认为：在农业社会，水源的消失对一个地区的打击无疑是致命的，古人往往会通过迁徙来寻找更适合生存的土地。随着社会和科技的进步，人们则能够以水就人，通过水利工程的调丰补欠来对付水源的短缺。"藏水北调""南水北调""小江调水"，一个个极其宏伟的梦想在酝酿中。文章说，几乎参加了新中国成立来每一个重大水利工程设计的魏廷铮认为，"三峡水库引江济渭济黄工程"（简称'小江调水'）可以起到现在南水北调方案三条线一半的功用，不但南水北调西线工程可以省去，而且中线的水也不用过黄河。"文章又说：郭树言、魏廷铮等人认为"小江调水"不仅能让北方城市喝上三峡水解渴，还可以拯救渭河和黄河，让三门峡以下黄河恢复生机。

文章对国人的调水追求做了多方面的报导，指出对水的渴望让国人打开了想象的空间，一个个调水梦在酝酿中：林一山的"四江两湖"方案；陈传友、关志华的"藏水北调"方案；朱效斌的"三江贯通"方案；张世禧的"西藏大隧洞"方案。一切皆希望变不可能为可能。

文章同时也强调，梦想与现实的距离有多大，则需要进行科学的丈量。

文章最后说：如何让各种梦想广为人知，他们还在梦想的路途中不停地奔波着。

二、2007 年 9 月 27—28 日，为进一步推动南水北调三峡水库调水研究的深入开展，重庆有关单位出面在重庆召开"南水北调三峡水库'引江济渭济黄'（小江调水）研讨会"。参加会议的有中国科学院地理科学与资源研究所、黄河水利委员会、长江水利委员会、长江技术经济学会、长江科学院、四川省社科院、四川大学、四川省水利发电工程学会、国土资源部成都地质矿产研究所、华东勘测设计研究院、重庆江河工程咨询中心有限公司等单位。会上，郭树言、赵业安、曹廷立、谈英武、陈传友、姚发桂、吴建民、陈根富等 8 位专家分别就三峡水库"引江济渭济黄"工程研究、黄河水资源供需形势分析与"引江济黄"探讨、"引江济渭入黄"方案研究、南水北调西线工程、中国南水北调巨系统工程战略构想、南水北调西线一期工程与四川的有关情况、跨流域调水是陕西省渭河流域综合治理的根本措施、三峡水库"引江济渭济黄"工程重庆段初步研究等 8 个方面做了专题发言。

与会同志认为：实施向黄河、渭河的跨流域调水是解决黄河流域资源性缺水的根本措施，十分紧迫和必要。南水北调三峡水库"引江济渭济黄"工程是解决陕西渭河流域严重缺水，治理黄河、渭河以及对我国水资源合理配置具有重要意义的战略性方案。三峡水库"引江济渭济黄"不但可为黄河、渭河提供丰富、可靠的水源，而且有利于黄河、渭河流域经济社会的发展，更有利于三峡水库水资源的综合开发利用和国家战略性水资源基地的形成。建议参加会议的各方积极向国家有关部门呼吁加快推进南水北调三峡水库"引江济渭济黄"工程前期工作，为科学决策提供依据。会后由重庆江河工程咨询中心有限公司将此次会议的专题报告、专家发言、会议纪要等有关资料整理汇编成册，编撰成研讨会文献出版分发各有关单位。

2009 年

一、2009 年 5 月，三峡工程后续工作规划编制领导小组办公室，根据后续工作规划中"三峡水库综合调度与综合效益拓展专题研究"的需要，正式委托长江技术经济学会开展"三峡水库向北方干旱地区供水（引江济黄）方案深入研究"工作。

二、2009 年 8 月，长江技术经济学会召开"三峡水库引江济渭入黄专题研讨会"。参加会议的有长江水利委员会、黄河水利委员会、长江技术经济学会、长江科学院、长江规划设计研究院、黄河设计公司规划院、中国水利水电科学院水资源所、四川水利设计研究院、海河水利委员会、重庆江河工程咨询中心有限公司等单位的有关专家。与会各方认为，小江调水方案研究应利用三峡工程后续工作规划的机遇，争取将其纳入三峡工程后续工作的综合效益拓展专题研究内容，在 2～3 年内完成工程项目建议书或可行性研究报告，作为三峡工程后续工程，提供国家决策。

2011 年

2011 年 5 月，长江勘测规划设计研究院编制完成《大宁河水资源开发方案研究》。该研究指出：大宁河是三峡库区左岸的一条较大支流，而堵河则是丹江口库区右岸的一级较大支流，两支流分处于大巴山南、北坡，距离近。因此，大宁河处于丹江口水库连接三峡水库的有利位置，是《南水北调中线工程规划》推荐的后期引江方案之一。研究的基本结论：

（1）满足南水北调中线后期工程和汉江中下游地区的供水需求，大宁河引江调水总调水量 30.38 亿 m³（从大宁河剪刀峡水库调水 6.25 亿 m³，从三峡水库调水 26.09 亿 m³）较为合适。

（2）与引江调水相结合的大宁河干流梯级开发，以剪刀峡高坝（正常水位 360m）和庙峡两级的开发方案较优。

（3）通过对大宁河调水东、中、西线，大宁河西线高、中、低扬程比较，以大宁河西线中扬程抽水进潘口水库方案较优。

（4）梯级开发与调水可采用近、远期分期实施的方案，剪刀峡梯级宜采用按正常蓄水位 360m 规模一次建成方案。

2012 年

2012 年 10 月，重庆江河工程咨询中心有限公司编制完成《重庆市大宁河干流水电开发方案研究》。研究指出：由于大宁河调水的建设存在时间和规模上的不确定性，而从促进巫山、巫溪两县的社会经济发展出发，又要求尽快先期开发大宁河丰富的水电资源。为此，早在 2007 年，中国水电顾问集团中南勘测设计研究院在《大宁河流域水资源综合利用规划》中，就提出大宁河干流中梁电站以下六级开发方案，其优点是淹没搬迁少，近期开发电站经济指标较好。但水能资源没有充分利用，与大宁河调水方案矛盾；而 2011 年长江委设计院所作的《大宁河水资源开发方案研究》推荐与南水北调结合的大宁河干流中梁电站以下，剪刀峡高坝和庙峡二级开发方案，又存在剪刀峡水库淹没搬迁较大，特别是将淹没巫溪文化重要遗址的宁厂古镇，近期电站开发经济指标差，且下游只建庙峡梯级，未与三峡水库衔接，不能解决庙峡至水口段的通航问题，在大宁河调水方案未明确之前，开发难度较大。因此，该研究根据大宁河干流的自然条件和水资源特点，充分考虑两县关切，推荐剪刀峡移址双河口、剪刀峰、水口三级开发方案。该方案提出：近期开发双河口梯级；远期实施大宁河补水时，大坝加高，同时建设四道桥水库，并经隧洞与双河口水库连通，以满足调水对水库调节和蓄水容积的要求。该方案水能资源利用较为充分，调节能力强，水能质量高，能保护宁厂古镇不被淹没，近期实施淹没搬迁较少，电站经济指标相对较好，与远期南水北调也不矛盾。

参 考 文 献

［1］ 关志华，陈传友．西藏河流水资源［J］．自然资源，1980．

［2］ 陈传友，范云崎．羌塘高原的河流、湖泊及水资源［J］．自然资源学报，1983．

［3］ 关志华，陈传友．西藏河流与湖泊［M］．北京：科学出版社，1984．

［4］ 青海省地震局，兰州地震研究所．青藏高原地震文集［C］．西宁：青海人民出版社，1985．

［5］ 水利电力部水电规划设计院．中国水资源利用［M］．北京：水利电力出版社，1986．

［6］ 水利电力部水文局．中国水资源评价［M］．北京：水利电力出版社，1987．

［7］ 陈传友．西藏水资源供需分析及扩大其利用的途径［J］．自然资源，1988，（3）．

［8］ 苏人琼，等．黄土高原地区水资源问题及其对策［M］．北京：中国科学技术出版社，1991．

［9］ 陈传友，等．西南水资源开发战略研究［M］．北京：中国科技出版社，1991．

［10］ 陈传友，余敷秋，等．南水北调中线工程势在必建［J］．中国科学报：学术专版，1994．

［11］ 黄河流域及西北片水旱灾害编委会．黄河流域水旱灾害［M］．郑州：黄河水利出版社，1996．

［12］ 刘昌明，何希吾．中国 21 世纪水问题方略［M］．北京：科学出版社，1996．

［13］ 陈传友，马明．中国水资源承载能力与对策分析［J］．自然资源学报，V0113，1998．

［14］ 高季章，王浩，等．黄河治理开发与南水北调工程［J］．中国水利水电科学研究院学报，1999，1（3）．

［15］ 李世奎．中国农业灾害风险评价与对策［M］．北京：气象出版社，1999．

［16］ 魏昌林，郭学思，陈彐英．中国南水北调［M］．北京：中国农业出版社，2000．

［17］ 陈传友，王立，肖才忠．拓展南水北调中线方案的新思路［J］．科技导报，2000，11．

［18］ 刘昌明，陈志恺．中国水资源现状评估和供需发展趋势分析［M］．北京：中国水利水电出版社，2001．

［19］ 潘家铮，张译祯．中国北方地区水资源的合理配置和南水北调问题［M］．北京：中国水利水电出版社，2001．

［20］ 郑守仁．三峡工程建设与长江水资源综合利用及治理开发［C］//郑守仁，贯彻实施水法暨长江流域治理开发战略研讨会论文集，2002．

［21］ 徐大懋，等．雅鲁藏布江水能开发［J］．中国工程科学，2002，4（12）．

［22］ 陈家琦，王浩，杨小柳．水资源学［M］．北京：科学出版社，2002．

［23］ 郭树言，李世忠，魏廷琤．三峡引水工程——南水北调工程的一个重要发展［N］．科技导报，2003，（5）．

［24］ 沈大军．水管理学概论［M］．北京：科学出版社，2004．

［25］ 李林，等．长江上游径流量变化及其与影响因子关系分析［J］．自然资源学报，2004，19（6）．

［26］ 陈志恺，等．中国水利百科全书 水文与水资源分册［M］．北京：中国水利水电出版社，2004．

［27］ ［美］左天觉，［中］何康．真知灼见，透视中国农业 2050［M］．北京：中国农业大学出版社，2004．

［28］ 汪恕诚．资源水利——人与自然和谐相处［M］．北京：中国水利水电出版社，2005．

［29］ 陈传友，胡长顺，姚治君．西水东调根本解决河西走廊资源性缺水的战略对策［J］．南水北调与水利科技，2005．

［30］ 中国科技促进发展研究中心．再造中国"大西线"的梦想与困惑［J］．科技中国，2005．

［31］ 林凌，刘宝珺．南水北调西线工程备忘录［M］．北京：经济科学出版社，2006．

[32] 林凌，刘宝珺，等．南水北调西线工程备忘录［M］．北京：经济科学出版社，2006.

[33] 戴仕宝，杨世伦．近50年来长江水资源特征变化分析［J］．自然资源学报，2006，21（4）．

[34] 郭树言，李世忠，魏廷铮，等．三峡引水工程——三峡工程综合效益的延伸［M］．长江经济带问题研究．武汉：长江出版社，2006.

[35] 石玉林，等．资源科学［M］．北京：高等教育出版社，2006.

[36] 董文虎，等．京杭大运河的历史与未来［M］．北京：社会科学文献出版社，2008.

[37] 陈传友，王长德，夏福州，等．延长南水北调中线调水链替代东（黄河以北）、西线调水工程的研究［J］．武汉大学学报（工学版），2009.

[38] 杨永江，王春元．中国水战略［M］．北京：中国水利水电出版社，2011.

[39] 夏军，等．中国水问题观察［M］．北京：科学出版社，2011.

[40] 王卉．中科院水问题专家提出南水北调优化方案："延长中线调水链替代东西线"［J］．科学时报，2011.

[41] 中华人民共和国水利部．中国水资源公报1998—2012［M］．北京：中国水利水电出版社．